高职高专微电子专业系列教材

U0652851

集成电路制造工艺

肖国玲　张彦芳　钱冬杰　主编

西安电子科技大学出版社

内 容 简 介

本书以硅基集成电路制造工艺流程为主线，介绍了从晶圆制备到封装完成全过程的典型集成电路制造工艺技术。全书内容主要分为准备晶圆、芯片制造、封装测试、良品率控制等 4 个部分，按照实用为主、够用为度的思路，避开了复杂的理论推导，注重实用性和适用性，重点突出工艺技术内容，使读者可以在较短时间内熟悉集成电路产业术语，对集成电路制造工艺形成较为清晰完整的概念，提高基础应用能力。书末附录 B 给出了芯片制造常用专业词汇表，且每章后附有复习思考题，便于读者自测自查之用。

本书内容深入浅出、结构清晰、语言通俗易懂、可读性强，非常适合作为应用型本科、高职院校集成电路相关专业的教学和培训教材，也可作为成人教育、开放大学、自学考试的教材，以及集成电路、微电子行业工程技术人员的参考书。

图书在版编目(CIP)数据

集成电路制造工艺 / 肖国玲，张彦芳，钱冬杰主编. —西安 ：西安电子科技大学出版社，2023.2
ISBN 978 - 7 - 5606 - 6628 - 0

Ⅰ. ①集… Ⅱ. ①肖… ②张… ③钱… Ⅲ. ①集成电路工艺 Ⅳ. ①TN405

中国版本图书馆 CIP 数据核字(2022)第 171118 号

策　　划　陈　婷
责任编辑　陈　婷
出版发行　西安电子科技大学出版社(西安市太白南路 2 号)
电　　话　(029)88202421　88201467　　　　邮　　编　710071
网　　址　www.xduph.com　　　　电子邮箱　xdupfxb001@163.com
经　　销　新华书店
印刷单位　陕西日报社
版　　次　2023 年 2 月第 1 版　　　　2023 年 2 月第 1 次印刷
开　　本　787 毫米×1092 毫米　　1/16　　印张　14.5
字　　数　341 千字
印　　数　1～3000 册
定　　价　37.00 元
ISBN 978 - 7 - 5606 - 6628 - 0/TN
XDUP　6930001 - 1
＊＊＊＊＊如有印装问题可调换＊＊＊＊＊

前　言

信息产业是国民经济的先导产业，集成电路和微电子技术是信息产业的核心。目前，集成电路产业正向着更高集成度、更细线宽和更大直径晶圆片等方向发展。

近年来国家加大了对集成电路产业的投入，密集发布了支持产业发展的一系列政策、措施。2014 年 6 月国务院发布了《国家集成电路产业发展推进纲要》，2020 年 7 月 27 日发布了《新时期促进集成电路产业和软件产业高质量发展的若干政策》，2020 年 7 月 30 日国务院学位委员会投票通过，将集成电路设置为一级学科。中国集成电路产业近年来的发展达到了新的高度，初步形成了自主可控的技术体系和产业生态，竞争力大大提升。国产替代芯片的大规模发展和应用，使得集成电路产业处于空前繁荣的状态：制造工艺快速进步，65 nm、40 nm、28 nm 工艺线量产，特色工艺竞争力进一步提高，集成电路封装从中低端进入中高端，国际竞争力进一步提高；关键装备和材料实现从无到有，整体工艺水平达到28 nm，部分产品的设计工艺技术进入 14～7 nm 水平，并且实现了很多关键设备和工艺向主流制造厂商供货的水平。

市场对芯片的需求增大，大大推动了集成电路产业的发展。随着中美两大国之间的博弈加剧，半导体产业的战略价值更加突出，芯片及芯片的加工能力成为战略资源，集成电路制造技术已经成为衡量国家科技发展水平的重要标志之一。随着在线办公的普及，信息化、智能化的发展也扩大了对半导体芯片的需求。这些变化，缩短了半导体产业周期。我国的集成电路制造正进入全面繁荣的新阶段，亟须培养大批掌握集成电路制造工艺的专门人才。此外，集成电路作为一门高度复杂的交叉学科，会有越来越多不同专业背景的人加入到产业中来，因此，需要更多可以快速了解集成电路微芯片制造工艺的实用型教材。

本书是按照高职高专集成电路类专业系列教材的要求编写而成的，针对高职院校集成电路技术类专业学生的特点，坚持实用为主、够用为度，详细介绍集成电路制造工艺，重点突出应用能力培养。按照"集成电路是怎么制得的"这一主线，本书把集成电路的制造工艺原理和制造技术融为一体，突出工艺过程和技术的讲解，在讲授经典工艺原理的基础上，尽力吸收当前最先进的制造技术和工艺、设备知识。

本书是在编者 2009 年主编的《微电子制造工艺技术》(西安电子科技大学出版社出版)一书基础上，结合十数年高职微电子制造工艺教学一线经验编写而成的。全书以硅基集成电路平面工艺为主线，适当兼顾其他工艺方法，内容侧重于集成电路制造工艺技术介绍。为方便半导体业界以外人士阅读，本书内容还加入了一些半导体材料基础知识，以及半导体工业方面的内容。本书可使读者在较短时间内对集成电路制造工艺有较为完整的概念，同时可以深入了解集成电路技术的特点并掌握集成电路制造工艺技术，同时了解集成电路工艺技术发展的趋势。

全书共 12 章，主要内容如下：

第 1 章为半导体产业概述，重点介绍集成电路制造的相关名词和产业概貌。

第 2 章为芯片制造基本工艺流程，重点介绍半导体材料特性和芯片制造的基本工艺流程。

第 3 章为准备晶圆，详细介绍衬底制备技术，重点是拉单晶和晶圆制备技术。

第 4 章为集成电路芯片制造工艺概述，简要概述集成电路的设计内容，以及集成电路的 4 项基础工艺——薄膜制备、光刻与刻蚀、掺杂、热处理。

第 5 章至第 7 章详细介绍集成电路 4 项基本工艺（其中热处理工艺穿插于前 3 项工艺的介绍中，未单列一章）。

第 8 章为 CMP、清洗和烘干，介绍集成电路制造中重要的辅助工艺——CMP、清洗和烘干技术。

第 9 章为封装技术，介绍集成电路封装工艺流程、封装的功能和形式以及封装技术的发展。

第 10 章为测试技术，包括晶圆测试（CP）技术和成品测试（FT）技术。

第 11 章为污染控制，重点介绍半导体工业环境和材料洁净度要求及污染控制的一般工艺方法。

第 12 章为整体工艺良品率，介绍集成电路制造的整体良品率的主要测量点及维持高良品率的意义。

本书由无锡职业技术学院肖国玲、张彦芳、钱冬杰三位老师合作完成，其中张彦芳老师编写了第 2、3 章，钱冬杰老师编写了第 10 章，其余章节由肖国玲老师编写完成。肖国玲老师还负责全书的统稿工作。东北大学成乐天同学、华中科技大学吴天麒同学参与了书稿中图片和表格的编辑校对工作。江苏省半导体行业协会、无锡芯福瑞微电子有限公司、无锡朗达电子有限公司提供了很多参考资料。无锡职业技术学院的高粱、王波、丁盛、李丽、吴孔培、瞿惠琴等老师参与了资料整理工作。在此一并表示感谢。

在本书编写过程中，西安电子科技大学出版社的责任编辑陈婷老师给予了很多的支持和帮助，其他编辑老师也付出了大量心血。另外，在编写过程中，编者参考了很多同类教材和网上的技术文章，篇幅所限，未能一一标明出处。在此一并向这些老师和资料的提供者表示衷心的感谢！

由于集成电路技术的发展非常迅速，加上编者的水平有限，书中难免有不足之处，殷切希望广大读者批评指正。

编　者

2022 年 3 月于无锡

目　录

第1章 半导体产业概述

半导体是指常温下导电性能介于导体与绝缘体之间的材料。半导体材料是制作晶体管、集成电路、光电子器件的重要材料，目前最常用的半导体基本材料是高纯度硅。制造集成电路的硅单晶纯度要求在 9 个 "9" 以上，即 99.9999999%，又称 9N。

半导体产业链很长，可以大概分为上游支撑产业、中游制造产业和下游应用产业。其中，上游支撑产业主要由半导体材料和设备生产构成；中游制造产业核心为集成电路的制造；下游应用产业为半导体应用领域，又称系统，包括设计、制造和生产众多基于半导体器件(包括集成电路)的产品(比如电脑、手机甚至太空飞船)。半导体产业链主体是半导体工业。这里所说的半导体工业一般指狭义的概念，即电路设计、芯片制造、封装测试类企业。

1.1 引　言

1.1.1 半导体技术的发展

电信号的放大处理始于 Lee Deforest 在 1906 年发现的真空(三极)管。真空管(如图1-1所示)是一种在气密性封闭容器(一般为玻璃管)中产生电流传导，利用电场对真空中的电子流的作用来获得放大信号或形成振荡信号的电子器件。

图 1-1　真空管

真空管有两个重要的功能：开关和放大。开关是指电子器件可接通和切断电流（"开"或"关"）；放大则是指电子器件可把接收到的信号放大，并保持信号原有特征。1947 年世界上第一台计算机 ENIAC(Electronic Numerial Integrator and Computer)就是用真空管制造出来的。ENIAC(如图 1-2 所示)用了 19 000 个真空管和数千个电阻及电容器，它和现代计算机的样子大相径庭。这台电子计算机当时花费了 400 000 美元，占据约 170 平方米的面积，重量达 30 吨，工作时会产生大量的热量，需要一个小型发电站来供电。

图 1-2　世界上第一台计算机 ENIAC

真空管有一系列的缺点，如体积庞大，元件老化很快，需要相对较多的电能维持运行，连接处易于变松导致真空泄漏、易碎等。ENIAC 和其他基于真空管的计算机的主要缺点是由于真空管易烧毁而导致运行时间有限。1947 年 12 月 23 日，贝尔实验室的三位科学家巴丁(John Bardeen)、布莱顿(Walter Brattin)和肖克莱(William Shockley)(如图 1-3 所示)演示了用半导体材料锗制成的电子放大器件。这种器件不但具有真空管的功能，而且为固态无真空，体积小，重量轻，耗电低且寿命长，开始被称为"传输电阻器"，而后更名为晶体管(Transistor)(如图 1-4 所示)。这三位科学家也因他们的这一发明而被授予 1956 年的诺贝尔物理学奖。

图 1-3　晶体管的三位发明家(从左到右分别是 William Shockley、John Bardeen 和 Walter Brattain)

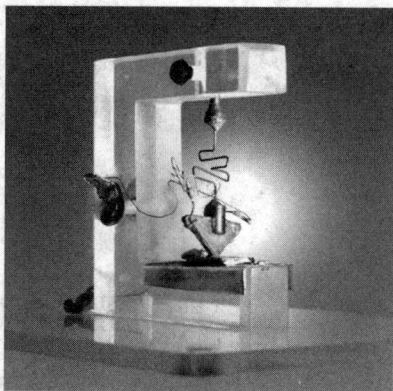

图 1-4　人类历史上第一个晶体管(点接触式晶体管)

　　第一个晶体管和今天的高密度集成电路相去甚远，但它标志着固态电子时代的诞生。固态技术除用于制造晶体管之外，还用于制造二极管、电阻器和电容器。

　　如果每个芯片中只含有一个器件，我们称之为分立器件。大多数分立器件在功能和制造上比集成电路的要求要少。20 世纪 50 年代，早期半导体工业进入了一个非常活跃的时期，可为晶体管收音机和晶体管计算机提供器件。虽然分立器件不被认为是尖端产品，但是它们却用于最精密复杂的电子系统中。在 1998 年它们的销售额占全部半导体器件销售额的 12%。

　　1959 年分立器件的统治地位走到了尽头。这年，在德州仪器(TI)公司工作的青年工程师 Jack Kilby 第一次成功地在一块锗半导体基材上，用几个晶体管、二极管、电容器以及由锗芯片构成的电阻器组成一个完整的电路。这一发明就是影响深远的集成电路(Integrated circuit)(如图 1-5 所示)。

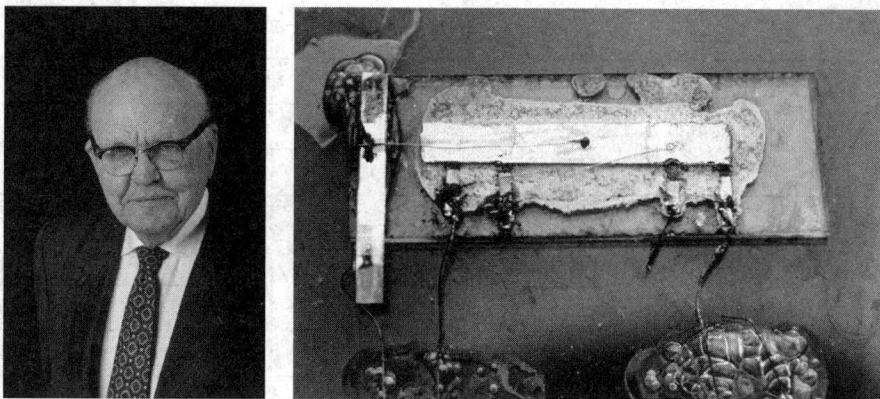

图 1-5　Jack Kilby 和他发明的集成电路

　　Kilby 的电路并不是现今集成电路所普遍应用的形式。早些时候，Fairchild Camera 公司的 Jean Horni 开发出一种在芯片表面上形成电子结来制作晶体管的平面制作工艺，并使用铝蒸气镀膜使之形成适当的形状来做器件的连线，这种技术称为平面技术(Planar technology)。Fairchild Camera 公司的 Robert Noyce 应用这种技术把预先在硅表面上形成的器件连接起来(如图 1-6 所示)。后来，Kilby 和 Noyce 的集成电路成为所有集成电路采用的模式，Kilby 和 Noyce 共同享有集成电路的专利。

图 1-6 Robert Noyce 和他发明的集成电路

现在所说的集成电路是指由多个元器件(如晶体管、电阻器、电容器等)及其连线按一定的电路形式制作在一块或几块半导体基片上,并具有一定功能的一个完整电路。它具有体积小、重量轻、功耗低、可靠性高等优点。

集成电路发展的两个共同标志是集成电路中器件的尺寸和数量,它们分别被称为特征图形尺寸(Feature size)和集成度水平(Integration level)。

特征图形尺寸通常是以器件设计中的最小尺寸来表示的,以微米($1~\mu m=10^{-6}$ m)或者纳米($1~nm=10^{-9}$ m)为单位。在工艺线上,特征图形尺寸常常是指能够加工出来的半导体器件中的最小尺寸。在 CMOS 工艺中,特征图形尺寸的典型代表为"栅"的宽度,也即 MOS器件的沟道长度。

集成电路中器件的数量(也就是电路的密度)用集成度水平表示,其范围从小规模集成(SSI)到巨大规模集成(GSI)。集成度水平见表 1-1。

表 1-1 集成电路集成度水平

简称	集成度水平	单位芯片内的器件数		
		数字集成电路		模拟集成电路
		MOS IC	双极 IC	
SSI	小规模(small scale integration)	$<10^2$	<100	<30
MSI	中规模(medium scale integration)	$10^2\sim10^3$	$100<500$	$30\sim100$
LSI	大规模(large scale integration)	$10^3\sim10^5$	$500<2000$	$100\sim300$
VLSI	特大规模(very large scale integration)	$10^5\sim10^7$	>2000	>300
ULSI	超大规模(ultra large scale integration)	$10^7\sim10^9$	—	—
GSI	巨大规模(gigantic scale integration)	$>10^9$	—	—

集成电路是在被称为晶圆(Wafer)的薄硅片或其他半导体材料薄片上制造出来的(如图1-7所示)。晶体在不受外力作用的情况下可以生长出完美的圆柱形单晶材料,再经过切片、磨片、抛光等工艺可制备出圆形的晶圆衬底。在晶圆上制备方形或长方形的芯片时,会导致晶圆的边缘处有许多浪费的不可使用的区域,而且芯片越大,浪费越多。为了弥补这些损失,半导体业界采用了越来越大尺寸的晶圆。晶圆直径翻一倍,使用面积就可增大 4

倍。理论上硅晶圆最大面积可以达到 18 英寸(450 mm)，但是成本已经成为一个巨大的障碍。事实上，目前世界上芯片产能主要集中于 12 英寸(300 mm)的硅晶圆，而 8 英寸(200 mm)和 6 英寸(150 mm)甚至更小尺寸的晶圆也仍在大量使用。

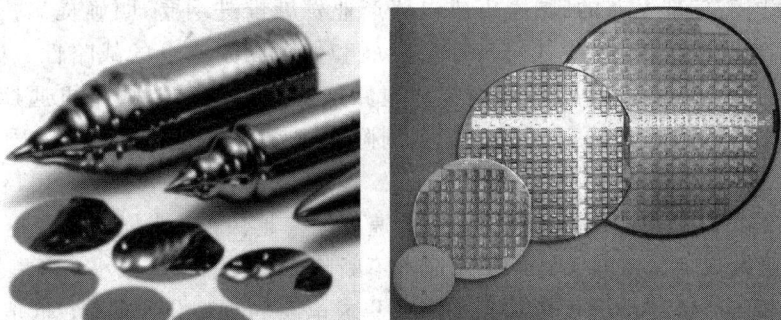

图 1-7　硅晶圆制备和芯片制造

1.1.2　集成电路产品发展趋势

半导体技术的兴起是从 1947 年出现第一个晶体管开始的。1960 年发明的平面工艺及外延技术，为半导体集成电路的发展奠定了基础。1961—1962 年，出现了各类中、小规模半导体数字逻辑集成电路；1963—1964 年，出现了小规模线性集成电路；1967 年，大规模集成电路出现；1978 年，超大规模集成电路出现。在短短二三十年时间内，半导体工业经历了晶体管、集成电路、大规模集成电路、超大规模集成电路时代，目前已进入巨大规模集成电路时代。从 1947 年开始，半导体工业的工艺水平持续发展。工艺的提高使集成电路具有了更高的集成度和可靠性，从而进一步推动了电子工业的革命。工艺进步使半导体工业以更小尺寸来制造器件和电路，从而使电路性能更佳，集成密度更高，可靠性更高。半导体工业在整体上一直在全世界范围内持续增长，即使到了今天，虽然已显示出成熟迹象，但其增长速度依然高于其他成熟行业，这说明它仍有很大的发展潜力。英特尔公司的创始人之一戈登·摩尔(Gordon Moore)在 1964 年预言集成电路的密度会每 18 个月翻一番，这个预言就是著名的摩尔定律(如图 1-8 所示)。

图 1-8　摩尔定律

今天，集成电路(IC)技术及其应用已经涉及工业部门和人类生活的各个领域，以集成电路技术为基础，以计算机技术为核心的信息技术，正在推动着新的世界性工业革命高潮的来临。

2014 年我国工信部发布的《国家集成电路产业发展推进纲要》明确提出："集成电路产业是信息技术产业的核心，是支撑经济社会发展和保障国家安全的战略性、基础性和先导性产业。""当前和今后一段时期是我国集成电路产业发展的重要战略机遇期和攻坚期。""到 2030 年，集成电路产业链主要环节达到国际先进水平，一批企业进入国际第一梯队，实现跨越发展。"

集成电路的发展趋势是：体积越来越小，速度越来越快，电路规模越来越大，功能越来越强、芯片和晶圆尺寸越来越大；单芯片成本不断降低；缺陷密度减小；可靠性增加；内部连线水平不断提高。这正是大规模和超大规模集成电路的小型化、高速、低成本和高可靠、高效率生产等特点所带来的结果。提高速度和减小体积、提高集成度是统一的，而且前者必须通过后者来实现，即体积越小速度就越快。微电子学对无限小空间的追求也就是对速度的追求。MOS 集成电路的关键尺寸是"源"和"漏"之间的距离，双极型集成电路的关键尺寸是基极厚度。这些尺寸越小，载流子渡越时间越短，集成电路的开关速度也就越快。

工艺的进步不仅把线宽压缩到尽可能小和使单位面积所含元器件数目更多，而且把集成块的面积扩大到尽可能大的程度。因而超微和超大的技术要求同时出现，综合体现了集成电路工业的现在和未来。集成电路速度越快，规模越大，功能就越强。无论是电子计算机，还是电视、雷达等无线电电子设备，它们的工作原理和作用早已为大家所认识。正是因为出现了大规模和超大规模集成电路，才有可能将包含数亿只晶体管的电子计算机塞进巡航导弹的小小弹头里；才能将计算机由数百平方米之大减小到不足半平方米且可将这种过去需占满整幢大楼的电子设备安置在飞船上；才能将微小型跟踪雷达装到小型喷气战斗机上；才能将小型自导雷达安装到火箭、导弹上，甚至将雷达信管装进炮弹弹头，以便随时测定目标距离和在临近目标时自动爆炸。这些都是过去不能想象的事情。

由于光刻和多层连线技术的进步，使单个元件特征图形尺寸减小，电路密度增加，电路速度大大提高，芯片或电路耗电量大大降低，集成度从 SSI 发展至 ULSI(百万芯片)，甚至 GSI(上亿芯片)。

超大规模集成电路制造成本和价格比小规模集成电路大幅度下降是显而易见的。不管超大规模集成电路内部线路结构多么复杂，它们所包含的元器件数目如何庞大，但是一旦完成制版后，制造一块超大规模集成电路芯片所需的成本几乎与制造一块小规模集成电路芯片相差无几。

超大规模集成电路的生产特点是设计、研制费用较高。这实际上是将一部分整机设计所需要的费用转移到元器件上去了，但一经投产后，成本就开始下降，且随着生产数量的加大，成本会进一步降低。价格的降低又促进应用的普及，应用的普及又向电路的生产单位提出了更大的需求量。可以说，没有电子设备的大规模集成化，就不会出现电子技术应用的大普及。今天电子设备的价格已反映出集成电路的研制和生产水平，特别是超大规模集成电路的水平。现在每个家庭平均拥有的集成电路芯片在 200 块以上，而且还在不断增长，这在大规模集成电路发展起来之前是不可能达到的。

晶体管和中、小规模集成电路的工作可靠性分别比电子管提高了 10 倍和 100～1000 倍,由大规模集成电路组装的系统的可靠性要比具有相同功能的中、小规模集成电路组成的系统又高了 100 倍以上。

集成电路发展到超大规模集成后,一块电路就是一个系统,甚至就是一个功能齐全的完整电子系统(SOC)。其内部包含的大量元器件都已彼此极其紧密地集成在一块小芯片上,避免了由于外部焊接和相互连接的损坏而引起的故障,以及由于元器件与元器件、电路与电路之间装配不密和互连线过长而受到的外来干扰及大量功耗,从而更保证了系统工作的可靠性。

随着特征图形尺寸的减小,以及在元件表面上使用多层绝缘层和导电层相叠加的多层连线工艺,在集成电路制造中,减小缺陷密度和缺陷尺寸的要求变得十分关键,污染控制变得更加重要,半导体厂在污染控制上的花费将会更大。

虽然从晶体管发明至今,微电子技术的历史只有短短几十年,但其发展之迅猛,常常令人感到惊叹。

三星(SAMSUNG)和台积电(TSMC)于 2021 年已实现 3 nm 芯片的流片。晶体管特征尺寸的极限是多少,对这个问题,如同原子物理中对"基本粒子"的研究一样,即不断发现更小的"粒子"。整个微电子领域的前沿热点从制造技术、器件物理、工艺物理到材料技术等方面全部进入纳米领域。

光学光刻时代的极限问题也早就提出来了,可是光学光刻技术仍然在发展,人们还会利用几十年间形成的成熟的硅微电子技术去开拓新的领域,从而发展新型微电子技术。

随着微电子技术的发展,硅基芯片已经趋近物理极限。集成电路的集成度不断攀升,集成化器件的特征尺寸已经进入纳米级。到达这个量级,意味着器件的工作部分仅由几个原子或者分子组成。随着器件变得更小,电路将具有更快的速度、更高的密度,然而更小的尺寸也意味着更洁净的环境、更精密的图形化设备和更高的投资成本。

1.2　芯片与集成电路

在半导体文献资料中,"芯片"和"集成电路"两个词经常混用。实际上,这两个词既有联系,也有区别。

晶圆圆片称为"Wafer",在"Wafer"上制造出来的半导体颗粒我们称之为"芯片(Die)",有一种说法认为这个词是从"分离(Dices)"简写而来,意指从晶圆上分离出来的颗粒,又称"裸芯片"。如果分离以后将其进行封装,芯片又常被称为"Chip"。

集成电路是指由多个元器件(如晶体管、电阻器、电容器等)及其连线按一定的电路形式制作在一块或几块半导体基片上,并具有一定功能的一个完整电路。

广义上讲,只要是使用微细加工手段制造出来的半导体颗粒都可以叫作芯片,里面并不一定有电路,比如半导体光源芯片、机械芯片、MEMS 陀螺仪或者生物芯片(如 DNA 芯片)等;狭义上讲,"芯片"常常特指半导体器件和集成电路芯片。可见,"集成电路"一词强调电路本身,更着重电路的设计和布局布线;"芯片"则更强调电路的集成、生产和封装。本书中按照惯例将这两个词混用。

1.3　半导体工业的构成

半导体工业被称为现代工业的"吐金机"。1998年，美国出版了《美国半导体工业是美国经济的倍增器》一书，该书称："半导体是一种使其他所有工业黯然失色，又使其他工业得以繁荣发展的技术。"书中介绍，美国半导体工业1996年创造了410亿美元的财富，并以每年15.7％的速度增加，比美国整体经济增长速度快13倍以上。美国半导体咨询委员会给布什总统的国情咨文中称其为"生死攸关的工业"，韩国称其为"工业粮食"，所以可以毫不夸张地说，半导体工业是现代工业的生命线。芯片产业具有很强的辐射带动能力。据国际货币基金组织测算，芯片每1美元的产值可带动相关电子信息产业10美元产值，带来100美元的GDP。

半导体技术作为推动信息时代前进的原动力，是现代高科技的核心与先导。世界发达国家和地区的经济起飞都是从大力发展半导体产业开始的，其中最具有代表性的是美、日、韩等国家和我国台湾地区。

半导体工业包括材料生产供应、电路设计、芯片制造和半导体工业设备及化学品生产供应，这是广义的概念。我们又往往把制造半导体固态器件和电路的企业的生产过程称为晶圆制造（Wafer fabrication），认为它是半导体工业的主要组成部分。

在半导体行业中有以下三种类型的芯片供应商：

第一种是集设计、制造、封装和销售于一体的公司，称为"IDM（Integrated Design and Manufacturer）"，它采用从设计到生产制造都包揽的模式，典型的IDM厂商如Intel、三星。

第二种是晶圆代工厂，称为"Foundry"，俗称"代工厂"，专注于制造，它们为客户生产各种类型的芯片，如台积电、中芯国际等企业。

第三种是没有晶圆制造业务，只专注于IC设计的公司，称为"Fabless"，即没有自己生产线的IC设计公司，比如AMD公司，它们从晶圆厂购买芯片，只专注于设计。华为的海思半导体有限公司就是一家典型的"Fabless"企业。

由于半导体芯片工艺更新换代和维护的成本与压力太大，因此众多IDM厂商已纷纷放弃了Foundry的运营，转向Fabless模式或介于两者之间的Fablite模式，即"轻晶圆"模式，如Freescale、NXP、Infineon等公司。模拟IC由于其设计过程和性能与工艺关系密切，因此还有较多IDM公司保留着自己的生产线。而在数字IC方面，大部分公司都已转向Fabless模式，Foundry也逐渐集中到少数几家厂家，目前主要的"纯制造"厂家只有TSMC、GlobalFoundries、UMC、SMIC。显然，很多纯做设计的IC公司没办法也不需要接触到IC的生产流程。因此，如今半导体业内谈到IC设计时，多数是指Fabless模式，特别是数字IC设计。

半导体产业中以产品为终端市场的生产商和产品供内部使用的生产商都生产芯片。以产品为终端市场的生产商制造并在市场上销售芯片，产品供内部使用的生产商生产的芯片用于它们自己的终端产品，如计算机、通信产品等，其中一些企业也向市场销售芯片。还有一些企业只生产专业的芯片供内部使用，而在市场上购买其他的芯片产品。

1.4　芯片制造的生产阶段

集成电路芯片制造有 4 个不同的阶段(如图 1-9 所示),分别是原材料准备、晶体生长和晶圆准备、晶圆制造以及封装测试。

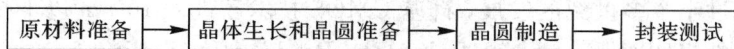

原材料准备 → 晶体生长和晶圆准备 → 晶圆制造 → 封装测试

图 1-9　芯片制造阶段

在原材料准备阶段,将开采的半导体原材料根据半导体标准进行提纯。例如硅材料准备以沙子为原料,将其转化为具有多晶硅结构的纯净硅。

在晶体生长和晶圆准备阶段,经过提纯的材料形成具有特殊结构参数的晶体(如单晶硅),进行晶体生长,然后将晶体切割成薄片(称为晶圆)并进行表面处理。半导体工业除了用单晶硅,也用锗和不同半导体材料的混合物来制作器件与集成电路。

在晶圆制造阶段,在晶圆表面形成器件或集成电路。每个晶圆上通常可形成 200～300 个同样的器件,有时也可多至几千个。晶圆制造也可称为制造、Fab、芯片制造或微芯片制造。晶圆的制造有几千个步骤,它们可分为两个主要步骤:在晶圆表面上形成晶体管和其他器件,称为前线工艺(FEOL);以金属线把器件连在一起并加一层最终保护层,称为后线工艺(BEOL)。

晶圆制造完成后仍然保持为原来的形式。接下来,对每个芯片进行晶圆测试(CP)来检测其是否符合客户的要求。CP 是为了把坏的 Die 挑出来,以减少封装和成品测试的成本。经过晶圆电测检验合格的芯片可进入封装阶段。

封装阶段是通过一系列的过程把晶圆上的芯片分割开,然后把它们封装起来。封装起到保护芯片免受污染和外来伤害的作用,并提供坚固耐用的电气引脚以和电路板或电子产品相连。封装以后还要进行成品测试(FT),以检查封装的良品率,剔除不良品,并将芯片按照参数指标分为不同等级。

绝大多数芯片被封装在单个管壳内,但是混合电路、多芯片模块(MCM)或直接安装在电路板上的 COB(Chip On Board,板上芯片封装)形式日渐增加,而且随着 5G、人工智能的发展,将不同模块的芯片直接进行裸片堆叠的 2.5D 封装、3D 封装及晶圆级封装(Wafer Level Chip Scale Packaging,WLCSP)等先进封装技术不断涌现,集成电路芯片的复杂程度也不断攀升。

1.5　纳米工艺与技术

随着集成电路的集成度不断攀升,集成化器件的特征尺寸已经进入纳米级,在原理、结构和制造工艺等方面都有重大突破,同时出现了许多新型电子器件。纳电子器件不仅仅是微电子器件尺寸的进一步缩小,更重要的是它们的工作性能将依赖于器件的量子特性,而且其功能也将获得突破。纳电子学的研究也必将从根本上改变电子技术的面貌,超越目前集成电路发展中遇到的物理和工艺极限,发展出全新的集成电路设计和制作方法。

纳电子器件制造途径有两条:一是传统的"自上而下(Top-down)"制造,继承微电子制造工艺，以硅、砷化镓为主的无机半导体材料构成的微电子器件尺寸逐渐缩小，即按比例缩小至纳米级；二是从原子、分子入手，基于物理/化学生长、组装，使有机、无机和生物学功能材料的尺寸增加，形成纳米结构，即所谓的"自下而上（Bottom-up）"模式，利用分子技术组装成功能器件。

现代信息技术的基石是集成电路芯片，而组成集成电路芯片的器件约 90% 采用硅基 CMOS 技术。经过半个多世纪的发展，硅基 CMOS 技术已进入 10 nm 以下技术节点。国际半导体技术路线图 ITRS(International Technology Roadmap for Semiconductors)委员会明确指出硅基 CMOS 技术将达到其性能极限，后摩尔时代的集成电路技术的研究变得日趋紧迫，可能不得不放弃使用硅材料。在为数不多的几种可能的替代材料中，碳基纳米材料，特别是碳纳米管和石墨烯（或更严格地讲是单层或几层石墨片）被公认为是硅材料最有希望的替代材料之一。

国际半导体技术路线图(ITRS)委员会新材料(Emerging research materials)和新器件(Emerging research devices)委员会在考察了所有可能的硅基 CMOS 替代技术之后，于 2008 年明确向半导体行业推荐重点研究碳基电子学(Carbon-based electronics)，它可能成为未来 10～15 年显现商业价值的下一代电子技术。为此，美国国家科学基金委员会(National Science Foundation，NSF)除了在执行了十余年的美国国家纳米技术计划(National Nanotechnology Initiative，NNI)中继续对碳纳米材料和相关器件予以重点支持外，2008 年还专门启动了一个名为"超越摩尔定律的科学与工程"(Science and Engineering beyond Moore's Law，SEBML)项目。这个研究计划与 NNI 并列为美国 NSF 的十大重点资助项目，专门资助那些可能替代当前硅技术的研究，其中碳基电子学研究被视为重中之重。项目于 2008 年启动时年预算为 818 万美元，2009 年增加到 1568 万美元，2010 年继续增加到 4668 万美元，2011 年超过了 7000 万美元，2012 年达到了 9619 万美元。美国国家纳米技术计划从 2010 年开始将"2020 年后的纳电子学"(Nanoelectronics for 2020 and beyond)设置为 3 个重中之重的成名计划(Signature Inititatives)之一，2011 年的预算为 5500 万美元，2012 年增至 1.04 亿美元。欧盟于 2013 年 1 月 28 日也启动了石墨烯旗舰计划，在未来十年以 10 亿欧元的强度资助石墨烯研究。这些项目极高的支持强度和增长速度充分显示了美国与欧盟等发达国家和地区要继续占据信息领域核心制高点的决心。我国碳基纳电子学研究起步于 20 世纪，随着技术进步和国家一系列项目资金投入力度不断加大，在碳纳米管材料可控生长、碳纳米管场效应晶体管(CNTFET)和 CMOS 电路的研究方面取得了一系列重要的突破。

复习思考题

1. 简述电子器件的发展过程。
2. 真空管与晶体管有何区别？
3. 简述分立器件和集成电路的差别。
4. 什么是集成度水平？按照集成度水平，集成电路的发展趋势是怎样的？
5. 什么叫特征图形尺寸？
6. 半导体工业由哪几部分构成？各部分主要包括哪些内容？

7. 集成电路工艺技术水平用哪些技术指标来描述？

8. 硅集成电路制造工艺主要由哪几个工序组成？

9. 描述半导体器件生产的主要阶段。

10. 采用哪些途径来提高集成度？

11. 对如下英文单词或缩写给出简要解释。

(1) IC；(2) SSI；(3) MSI；(4) LSI；(5) VLSI；(6) ULSI；(7) GSI。

第2章 芯片制造基本工艺流程

无论是分立器件还是集成电路，芯片制造的材料通常是半导体材料。最重要的半导体材料是硅(Si)和砷化镓(GaAs)。半导体材料本身独特的电性能和物理性能使半导体器件与电路具有独特的功能，并且可以通过掺杂工艺增加特定的元素来改变和控制其电性能。要想理解半导体材料就必须了解原子结构的基本知识。

2.1 半导体材料的特性

2.1.1 原子键合和晶体结构特点

原子是自然界的基本构造单元。自然界的任何事物都是由 96 种稳定元素和 12 种不稳定元素组成，每一种元素都有不同的原子结构，不同的结构决定了元素的不同特性。了解原子结构的内部相互作用力和单晶的晶格结构，会对理解半导体材料和工艺化学品的特性有所帮助。

我们知道，固体可分为晶体和非晶体两大类。在讨论晶体结构之前，我们先对晶体和非晶体的特点进行概要介绍。

晶体是由原子、离子或分子有规律地排列而成的，它具有一定规则的几何形状和对称性。半导体中的锗、硅、砷化镓等材料都是晶体。晶体的基本特征是晶体结构的周期性，其外形的对称性是内在结构规律性的反映。也就是说，晶体中原子的排列完全是有规则、有秩序的，并且按照一定的方式不断地进行周期性的重复。

非晶体是指不形成结晶的固体，也即不具有规则性、周期性、对称性等晶体特征的固体。陶瓷、玻璃、松香、石蜡等都是非晶体。非晶体没有明确的熔点，它的物理性质是各向同性的。非晶体中的原子排列是完全没有秩序的，也没有周期性。

实际上，非晶体无秩序的程度也是多种多样的。粒子的排列完全是随机的，但约在几十个原子至几百个原子的近距离范围内，非晶体的原子的排列是有秩序的。随着距离的增大，这样有序性也就消失了，更长距离就没有规则了。非晶体的这个特性叫做近距离有序或称短程有序，而晶体有序性是长距离有序，又叫长程有序。

如果在整块晶体中其长距离的有序性保持不变，则该晶体称为单晶体。用人工方法控制的锗、硅晶体就是单晶体。单晶体具有完整可重复的晶体结构，这就使得它的物理性能，尤其是电学性质具有特殊的优越性。

一切晶体中的原子或离子在空间的排列都是有规则的。不同的晶体有各自的排列规则，这主要决定于组成晶体的原子或离子间相互结合力的性质，这种相互结合力，一般称为化学键。原子间的键合不同，所形成的晶体结构也就不同。

下面具体讨论晶体中几种典型的化学键类型，以及它们和晶体结构的关系。

1. 离子键

我们知道，在元素周期表中，从左到右元素的非金属性逐渐增强，从上到下元素的金属性逐渐增强。两类不同的原子互相结合成晶体时，金属性强的原子容易失去价电子成为带正电的离子，非金属强的原子容易得到价电子成为带负电的离子。正负离子依靠静电吸引力而互相结合，组成晶体。这种正负离子间的静电引力作用称为离子键，依靠离子键组成的晶体称为离子晶体。离子晶体大多是键合力比较强而且稳定的晶体。一般离子晶体的特性是：配位数较高、硬度大、熔点高；电子的导电性弱，高温时离子可以导电；电导率随温度的增加而增加。

离子键是一种极性键，正负离子分别是键的两极，所以，离子晶体是一种极性晶体。如氯化钠（NaCl）晶体（如图 2-1 所示）形成过程为：金属性很强的钠原子（Na）（I 族元素）和非金属性很强的氯原子（Cl）（Ⅶ 族元素）组成氯化钠（NaCl）晶体时，钠原子（Na）的 1 个价电子就容易转移到氯原子（Cl）的外层轨道上去，使钠原子（Na）失去 1 个价电子变成带正电的钠离子（Na^+），而氯原子（Cl）获得了 1 个电子成为带负电的氯离子（Cl^-）。此时，它们的最外层电子呈 8 个电子的稳定壳层结构，钠离子（Na^+）和氯离子（Cl^-）具有相反电荷，彼此间依靠静电吸引力而互相结合，组成氯化钠（NaCl）的晶体。

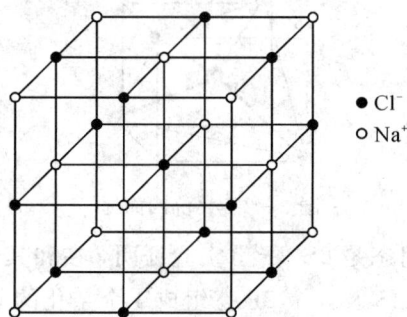

图 2-1 NaCl 晶体结构

离子晶体结构都有 1 个共同的特点：由于离子晶体中正负离子间静电引力的作用，任何 1 个离子的最近邻必定是带相反电荷的离子，亦即每 1 个离子都被一定数目的带相反电荷的离子直接包围着。如图 2-1 所示的是由实验测定的氯化钠（NaCl）晶体结构的一个基本单元，其中每 1 个钠离子（Na^+）的最近邻是 6 个氯离子（Cl^-），而每 1 个氯离子（Cl^-）的最近邻是 6 个钠离子（Na^+）。通常我们把每 1 个离子（或原子）最近邻的离子数或原子数称为配位数。这里，氯化钠的配位数是 6。

在氯化钠（NaCl）晶体中，由于钠原子（Na）的 1 个价电子已完全转移到氯原子（Cl）的最外层轨道上去，使得钠离子（Na^+）和氯离子（Cl^-）的最外层都成为填有 8 个电子的稳定壳层，电子都被紧紧地束缚在各个离子上，而不能在晶体内自由行动，因此钠离子（Na^+）和氯离子（Cl^-）中的电子都不能参加导电。另一方面，在一般情况下，离子本身很难移动，所以也不能参加导电。只有在高温时离子才能移动，才会有一些导电性，但仍然是很弱的。因此，像氯化钠（NaCl）这样的典型离子晶体是一种良好的绝缘体。

2. 共价键

共价键晶体是由同一种原子所组成的，两个原子间共有一对价电子。它与离子晶体不同，价电子不能从一个原子转移到另一个原子，而是它们的电子云在原子间互相重叠而具有较高的密度，于是带正电的原子实与集中在原子间的带负电的电子云互相吸引，从而把原子结合成晶体。这种依靠共有价电子对而使原子相互结合的力称为共价键。共价键没有极性，所以又称为无极键。由共价键结合成的晶体称为共价晶体。例如金刚石、锗、硅都是典型的共价晶体。

共价键具有明显的饱和性和方向性。共价键的饱和性是指某一原子和其他原子结合时，能够形成的共价键数目有一最大值，这个最大值决定于它所含有的未成对的电子数。共价键的方向性是指原子只在特定的方向上形成共价键。

例如碳、锗、硅等元素具有 4 个价电子，每个价电子只能与周围的 4 个原子相结合，形成 4 个共价键，从而使每个原子的最外层都成为具有 8 个电子的稳定壳层，因此共价键的配位数只能是 4。

根据共价键理论，共价键的强弱决定于形成共价键的两个电子轨道相互交叠的程度。由实验和理论可知，在金刚石、硅、锗中，共价键是从正四面体中心原子出发指向它的 4 个顶角原子。共价键之间的夹角为 $109°28'$。这种正四面体，通常称为共价四面体，如图 2-2 所示。

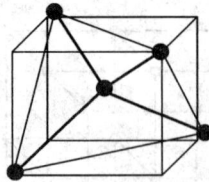

图 2-2　共价四面体

孤立碳原子外层电子的组态是 $2S^2 2P^2$，实验证明，在和其他碳原子结合时，有 1 个 2S 电子被激发到 2P 态，由 1 个 2S 及 3 个 2P 态组成 4 个杂化的共价键。所以，金刚石结构的碳原子外壳层共有 4 个价电子 2S、$2P^3$ 而形成共价键。每个碳原子和周围 4 个原子共价，1 个碳原子在正四面体的中心，另外 4 个同它共价的碳原子在正四面体的顶角上，在中心的碳原子和顶角上每 1 个碳原子共有两个价电子。金刚石晶体中几乎所有的价电子都被共价键束缚住，可以参加导电的自由电子极少。因此在室温下，金刚石晶体是良好的绝缘体。

半导体材料如锗、硅等都有 4 个价电子，它们的晶体结构都和金刚石的结构相同，都属于共价晶体。不过在大多数共价晶体中，共价键的束缚并不像金刚石那么强。即使在室温下，仍有一部分价电子依靠热运动的能量摆脱共价键的束缚，成为自由电子，使晶体具有一定的导电性能，称为半导体。大多数的共价键晶体都是半导体，像锗、硅等都是典型的半导体。

一般来说，共价键晶体的物理性质与共价半径（最近邻原子中间距的一半）的大小有关。共价键半径越小，相邻两原子对其共有的价电子的束缚越紧，共价键的强度越大，晶体的导电本领就越差，硬度和熔点就越高。

表 2-1 列出了金刚石与硅及锗的电阻率、熔点、硬度等物理性质和共价半径的关系。

表 2-1　共价晶体的物理性质与共价半径的关系

名　称	金刚石	硅	锗
原子次序	6	14	32
共价半径/Å	0.77	1.17	1.22
最近邻原子间距/Å	1.54	2.34	2.44
电阻率(3000k)/Ω·m	约为 10	$2.1×10^3$	$47×10^{-2}$
熔点/℃	3800	1420	937
相对硬度	10	7	6

注：$1Å = 10^{-10}$ m。

3. 混合键

单原子晶体大多数是由一种键构成的。对于大多数化合物半导体材料，如 GaAs、InSb、AlP 等都具有比较复杂的键，它们既不是纯粹的共价键，也不是纯粹的离子键，而是两者的混合，称为混合键。

化合物半导体中的锑化铟就是混合键晶体（如图 2-3 所示）。锑是 Ⅴ 族元素，有 5 个价电子。铟是 Ⅲ 族元素，有 3 个价电子。它们构成共价键时，锑的原子移交 1 个电子给铟原子，以组成四面体结构，构成饱和键。但这时原子实已不是电中性的了。锑由于失去 1 个电子而带上了正电荷，铟原子由于得到了 1 个电子而带上了负电荷，这样的晶体具有离子性。锑化铟晶体由共价键和离子键混合而成，所以把它们叫作混合键。Ⅲ-Ⅴ 族化合物（InSb，GaAs，InP，GaP 等）、Ⅱ-Ⅵ 族化合物（CdS，ZnS 等）和铅的化合物（PbS，PbSe 等）都是属于这种类型的半导体。

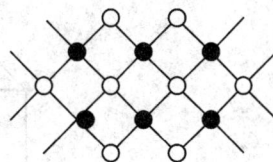

图 2-3　混合键示意图

4. 金属键

金属键的基本特点是电子的"共有化"，也就是说，在结合成晶体时，原来属于原子的价电子不再束缚在原子上，而转变为在整个晶体内运动，它们的波函数遍及于整个晶体。这样，在晶体内部，一方面是由共有化电子形成的负电子云，另一方面是浸在这个负电子云中的带正电的原子实。金属键就是靠共有化的负电子云和正离子实之间的相互作用而形成的，如图 2-4 所示。

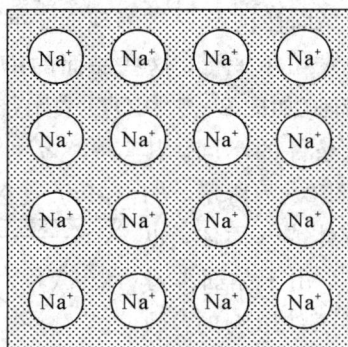

图 2-4　金属键示意图

金属键没有饱和性和方向性，故金属晶体一般按密堆积的规则排列，配位数越高，密度越大。我们所熟悉的金属特性，如导电性、导热性、金属光泽、很高的硬度和熔点等，都是与共有化电子可以在整个晶体内自由运动和金属晶体密堆积的规则排列、配位数高、密度大相联系的。

通过以上化学键性质的分析和讨论可以看出：价电子在两种不同原子间的完全转移形成离子键；价电子在同一种原子间的共有形成共价键；价电子在两种不同原子间的部分共有和部分转移形成混合键；价电子为晶体中所有金属原子所共有形成金属键。晶体中化学键的性质决定着原子如何键合，也是决定晶体的主要因素，对晶体的物理性质也有很大影响。由于各种不同的化学键性质归根结底是由晶体中原子的最外层价电子的分布情况决定的，所以各种化学键相互之间既有联系又有区别。它们之间的变化过程是由电子转移程度或电子共有化程度从量变到质变的过程。

2.1.2 单晶体的空间点阵结构

晶体物质在适当条件下能自发地发展成为一个凸多面体的单晶体。这个多面体的各相邻面之间的夹角都小于 $180°$，围成这样一个多面体的面称为晶面，晶面的交线称为晶棱，晶棱的会聚点称为顶点，如图 2-5 所示。

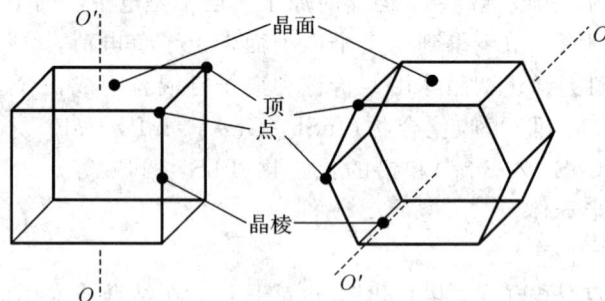

图 2-5 晶体结构

晶体可以是天然的，也可以由人工培养。发育良好的单晶体在外形上最显著的特征是晶面有规则的配置。一个理想完整的晶体，大多数的晶面具有相同的面积，且晶体常能沿着某一个或某些具有一定方位的晶面劈裂开来。这种性质称为晶体的解理性，这样的晶面称为解理面。显露在晶体外表的晶面往往是一些解理面。单晶体的另一显著的特征是它的晶面往往排列成带状，晶面的交线互相平行，这些晶面的组合称为晶带。这些互相平行的晶棱共同的方向称为该晶带的带轴（如图 2-5 中 $O'O$ 表示带轴）。晶轴是重要的带轴。

同一品种的晶体，由于生长条件的不同，其外形是不一样的，如图 2-6 和图 2-7 所示。例如氯化钠晶体的外形可以是立方体或八面体，也可能是立方体和八面体的混合体。由于晶面本身的大小形状是受结晶生长时外界条件影响的，因而不是晶体品种的特征因素。而晶面间的夹角则是晶体结构的一种特征因素。

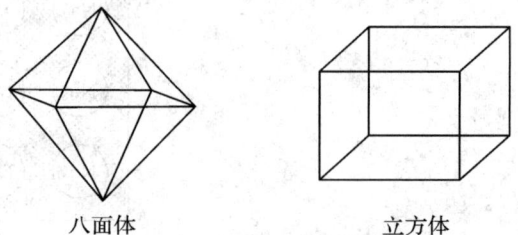

八面体   立方体

图 2-6 NaCl 晶体的不同外形

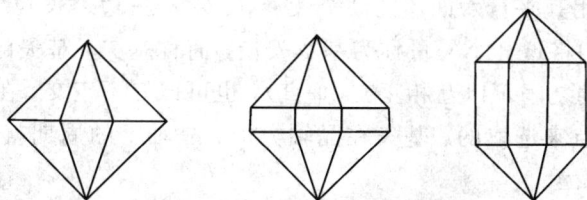

图 2-7　石英晶体的不同外形

晶体外形上的规律性，特别是外形上的对称性，是晶体内在微观结构规律性的反映。

理论和实践证明晶体内部微观结构是：晶体中的原子、离子、分子等质点在空间有规则地做周期性的无限分布。这些质点的总体称为空间点阵。点阵中的质点所在的位置称为结点。

通过点阵中的结点可以做许多平行的直线族和平行的晶面族。这样，点阵就成为一些网格，称为晶格，如图 2-8 所示。

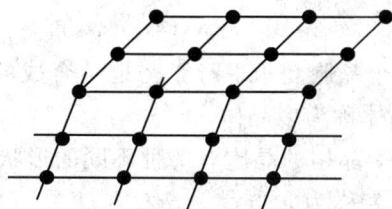

图 2-8　晶体的晶格

晶格的具体形式是多种多样的，但是，所有晶格都有一个共同的特点，即具有周期性。我们说晶格是原子的规则排列，这里所谓的"规则"，首先是指晶格的周期性。晶格的周期性可以看成是以完全相同的平行六面体单元堆积而成的。我们先用晶格中最简单的立方晶格来说明这一点。简单立方晶格是由沿 3 个垂直方向等距离排列的结点组成的，如图 2-9 所示，它沿 X、Y、Z 每个垂直方向每隔距离 a 有一个结点。在图上可以明显看到晶格的周期性，即整个晶格可以看成是由边长为 a 的小立方体（即平行六面体单元）堆砌而成的。晶格的这种基本特征——周期性，就是整个晶格是由立方单元沿着 X、Y、Z 方向按照"周期" a 的不断重复。这种周期重复的六面体单元称为晶胞。图 2-9 右边的小立方单元就是一个简单立方晶格的晶胞。一个晶格中虽然有千千万万的结点，但是，其结构只是晶胞的不断重复，所以，讨论晶格问题时往往可以取其晶胞作为代表。

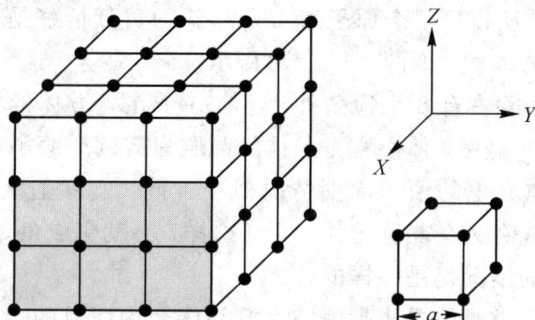

图 2-9　简单立方晶格

晶格的晶胞可以用其平行六面体的3个矢量 a、b、c（三边之长）及交角 α、β、γ 来表示，如图2-10所示。我们将这3个矢量称为基本矢量，简称基矢。基矢的大小可以彼此相等，也可以互不相等；它们之间可以互相正交（垂直），也可以互不正交。在结晶学中，晶胞是按对称性和周期性的特点来选取的，基矢在晶轴方向，晶轴上的周期就是基矢的大小，称为晶格常数，一般用 a 表示。

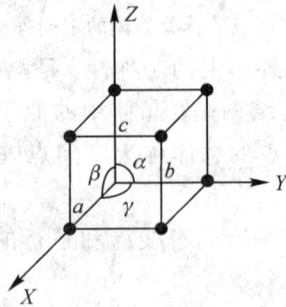

图2-10　晶格对称轴和夹角

从晶胞的角度看，由无数个晶胞互相平行紧密地结合成的晶体叫做单晶体。由无数个小单晶体无规则排列组成的晶体称为多晶体。

根据边长及其交角的不同，晶格的晶胞有7种不同的形状。按此可以把晶体分为7类，称为7个晶系。这7个晶系的名称为立方晶系、六方晶系、四方晶系、三方晶系、单斜晶系、三斜晶系、正交晶系。我们主要介绍立方晶系（如图2-11所示）。

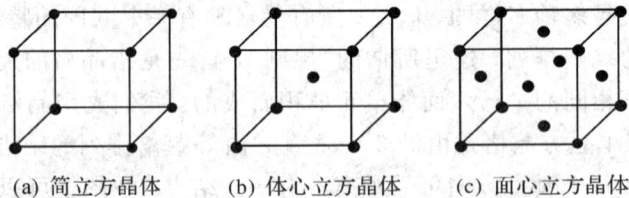

(a) 简立方晶体　　(b) 体心立方晶体　　(c) 面心立方晶体

图2-11　立方晶系图

立方晶系的3个基本矢量长度相等，并且互相正交，即 $a=b=c$，$\alpha=\beta=\gamma=90°$。

在立方晶系中又有简立方晶体、体心立方晶体和面心立方晶体之分。

简立方晶体：原子在立方体的顶角上，晶胞的其他部分没有原子，这样的晶胞自然也是最小的重复单元，每个原子为8个晶胞所共有，它对1个晶胞的贡献只有1/8，而每个晶胞有8个原子在其顶点，所以这8个原子对1个晶胞的贡献恰好是1个原子，晶胞的体积也是1个原子"占"有的体积，如图2-11(a)所示。

体心立方晶体：原子除占有8个顶角外，还有一个在立方体的中心（如图2-11(b)所示），故称体心立方晶体。显然，体心立方晶体的晶胞只有两个原子。

初看起来，顶角和体心上的原子周围情况似乎不同，实际上从整个空间的晶格来看，完全可以把晶胞的顶点取在另一晶胞的体心上，这样，心就变成角，角就变成心。所以，在顶角和体心上原子周围的情况仍是一样的。

事实上可以把体心立方晶体看成是由简立方晶体套构而成的。它们的顶点取在相邻立方空间对角线的1/2处，如图2-12所示。

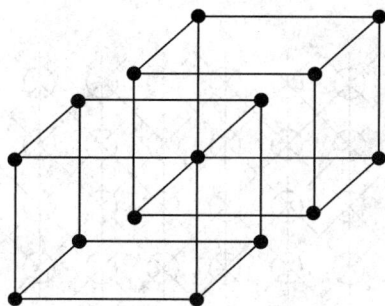

图 2-12　简立方晶体套构成体心立方晶体

　　面心立方晶体：除顶角上有原子外，立方体的 6 个面的中心还有 6 个原子，故称面心立方晶体。它和体心立方晶体的体心相同，即面心的原子和顶角的原子周围的情况实际上是一样的。面心立方晶体实际也是由简立方晶体套构成的，如图 2-13 所示。面心立方晶体每个面为两相邻的晶胞所公有，于是每个面心原子只有 1/2 是属于一个晶胞的。6 个面心原子中只有 3 个是属于这个晶胞的。因此，每个面心立方晶胞具有 4 个原子。

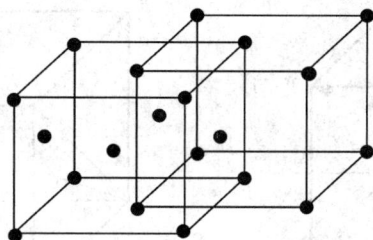

图 2-13　简立方晶体套构成面心立方晶体

　　以上讨论的简立方晶体、体心立方晶体和面心立方晶体都是简单格子晶体。还有一种晶体，由两种或者两种以上的原子组成，或者虽属于同一种原子组成，但每个原子周围的情况不一样，如氯化钠和金刚石结构就是复式格子。

　　锗、硅等元素半导体属于金刚石结构，砷化镓等化合物半导体属于闪锌矿结构。两者在几何结构上是相同的，所不同的是金刚石结构由同一种原子组成的，闪锌矿结构是由两种不同的原子组成的。

2.1.3　晶向和晶面的表示方法

　　晶体的一个基本特点是各向异性，即沿晶格的不同方向具有不同的性质。这是因为整齐排列的不同方向的原子内部间距不同，所表现出来的性质自然也不同。下面介绍怎样区别标志晶格中的不同方向。

　　晶格中的结点在各个不同方向上都是严格按照平行直线排列的。如图 2-14 所示是一个平面图，它形象地描绘了规则排列的结点沿两个不同方面都是按平行直线成行排列的。这些平行的直线把所有的结点包括无遗。在一个平面中，相邻直线之间的距离相等。此外，通过每一结点可以有无限多族的平行直线。当然，晶格中的结点并不是在一个平面上，而是规则地排列在立体空间中，它们在空间的不同方向就是利用晶向来区分的，而每一个晶向是用写在方括号内的一组数目如 [111]，[110]，[100]……来标志。标志晶向的这组数目称为晶向指数。

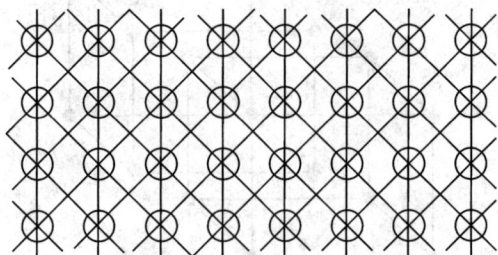

图 2-14　结点的规则排列

下面，我们以立方晶体为例来说明如何确定晶向指数。

确定晶向指数先要根据晶格结构规定一个坐标系。对于立方晶格，规定坐标平行于立方晶体的三个边，三个轴构成一个直角坐标系，如图 2-15 所示。有了坐标系，空间任何一个点，如图中 P 点，都可以用 (x,y,z) 三个坐标来确定其位置，如图 2-16 所示。

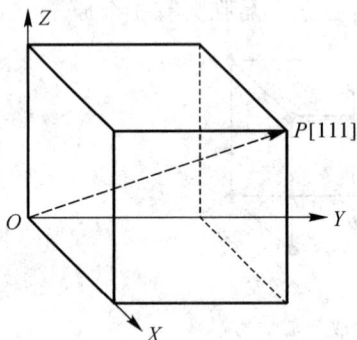

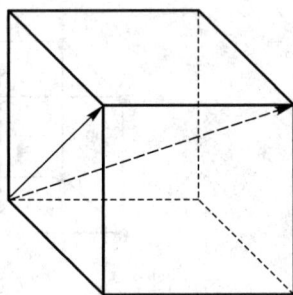

图 2-15　直角坐标系　　　　图 2-16　立方晶格中的几个晶向

如图 2-17 所示为立体晶胞晶向图。图中，OA、OB、OC 表示立方晶胞的三个晶向。为了确定它们的晶向指数，随意选取晶体中任意一个结点作为坐标原点 O，选取从原点出发三个互相垂直的晶轴为 X、Y、Z 轴。从原点 O 出发沿 X 轴晶向至第一个结点 A，它在 X 轴上的投影为 a，所以，A 的坐标为 $x=a$，$y=0$，$z=0$，分别除以 a，就得到 $\overrightarrow{OA}$ 这个晶向的晶向指数 $[100]$。图中 $\overrightarrow{OC}$ 是晶胞底面的对角线，它在 X、Y、Z 轴上的投影分别为 $x=a$，$y=a$，$z=0$，分别除以 a 得到 $\overrightarrow{OC}$ 的晶向指数为 $[110]$。

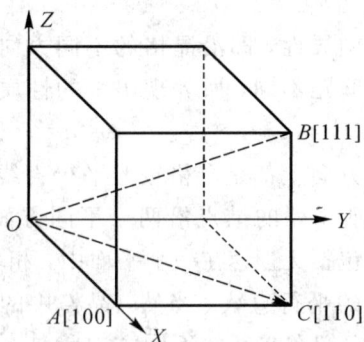

图 2-17　立方晶胞晶向图

图中 $\overrightarrow{OB}$ 是一条体对角线，它在 X、Y、Z 轴上的投影分别为 $x=a$，$y=a$，$z=a$。分别除以 a 得到 $\overrightarrow{OB}$ 的晶向指数为[111]。

坐标系的选定方法不同，晶向指数的表示方法也有正有负，如图 2-18 所示。例如我们选择如图 2-18(a)所示的直角坐标系，则 $\overrightarrow{OA}$ 的晶向指数可以表示成[111]；若选择如图 2-18(b)所示的直角坐标系，则很容易看出，$\overrightarrow{OA}$ 在 X、Y、Z 轴上的投影分别为 $x=a$，$y=-a$，$z=a$，分别除以 a，则 $\overrightarrow{OA}$ 的晶向指数为[1$\bar{1}$1]。其中 $\bar{1}$ 就是 -1，这是习惯表示方法。

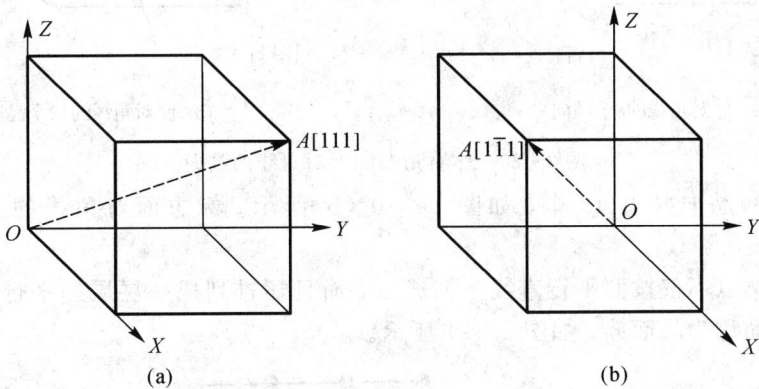

图 2-18　晶向指数的正负

由上面的讨论可知，X、Y、Z 三个轴均代表立方边的方向，每个轴又可区分为正、负两个方向，所以，立方边一共有 6 个不同的晶向，如图 2-19 所示。由于晶格的对称性，因此这 6 个晶向并没有什么区别。晶体在这些方向上的性质是完全相同的，标志这样等效的晶向时，习惯的标志方法是用尖括号取代方括号，写成⟨100⟩。

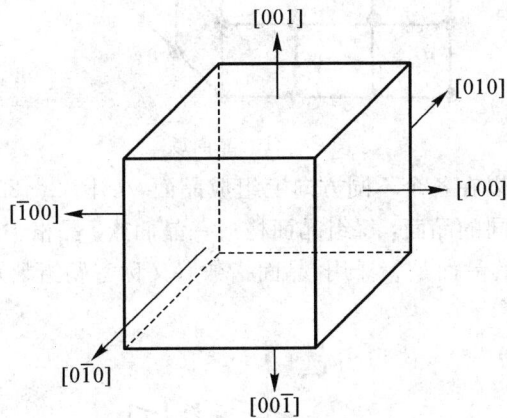

图 2-19　立方边的 6 个晶向

沿立方体对角线的晶向共有 8 个，如图 2-20(a)所示。它们显然是等效的，标志这样的晶向时，写成⟨111⟩。

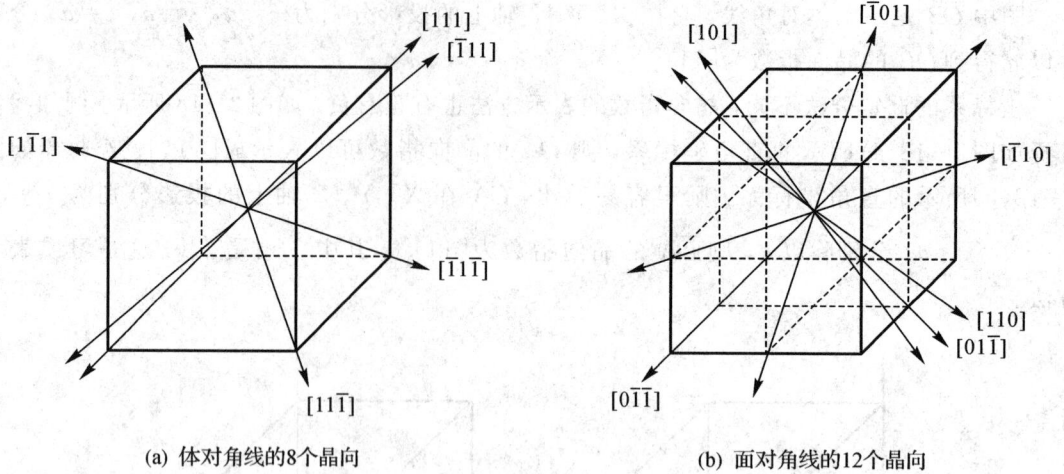

(a) 体对角线的8个晶向   (b) 面对角线的12个晶向

图 2-20 体对角线和面对角线的晶向

    面对角线的晶向共有 12 个，如图 2-20（b）所示。标志面对角线的晶向时，写成 ⟨110⟩。

    晶格中的结点不仅按照平行直线排列成行，而且还排列成一层层的平行平面，这种由结点组成的平面称为晶面族，如图 2-21 所示。

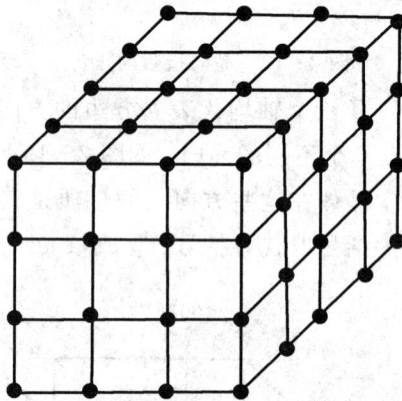

图 2-21 晶面族

    一个晶格里的结点可以在各个不同方向上组成晶面，如图 2-22 所示的相互平行的晶面族图形象地画出了几组不同的晶面，每组晶面构成一晶面族。晶格中一族晶面不仅平行，并且等距。下面着重介绍不同的晶面是怎样用"晶面指数"（又称密勒指数）来标志和区分的。

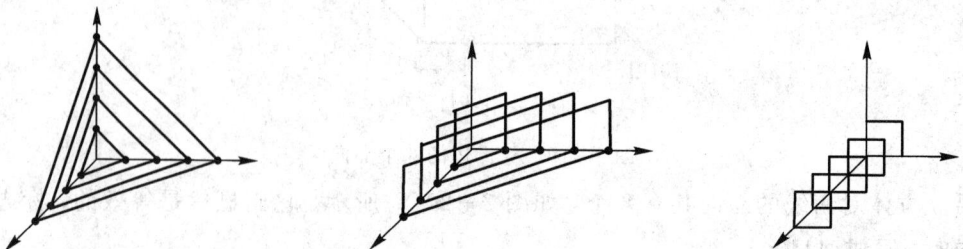

图 2-22 互相平行的晶面族

确定晶面指数的具体步骤如下：

（1）在坐标系中画出晶面，找出晶面在三个坐标轴上的截距 p、q、r，如图 2-23 所示。

（2）各截距除以 a，即以晶格边长为单位表示截距，分别为 p/a，q/a，r/a。

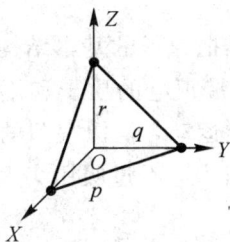

图 2-23　晶面的截距

（3）找出它们的倒数的最小整数比，即

$$h : k : l = \frac{1}{p/a} : \frac{1}{q/a} : \frac{1}{r/a}$$

其中 h、k、l 就是这个晶面指数，按照惯例写在圆括号里，即为 (hkl)。

例如：某一晶面截距 $p : q : r = a$，用 a 除得到 $p/a=1$，$q/a=1$，$r/a=1$，它们的倒数都是 1，所以，可直接得出最小的整数比 $h : k : l = 1 : 1 : 1$，即晶面指数就写成 (111)。

可以证明，在立方晶体中，一个晶面的晶面指数是和晶面法线（即与晶面相垂直的直线）的晶向指数完全相同的。这给确定晶面指数提供了一个简便途径。例如，与 $[100]$ 及 $[110]$ 和 $[111]$ 晶向垂直的晶面就是实践中最常用的 (100)、(110)、(111) 晶面。如图 2-24 所示为立方晶体的一些常用晶面。

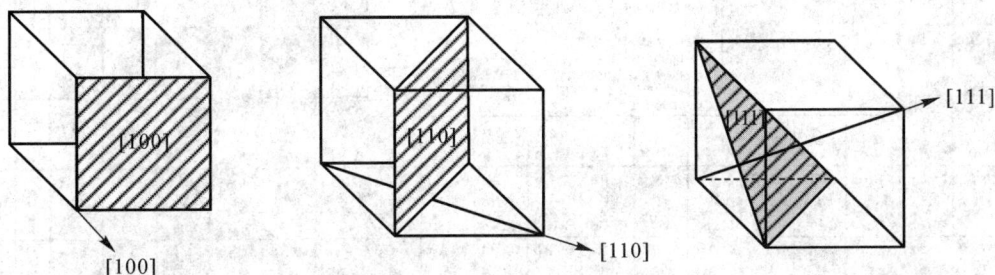

图 2-24　立方晶体的一些常用晶面

与其他的立方边面对角线和体对角线相垂直的晶面显然是和以上晶面等效的。标志这一类等效晶面时，用小括号代替圆括号，写成 $\{100\}$，$\{110\}$，$\{111\}$ 等。对于符号相反的各晶体相对的两个面都是相互平行的，它们的晶面指数是正好相反的。这样的一对晶面只需标注出前面的晶面指数，改变符号就可得到背面的晶面指数。如前面的晶面是 (100)，与它相对的背面晶面就是 $(\bar{1}00)$；前面的晶面是 (111)，与它相对的背面就是 $(\bar{1}\bar{1}\bar{1})$。

因为括号相反的晶面指数所标志的晶面是相互平行的，所以，对标志晶格里面的晶面来讲，是没有什么区别的。从标志晶格内的晶面来讲，(111) 和 $(\bar{1}\bar{1}\bar{1})$ 描述的是同一组平行晶面。符号相反的晶面指数只有在区别晶体的外表面时才有意义。例如，沿 $[111]$ 生长的单晶的横截面需要区分上下切割面，这样的两个表面就是用符号相反的晶面指数区分的。

金刚石晶格的晶面和简立方晶格的晶面是完全相对应的，所以，金刚石晶格的晶面指数就是按简立方晶格确定的。

2.1.4　常用的半导体材料

著名物理学家尼尔斯·玻尔最早把原子的基本结构用于解释不同元素的不同物理、化学和电性能。在玻尔的原子模型中，带正电的质子和不带电的中子集中在原子核中，带负电的电子围绕原子核在固定的轨道上运动，就像太阳的行星围绕太阳旋转一样。带正电的质子和带负电的电子之间存在着吸引力，不过吸引力和电子在轨道上运行的离心力相抵，这样一来原子结构就稳定了。

每个轨道容纳的电子数量是有限的。在有些原子中，不是所有的位置都会被电子填满，这样结构中就留下一个"空穴"。当一个特定的电子轨道被填满后，其余的电子就必须填充到下一个外层轨道上。

不同的元素其原子中的电子、质子和中子数是不同的。原子的范围从最简单的氢原子（有 1 个电子）到最复杂的铹原子（有 103 个电子）。在任何原子中都有数量相等的质子和电子。中子是中性不带电的粒子，与质子一起构成原子核。

任何元素都包括特定数目的质子，没有任何两种元素有相同数目的质子。这条规则引出了人们对每种元素指定特定序数的做法，"原子序数"就等于原子中质子的数目，也等于原子中电子的数目。元素的序数基本参照表就是元素周期表，如图 2-25 所示。

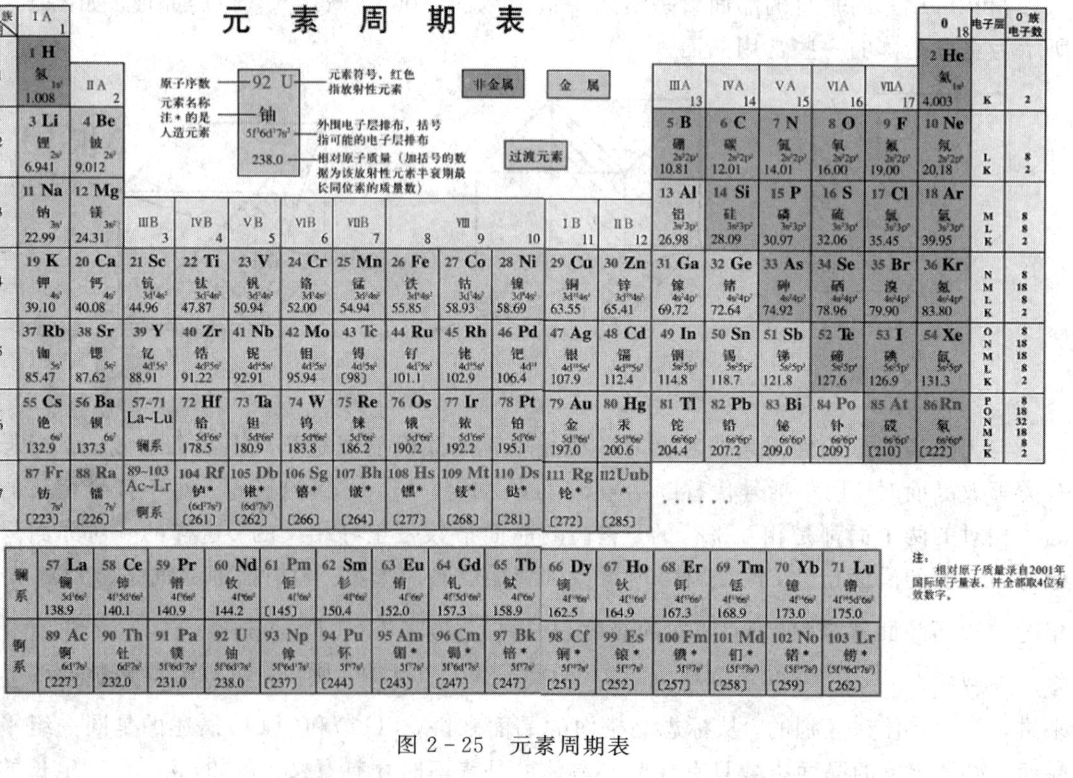

图 2-25　元素周期表

　　元素周期表中每种元素都有一个方格，方格内有一个或两个字母，代表元素符号。原子序数就在方格的左上角。例如钙（Ca）的原子序数为 20，表示钙原子核中有 20 个质子，轨道系统上有 20 个电子。电子在合适的轨道上分布，每个轨道（n）只能容纳 $2n^2$ 电子。按此算法，第 1 个轨道只能容纳两个电子，第 2 个轨道容纳的电子数最多有 8 个，第 3 个轨道容纳的电子数最多有 18 个。

　　元素周期表中有相同最外层电子数的元素有着相似的性质。如氢、锂和钠都出现在标着罗马数字 I 的竖列中，这个竖列数就代表最外层的电子数，因此这一列的元素都有着相似的性质。例如三种最好的电导体（铜、银、金）都出现在同一列中。最外层被填满或者拥有 8 个电子的元素在化学性质上要比最外层未填满的原子更稳定，原子会试图与其他原子结合而形成各轨道被填满或者最外层有 8 个电子的稳定结构。N 型和 P 型半导体材料的形成就是遵循这一规则的。

　　电流其实就是电子的流动。如果元素或者材料中的质子对外层电子的束缚相对较弱，就可以进行电传导，外层电子可以很容易地流动起来形成电流，大多数金属材料属于这种情况。材料的导电性用一个叫作导电率的因素来衡量。导电率越高，材料的导电性越好。导电能力也用导电率的倒数即电阻率来衡量。材料的电阻率越低，相应导电能力也越好。

　　与导电性相对的是，有些材料中表现出核子对轨道电子的强大束缚，直接的效果就是对电子移动有很大的阻碍，这些材料就是绝缘体。它们有很低的导电率和很高的电阻率。在电子电路和电子产品中，二氧化硅可作为绝缘体。

　　把一层绝缘材料夹在两个导体之间就形成了一种电子元件，即电容。电容的实际效用就是存储电荷。在半导体结构中，MOS 栅结构、被绝缘层隔开的金属层和硅基体之间及其他结构中都存在电容。电容在存储器中用于存储信息，或者形成场效应晶体管中的栅极。薄膜电容能力与其面积、厚度以及一个特性指数即绝缘常数有关。半导体金属传导系统需要很高的导电率，因而也就需要由低电阻和低电容材料构成。用于层间隔离的绝缘层需要高电容或者高绝缘常数的绝缘体构成。

　　本征半导体是纯净的半导体，指材料处于纯净状态而不是掺杂了杂质或其他物质。把特定的元素引入到本征半导体，称为掺杂。掺杂的材料表现出两种独特的特性，它们是固态器件的基础。这两种特性分别是 P 型和 N 型。如：Ⅲ族的硼掺入硅中形成 P 型硅，这里的硼就是 P 型导电掺杂剂，半导体材料硅叫作受主（Acceptor）材料；如在硅中掺入 V 族元素砷，形成 N 型硅，砷就是 N 型导电掺杂剂，半导体材料硅叫作施主（Donor）或授主材料。我们可通过掺杂精确控制材料的电阻率以及使电子和空穴导电。

　　常用的半导体材料主要有以下几种。

1．单质半导体

　　元素周期表第Ⅳ族的元素是单质半导体，其中锗和硅是两种最重要的半导体材料。在固态器件时代之初，第一个晶体管是由锗制造的。但是锗在工艺和器件性能上存在问题。它的熔点只有 937℃，限制了高温工艺，更重要的是，它表面缺少自然产生的氧化物，容易漏电。

　　硅与二氧化硅平面工艺的发展解决了集成电路的漏电问题，使得电路表面轮廓更平坦，并且硅的熔点高达 1415℃，使生产厂能够采用高温工艺。而且硅的原材料丰富，如今世界上超过 90% 的生产用晶圆的材料都选用硅。

2. 化合物半导体

有很多化合物半导体由元素周期表中第Ⅲ-Ⅴ族、第Ⅱ-Ⅵ族的元素形成。在这些化合物中，商业半导体器件中用得最多的是砷化镓（GaAs）、磷砷化镓（GaAsP）、磷化铟（InP）、砷铝化镓（GaAlAs）和磷镓化铟（InGaP）。这些化合物有独特的性能。当有电流激活时，由砷化镓和磷砷化镓做成的二极管会发出可见的激光，用这些材料来制作电子面板中的发光二极管（LED）。

砷化镓的另一个重要特性就是其载流子的高迁移率。这种特性使得在通信系统中砷化镓器件比硅器件更快地响应高频微波，并有效地把它们转变为电流。载流子的高迁移率也是人们对砷化镓晶体管和集成电路感兴趣的原因所在。砷化镓器件比硅类器件快 2～3 倍，应用于超高速计算机和实时控制电路（如飞机控制）。辐射（如宇宙射线）会在半导体材料中形成空穴和电子，它会升高不想要的电流，从而造成器件或电路工作不正常或停止工作。可以在辐射环境下工作的器件叫作辐射硬化器件。砷化镓本身就对辐射所造成的漏电具有抵抗性，因此砷化镓是一种天然辐射硬化器件。

砷化镓也是半绝缘的。这种特性可使其邻近器件的漏电最小化，且允许更高的封装密度，因而空穴和电子移动的距离更短，电路的速度也更快了。在硅电路中，必须在电路表面建立特殊的绝缘结构来控制表面漏电，这些结构占用了不少空间并且降低了电路的密度。

尽管有这么多的优点，但是砷化镓也不会取代硅成为主流的半导体材料，因为其制造难度大。另外，虽然砷化镓电路运行速度非常快，但是大多数电子产品并不需要那么快的速度。

具体来说，在性能方面，砷化镓如同锗一样没有天然的氧化物。为了补偿，必须在砷化镓上淀积多层绝缘体，这样就会导致更长的工艺时间和更低的产量。而且在砷化镓中占半数的原子是砷，对人体会产生危害。更令人遗憾的是，在正常的工艺温度下砷会蒸发，这就额外需要增加抑制层或者加压的工艺反应室。这些步骤延长了工艺时间，增加了成本。在晶体生长阶段也会发生蒸发，这样会导致晶体和晶圆不平整。这种不均匀性造成晶圆在工艺中容易折断，而且也导致了大直径的砷化镓生产工艺水平比硅落后。尽管有这些问题，砷化镓仍是一种重要的半导体材料，其应用也将不断增多，而且在未来对计算机的性能可能有很大影响。

3. 锗化硅

与砷化镓有竞争性的材料是锗化硅。锗和硅这样的结合把晶体管的速度提高到可以应用于超高速的对讲机和个人通信设备当中。器件和集成电路的结构特点是用超高真空/化学气相沉积法（UHV/CVD）来淀积锗层。双极晶体管不同于硅技术中所形成的简单晶体管，它形成在锗层上，而且需要晶体管具有异质结构（Hetrostructure）和异质结（Heterojunction）。这些结构中包括有好几层具有特定的掺杂等级的锗层，从而允许高频运行。

几种半导体材料和二氧化硅之间的物理性能比较如表 2-2 所示。

表 2-2　几种半导体材料的物理性能比较

名称	Ge	Si	GaAs	SiO$_2$
相对原子质量	72.6	28.09	144.63	60.08
每立方厘米原子数	4.42×10^{22}	5.00×10^{22}	2.21×10^{22}	2.3×10^{22}
晶体结构	金刚石结构	金刚石结构	闪锌矿结构	无定形态
单位晶格	8	8	8	—
密度/(g/cm^3)	5.32	2.33	5.65	2.27
能隙/eV	0.67	1.11	1.40	8
绝缘系数	16.3	11.7	12.0	3.9
熔点/℃	937	1415	1238	1700
击穿电压/V	8	30	35	600
热膨胀线性系数	5.8×10^{6}	2.5×10^{-6}	5.9×10^{-6}	0.5×10^{-6}

4. 铁电材料

速度更快、性能更可靠的存储器采用铁电材料。铁电材料电容如锆钛酸铅 PbZr$_{1-x}$T$_x$O$_3$（PZT）电容和钽酸锶铋 SrBi$_2$Ta$_2$O$_9$（SBT）电容用"0"或"1"两种状态存储信息，能够快速响应和可靠地改变状态。通常把它们并入 SiCMOS 存储电路，称为铁电随机存储器（FeRAM）。

半导体材料非常独特，除了晶体中含有一种原子的单质半导体（如硅、锗）和各元素按一定比例组成的化合物半导体（如Ⅲ-Ⅴ族、Ⅱ-Ⅵ族）外，甚至还有Ⅳ-Ⅳ族半导体"合金"（如碳化硅 SiC）。半导体合金内部构成元素之间的比例可以连续变化，从而形成一种"固溶体"。根据合金中元素的种类，合金又被称为"二元合金""三元合金""四元合金"，比如激光打印机中的激光二极管就是用三元合金砷化铝镓（Al$_x$Ga$_{1-x}$As）生产的。利用半导体合金的性质我们可以制造出无限多种"人造"半导体，以满足特定需求或者应用。这种构思和制造人造材料的过程，称为"带隙工程"，是纳电子学和光电子学研究的核心。

2.2　芯片概述

前面我们说过，在广义上，只要是使用微细加工手段制造出来的半导体颗粒都可以叫作"芯片"，里面甚至并不一定有电路，比如半导体光源芯片、机械芯片、MEMS 陀螺仪或者生物芯片（如 DNA 芯片）等。在狭义上，"芯片"常常特指半导体器件和集成电路芯片。其中，半导体器件是半导体分立器件的简称，而集成电路是指由多个元器件（如晶体管、电阻器、电容器等）及其连线按一定的电路形式制作在一块或几块半导体基片上，并具有一定功能的一个完整电路。

2.2.1　半导体器件

半导体器件主要有 7 个族，分别是二极管、晶体管、非易失性存储器、晶闸管、光子器件、电阻和电容器件、传感器。这 7 个族又有 74 个基本类别，由这 74 个基本类别还可以衍生出 130 种类型的器件。随着材料研究的深入，又有许许多多的新型器件不断出现。这些半导体器件的名称基本上是由其组成结构名称的首写字母缩写而成的，这使得一般的半导体文献深奥难懂。我们在这里向大家介绍三种最基本的器件，即 PN 结二极管、双极晶体管（BJT）和金属氧化物半导体场效应晶体管（MOSFET），复杂的器件都是在它们的基础上实现的。

PN 结是大多数半导体器件的心脏。PN 结加正向电压（正偏）时导通（如图 2-26 所示），加反向电压（反偏）时截止（如图 2-27 所示），因此具有单向导电性。这种电流只能沿一个方向流动的性质称为整流。可见，PN 结具有整流、开关作用，加上管壳和引线，就可以制成二极管，因此二极管是具有单向导电性的。同时利用电场下 PN 结电容的变化，还可将其制成电容器。

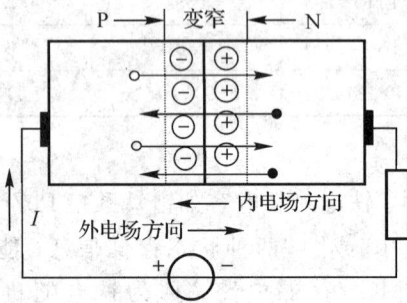

图 2-26　PN 结加正向电压　　　　图 2-27　PN 结加反向电压

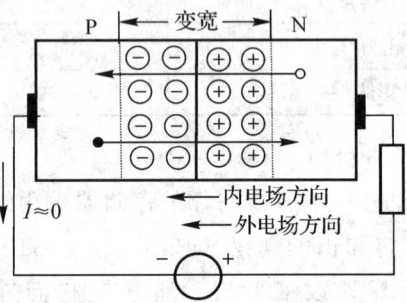

PN 结二极管有许多类型。从工艺上分，有点接触型和面接触型。点接触型二极管的特点是 PN 结面积小（结电容小），因此不能通过较大电流，但其高频性能好，故一般适用于高频和小功率的电路中，也用作数字电路中的开关元件。面接触型二极管（一般为硅管）的特点是 PN 结面积大，故可通过较大电流（可达上千安培），但其结电容大，工作频率低，因此，一般用作整流。按用途分，有整流管、开关二极管、检波二极管、稳压二极管、变容二极管、光电二极管、隧道二极管、光电池和半导体检测器等 PN 结二极管。市面上最常见的是开关二极管、整流二极管和发光二极管（LED）。随着 SMT 工艺的发展，越来越多形式各样的 PN 结二极管器件涌现出来。

双极型晶体管（Bipolor Junction Transistor，BJT）有发射极 E、集电极 C 和基极 B 三个电极，由电子和空穴两种载流子运动以实现其功能。双极型晶体管实际上由两个背靠背的 PN 结连接构成，所以被称为"双极型"。它的基本用途是作为以基极电流为输入以及以集电极电流为输出的电流控制型放大器和开关。双极型晶体管又分 NPN 型和 PNP 型两种。NPN 型晶体管与 PNP 型晶体管的工作原理基本上是相同的，只是极性不同。以 NPN 型晶体管为例，器件结构要求发射区的自由电子密度要比基区的空穴密度高很多，且基区的宽度要非常薄。基极电流控制着流过 C-E 间的电流，因此，双极型晶体管应在 B-E 间加正向偏压的条件下工作。此时电子从发射区注入到基区。通过选择电路的不同工作条件，可使其分别工作在放大或开关状态。其性能取决于基区宽度，基区宽度越薄，电流放大倍数就越高，开关的速度也就越快。

最常用的普通 NPN 型晶体管是一个四层三结结构。四层分别是：N^+ 发射区层，P 型基层，N 型集电区（即外延层）和 P 型衬底层；三结是：发射结、集电结和隔离结（衬底结）。

其结构示意图如图 2-28 所示。

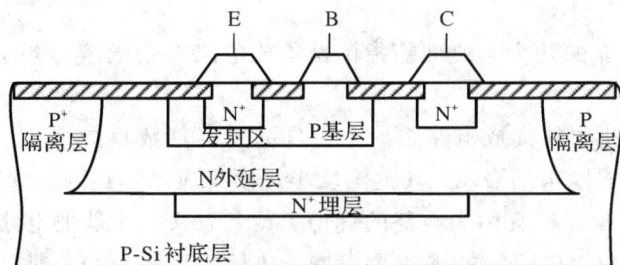

图 2-28　NPN 型晶体管结构示意图

与二极管一样，晶体管也可以作为光电器件使用。如果由光照产生光生电子—空穴对替代基极电流，由于基极电极悬浮工作，所以它的有效量子产额（即 1 个光子激发光生载流子数）比光电二极管约高两个数量级。

场效应晶体管（Field-Effect Transistor，FET）是由源极（S）、漏极（D）和栅极（G）构成的一种三端器件。与 BJT 之类的双极型器件不同，它是通过栅极电压来控制源极—漏极之间多数载流子电流，仅靠多数载流子工作的一种器件，是单极型器件，属于电压控制器件。它的基本用途是作为电压输入、电流输出的电压控制型放大器和开关，以栅极电压为输入，以漏极电流为输出。与双极型晶体管相比，它的特点是具有高输入阻抗。

场效应晶体管按照其栅极结构的不同，大体上可分为结型栅场效应晶体管（JFET）和绝缘体栅场效应晶体管（MISFET）两大类。按照沟道不同，又可进一步细分为 N 型和 P 型两类 FET。对 N 沟 JFET 和 P 沟 JFET 均可采用耗尽型和增强型两种工作模式，因此 JFET 一共分为四类。MISFET 是金属-绝缘体-半导体结构的场效应管，当栅极绝缘层的绝缘体是 SiO_2 膜时，就特称为 MOS 场效应晶体管（Metal - Oxide - Semiconductor Field - Effect Transistor，MOSFET）（如图 2-29 所示）。事实上，MOSFET 是市面上大多数集成电路的基本单元。

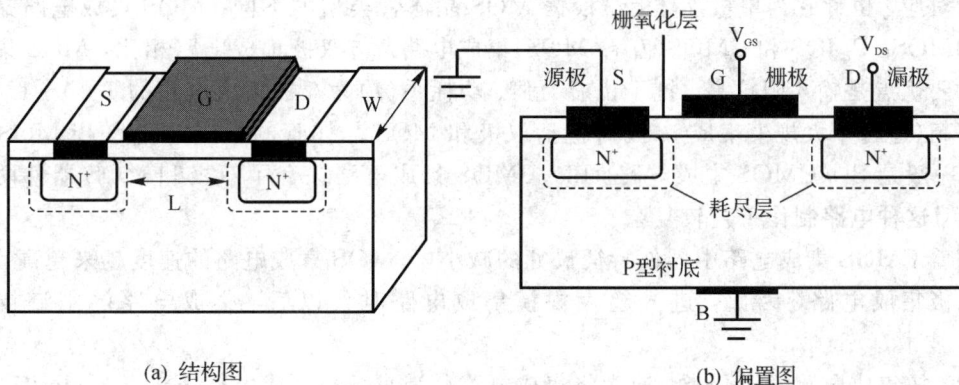

(a) 结构图　　　　　(b) 偏置图

图 2-29　N 沟道增强型 MOS 管

半导体分立器件种类很多，应用广泛。除了以上介绍的几种典型结构，还有金属-半导体接触形成的肖特基二极管和三极管（MESFET）、绝缘层上 MOSFET（SOI 器件）、基于 MOSFET 和 MOS 电容器结构的存储器（SRAM、DRAM、flash 等）、Bi-CMOS，以及有机发光器件、光电器件、光伏器件等。限于篇幅，这里就不一一介绍了，感兴趣的读者可以参阅施敏、李明逵所著的《半导体器件物理与工艺》一书。

2.2.2　集成电路

描述集成电路性能的几个主要性能指标是集成电路的集成度、集成电路的功耗延迟积和特征图形尺寸。

所谓集成度，是指每块集成电路芯片中包含的元器件数目的多少。按照集成电路集成度规模的大小，用集成度水平表示，其范围从小规模集成 SSI 到巨大规模集成 GSI。

集成电路的功耗延迟积又称为电路的优值，顾名思义，就是把电路的延迟时间与功耗相乘，该参数是衡量集成电路性能的重要参数。功耗延迟积越小，即集成电路的速度越快或功耗越低，性能便越好。

特征图形尺寸又叫特征尺寸，通常是指集成电路中半导体器件的最小尺度。如 MOSFET 的最小沟道长度或双极晶体管中的最小基区宽度就是衡量集成电路加工和设计水平的重要参数。特征尺寸越小，加工精度越高，可能达到的集成度也越高，性能就越好。

集成电路的应用范围广泛，门类繁多，有很多不同的分类方法。

（1）按集成电路中有源器件的结构类型和工艺技术分类，可将集成电路分为双极集成电路、MOS 集成电路和 Bi – MOS（双极 – MOS 混合型）集成电路三类。

双极集成电路是半导体集成电路中最早出现的电路形式，1958 年制造出的世界上第一块集成电路就是双极集成电路，这种电路采用的有源器件是双极晶体管。所谓双极（Bipolar）是指它的工作机制依赖于电子和空穴两种类型的载流子。在双极集成电路中，又可以根据双极晶体管类型的不同而细分为 NPN 和 PNP 型双极集成电路。双极集成电路的特点是速度高、驱动能力强，缺点是功耗较大、集成度相对较低。

MOS 集成电路中所用的晶体管为 MOS 晶体管。所谓 MOS 就是金属—氧化物—半导体（Metal – Oxide – Semiconductor）结构，它主要靠半导体表面电场感应产生的导电沟道工作。在 MOS 晶体管中，起主导作用的只有一种载流子（电子或空穴），因此有时为了与双极晶体管对应，也称它为单极晶体管。根据 MOS 晶体管类型的不同，MOS 集成电路又可以分为 NMOS、PMOS 和 CMOS（互补 MOS）集成电路。与双极集成电路相比，MOS 集成电路的主要优点是输入阻抗高、抗干扰能力强、功耗小（约为双极集成电路的 $1/10 \sim 1/100$）、集成度高（适合于大规模集成）。同时包括双极和 MOS 晶体管的集成电路为 Bi-MOS 集成电路，一般是 Bi – CMOS 集成电路。Bi – CMOS 集成电路综合了双极和 MOS 器件两者的优点，但这种电路制作工艺较复杂。

随着 CMOS 集成电路中器件特征尺寸的减小，CMOS 集成电路的速度越来越高，已经接近双极集成电路，因此，进入超大规模集成电路时代以后，集成电路的主流技术是 CMOS 技术。

（2）按集成电路规模分类，通常将集成电路分为小规模集成电路（Small Scale IC，简称 SSI）、中规模集成电路（Medium Scale IC，简称 MSI）、大规模集成电路（Large Scale IC，简称 LSI）、超大规模集成电路（Very Large Scale IC，简称 VLSI）、特大规模集成电路（Ultra Large Scale IC，简称 ULSI）和巨大规模集成电路（Gigantic Scale IC，简称 GSI）等。这里所谓规模，是指集成电路中的器件数目，即集成度。具体的划分标准还与电路的类型有关，目前，不同国家采用的标准并不一致。

（3）按照集成电路的结构形式分类，可以将集成电路分为半导体单片集成电路和混合集成电路。

　　单片集成电路是最常见的一种集成电路，通常，在不加任何修饰词的情况下提到的集成电路就是指这类集成电路。它是指电路中所有的元器件都制作在同一块半导体基片上（通常是硅材料）的集成电路。

　　混合集成电路是指将多个半导体集成电路芯片或半导体集成电路芯片与各种分立元器件通过一定的工艺进行二次集成，构成一个完整的、更加复杂的功能器件，该功能器件最后被封装在一个管壳中，作为一个整体使用。有时也称混合集成电路为二次集成 IC。

　　混合集成电路主要由片式无源元件（电阻、电容、电感、电位器等）、半导体芯片（集成电路、晶体管等）、带有互连金属化层的绝缘基板（玻璃、陶瓷等）以及封装管壳组成。根据制作混合集成电路时所采用的工艺，还可以将它分为厚膜集成电路和薄膜混合集成电路。

　　厚膜集成电路采用厚膜工艺在陶瓷板上制作电阻和互连线，采用的主要材料是各种浆料，如氧化钯-银等电阻浆料、金或铜等金属浆料以及作为隔离介质的玻璃浆料等。各种浆料通过丝网印刷的方法涂敷到基板上，形成电阻或互连线图形。图形的形状、尺寸和精度主要由丝网掩膜决定，每次完成浆料印刷后要进行干燥和烧结。

　　薄膜集成电路是指利用薄膜工艺（膜的厚度一般小于 $1\ \mu m$）制作电阻、电容元件和金属互连线，采用的工艺主要有真空蒸发、溅射等。各种薄膜的图形通常采用光刻、腐蚀等工序实现。我们通常说的微电子工艺是指薄膜工艺，通常所说的集成电路都是薄膜集成电路。

　　（4）根据集成电路的功能，可以将其划分为数字集成电路、模拟集成电路和数模混合集成电路三类。

　　数字集成电路（Digital IC）是指处理数字信号的集成电路。由于这些电路都具有某种特定的逻辑功能，因此也称为逻辑电路。该类集成电路又可分为组合逻辑电路和时序逻辑电路，前者的输出结果只与当前的输入信号有关，例如反相器、与非门、或非门等都属于组合逻辑电路；后者的输出结果则不仅与当前的输入信号有关，而且还与以前的逻辑状态有关，例如触发器、寄存器、计数器等就属于时序逻辑电路。

　　模拟集成电路（Analog IC）是指处理模拟信号（连续变化的信号）的集成电路。模拟集成电路的用途很广，例如在工业控制、测量、通信、家电等领域都有着很广泛的应用。早期的模拟集成电路主要是指用于线性放大的放大器电路，因此这类电路长期以来被称为线性IC，直到后来又出现了振荡器、定时器以及数据转换器等许多非线性集成电路以后，才将这类电路叫作模拟集成电路。因此，模拟集成电路又可以分为线性集成电路和非线性集成电路。线性集成电路的输出信号通常与输入信号呈线性放大关系，故又叫放大集成电路，如运算放大器、跟随器等。非线性集成电路则是指输出信号与输入信号呈非线性关系的集成电路，如振荡器等。

　　数模混合集成电路（Digital-Analog IC）是指既包含数字电路，又包含模拟电路的集成电路。直到 20 世纪 70 年代，随着半导体工艺技术的发展，才研制成功单片数模混合集成电路。最先发展起来的数模混合集成电路是数据转换器，用来连接电子系统中的数字部件和模拟部件，用以实现数字信号和模拟信号的互相转换，可以分为数模（D/A）转换器和模数（A/D）转换器两种。目前它们已经成为数字技术和微处理机在信息处理、过程控制等领域推广应用的关键组件。除此之外，数模混合集成电路还有电压—频率转换器和频率—电压转换器等。

集成电路是一种高速发展的技术，各种新型的集成电路层出不穷，这也是集成电路分类方法繁杂多样的一个原因。除了以上介绍的几种分类方法之外，集成电路还可以根据应用领域分为民用、工业、军用、航空/航天用等集成电路；根据应用性质可以分为通用 IC、专用 IC(ASIC)；也可根据速度、功率等进行分类，在此就不一一介绍了。

2.3 集成电路芯片制造工艺流程

集成电路芯片制造最常用的工艺称为硅平面外延工艺。集成电路生产流程示意图如图2-30 所示，它们可分为前道工艺和后道工艺两个主要部分。在晶圆表面上形成晶体管和其他器件称为前道工艺(FEOL)；以金属线把器件连在一起并加一层最终保护层称为后道工艺(BEOL)。整个芯片制造过程一般有几千个步骤。

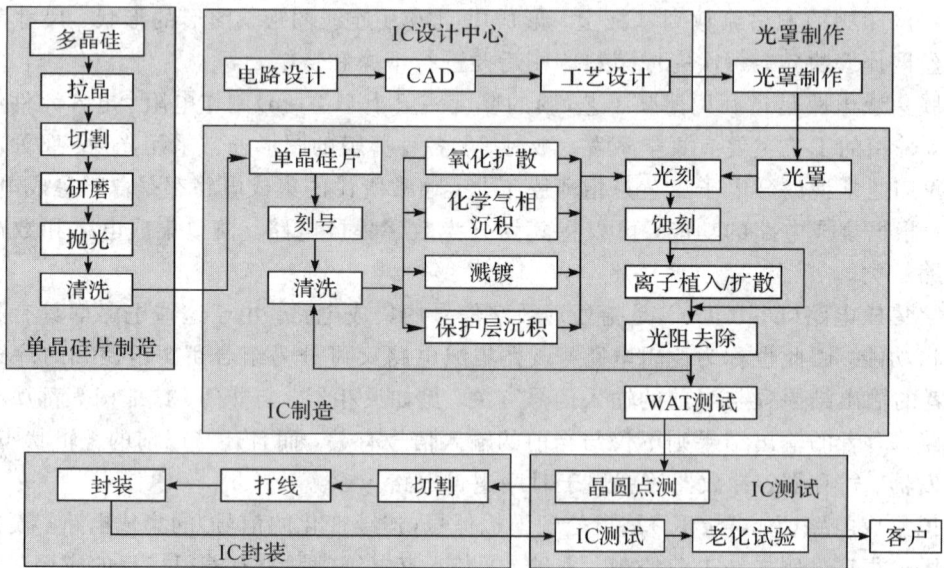

图 2-30 集成电路(IC)生产流程示意图

集成电路晶圆的生产是指在晶圆表面上和表面内制造出半导体器件的一系列生产过程。整个制造过程从硅单晶抛光片开始，直到晶圆上包含了数以百计的集成电路芯片为止。

大多数半导体流程都发生在硅片顶层几微米之内，要制造一块芯片，需要多次运用有限的几种工艺，不断重复循环加工。在工艺循环中，工艺参数和材料、工具的变换直接影响最终的结果。

集成电路的制造过程简单来说需要以下几道工序：

(1) 通过版图设计产生掩膜图形数据。

(2) 通过掩膜图形数据制得掩膜版(Mask，光罩)。

(3) 用掩膜版加工芯片。

(4) 将芯片从晶圆上分离出来，封装在管壳里。

(5) 经过适当封装的芯片经检测入库或出厂。

2.3.1 双极性集成电路制造工艺流程

双极型(TTL 即晶体管-晶体管逻辑电路)集成电路的制造工艺是在硅的外延技术和平面晶体管工艺的基础上发展起来的。其基本工艺过程为：首先在衬底硅片上生长一层外延层，并将外延层划分为一个个的电隔离区域；然后在各个隔离区内制作特定的元件，如晶体管、二极管、电阻等；接着完成元件间的互连；最后经由装片、引线、封装而成为集成电路成品。

如图 2-31 所示是一个较典型的双极型逻辑集成电路的工艺流程方框图。为了看清电路中元件的形成过程和结构，以一个 NPN 晶体管和一个电阻组成的倒相器电路(如图 2-32所示)为例，说明了形成该倒相器电路的主要工艺步骤(如图 2-33 所示)。

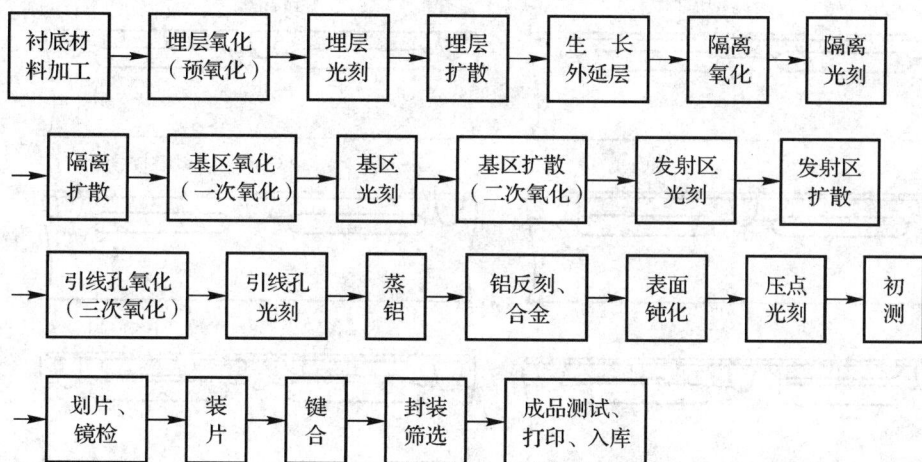

图 2-31 典型双极型(TTL)集成电路工艺流程方框图

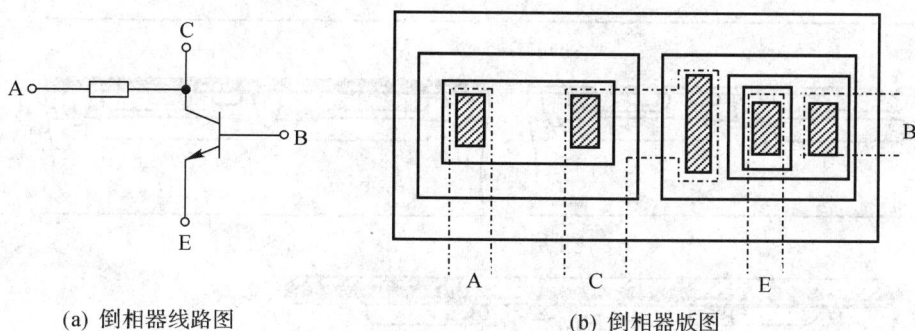

(a) 倒相器线路图   (b) 倒相器版图

图 2-32 NPN 晶体管和电阻组成的倒相器电路

SiO₂

P-Si

(a)

窗口　　　窗口　SiO₂

N⁺　　　　　　N⁺隐埋层

(b)

N外延层　　　　　　　　　SiO₂

(c)

隔离槽窗口　　　　隔离槽　　隔离岛

(d)

SiO₂　　　　　　　　　基区窗口

(e)

发射区窗口

(f)

N⁺　发射区扩散　　　　　　SiO₂

(g)

SiO₂　　　　　　　　铝层

(h)

A　　C　钝化层　E　B　SiO₂

P-Si

(i)

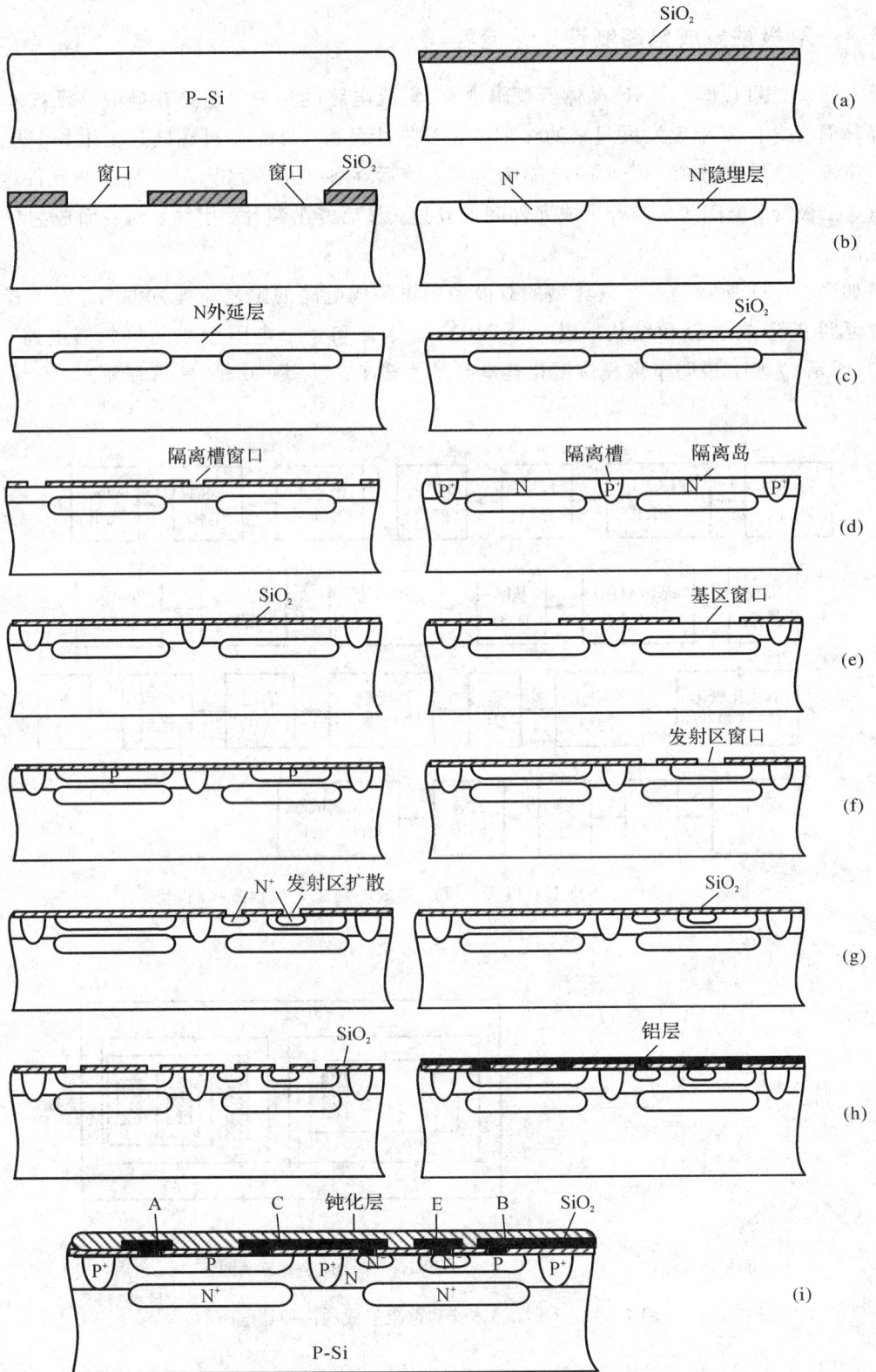

图 2-33　倒相器电路的主要工艺步骤

工艺步骤详细说明如下：

(1) 首先，选择电阻率为 $8\sim13\ \Omega\cdot cm$ 的 P 型硅单晶锭，沿着〈111〉晶面将硅锭切割成 $400\sim500\ \mu m$ 厚度的大圆片。然后对大圆片进行研磨、腐蚀、抛光，使硅片表面光亮如镜，厚度大约在 $300\sim350\ \mu m$ 左右，并将硅片进行化学清洗后，放在 $1000\,℃\sim1200\,℃$ 的氧化炉中进行隐埋氧化即预氧化，使在硅片表面形成一层 $1.2\sim1.5\ \mu m$ 厚的二氧化硅层，作为隐埋扩散时的掩蔽膜。再用光刻的方法刻出隐埋扩散窗口，在高温下，将杂质锑 (Sb) 或砷 (As) 从氧化层窗口中扩散到硅片内部，形成一个高浓度的 N^+ 型扩散区。隐埋层的薄层方块电阻 $R_\square$ 一般控制在 $15\sim20\ \Omega/\square$ 以内。

(2) 首先将经隐埋扩散后的硅片放入氢氟酸液中，漂去全部氧化层，经化学清洗后，把硅片放外延炉中，使之生长一层 N 型优质单晶硅外延层，层厚控制在 $6\sim10\ \mu m$ 左右，电阻率约为 $0.3\sim0.5\ \Omega\cdot cm$。然后将外延片在氧化炉中进行高温热氧化，生长一层 $1.2\sim1.5\ \mu m$ 厚的二氧化硅层，作为隔离扩散的掩蔽膜。光刻出隔离扩散窗口后，进行浓硼扩散，形成 P^+ 隔离槽。隔离槽最终穿通外延层，与下面的 P 型衬底硅片相通，把外延层分割为一个个独立的 N 型隔离区 (隔离岛)，将来电路元件就分别制作在这些隔离区内。隔离扩散通常分成预淀积和再分布两步进行。实际生产中，隔离槽不一定要在本工序就穿通外延层，一般只需控制扩入的杂质总量 (如使薄层电阻 $R_\square$ 小于 $30\ \Omega/\square$) 和结深，让它在以后的高温过程中自然扩散穿通。再将氧化层全部去净、烘干，在硅片背面蒸金后，高温氧化生成 $0.5\sim0.8\ \mu m$ 厚的氧化层，作为基区扩散的掩蔽膜，同时完成金扩散。光刻出 NPN 管的基区和硼扩散电阻区后，进行淡硼扩散，使在 N 型隔离岛上形成 P 型基区和 P 型扩散电阻区。淡硼扩散也分预淀积和再分布两步进行。再分布后形成一个杂质浓度分布 (表面浓度控制在约 $2.5\sim5\times10^{18}/cm^3$) 和结深 ($2\sim3\ \mu m$) 的硼扩散区，$R_\square$ 约为 $200\ \Omega/\square$，同时在表面形成一薄层 (约 $0.5\sim0.6\ \mu m$) 二氧化硅层，作为发射区浓磷扩散的掩蔽膜。

(3) 首先光刻出 NPN 管的发射区和集电极引线接触区，由浓磷扩散形成晶体管的发射区，并在集电极引线孔位置形成 N^+ 区，以便制作欧姆接触电极。N^+ 发射区的扩散深度一般不超过 $2\ \mu m$，表面杂质浓度高达 $10^{20}\sim10^{21}/cm^3$。磷扩散也分为预淀积和再分布两步进行。在再分布时形成一定厚度的氧化层，磷再分布也称三次氧化。然后光刻出各元件电极的欧姆接触窗口。在硅片表面蒸发上一层高纯铝薄膜，膜厚约 $1\sim1.5\ \mu m$，根据集成电路引出线及电路元件互连线的要求，将不再需要的铝膜用光刻方法除去，保留需要的铝膜 (即反刻铝引线)。反刻后的硅片，可在真空或氧气、氮气气氛中经 $500\,℃$ 左右的温度合金 $10\sim20\ min$，使铝电极硅形成良好的欧姆接触。再在合金化后的硅片表面淀积一层氮化硅 (Si_3N_4) 或磷硅玻璃 (PSG) 等钝化膜 (厚约 $0.8\sim1.2\ \mu m$)，并光刻出键合的压点。其次将硅片进行初测，点掉不合格的电路芯片，经划片把大圆片划分成单个独立的芯片，并键合压点与管座引出线使它们连接起来，密闭封装。最后经老化等工艺筛选后，进行成品测量 (总测)，合格品即可分档、打印、包装、入库。

由以上的工艺流程可见，在双极型集成电路制造工艺中，对于工艺手段的运用是很灵活的。同一次工艺中形成的导电层 (如 N 型层、P 型层、铝层等) 可以有多种用途。如：淡硼 P 型扩散层既可用于制作 NPN 管的基区，还可用于制作电阻；铝层不仅用来制作器件电极，也用来完成元件间的互布线等。同一工艺流程可以一次得到大量的不同类型的元件，如一次工艺流程可以制作出大量的晶体管、二极管、电阻等。可以想象，同一硅片上位置邻近的同类元件，由于它们经历的工艺过程和条件十分相似，因此它们的性能参数也将是十分一致的，即集成电路工艺有可能提供匹配性能十分优良的元件对。由于制造晶体管并不比制造电阻带来更多的麻烦，而且制造一个一般的晶体管往往比一个电阻占有更小的芯片面积，因此在半导体集成路中总是尽量用有源的晶体管来代替无源的电阻器等。这引起了一个对电子线路设计的观念的变革，因为在传统的电子线路设计时，总是尽量少用电子管、晶体管等有源器件，比较多地应用电阻、电容等无源器件。而在半导体集成电路的设计中，恰恰相反，人们尽量用晶体管来取代电阻，以求得较高的电学性能和较好的经济效益。除上述特点外，与分立元件晶体管平面工艺比较，双极型集成电路典型工艺有以下两个显著的特点：

（1）增加了隔离工艺。

在双极型集成电路中，许多个元件做在同一块硅片上，各个元件之间必须互相绝缘，即需实现"隔离"。否则，元件间将发生电连通，电路就无法正常工作。隔离工艺的目的就是使做在不同隔离区内的元件实现电隔离。

典型常规工艺中采用 PN 结隔离的方法，利用反向偏置的 PN 结具有高阻的特性来达到元件之间相互绝缘的目的。这种方法较简单方便。如图 2-33 所示就是采用这种方法制作在两个隔离岛上的 NPN 管的结构图，在晶体管 T1 和 T2 的集电区（N 型外延层）和隔离槽（P^+）间形成了两个背靠背的二极管，使这两个隔离岛互不发生电连通，从而使 T1、T2 达到电隔离的目的。电隔离的必要条件是 P^+ 隔离槽（或 P 型硅衬底）必须接电路的最低电位（在 TTL 电路中即是接地）。这样，当晶体管 T1、T2 的集电区电位变化时，正极处于最低电位的两个二极管不可能相同，于是 T1、T2 就被反偏 PN 结的支流高阻隔开。

PN 结隔离的缺点是制成的元件和芯片尺寸较大，寄生效应严重，不耐高压和辐射，从而影响电路性能的提高，它仅能适用于一般的场合。当对电路的性能和使用要求较高时，可采用其他的隔离方法。如果电路元件之间的绝缘是依靠二氧化硅等介质层来实现的，就叫作介质隔离。一种较好的隔离方法是"等平面隔离"，它的底壁仍采用 PN 结隔离，而侧壁采用了介质隔离。

（2）增加了隐埋工艺。

在双极型集成电路工艺流程中，在晶体管和硼扩电阻的下方都做了一个 N^+ 隐埋扩散层，这与平面晶体管工艺不同。平面晶体管工艺一般是在 N^+ 硅衬底上生长 N 型外延层，制成的合格管芯被烧结在管架上，晶体管的集电极由下层 N^+ 硅衬底引出。而在集成电路工艺中，NPN 管的集电极引线只能从硅片上面引入。这样，由集电极到发射极的电流，必然从高阻的外延层上横向流过，与平面晶体管相比较，电流流经的路途大为增长，而通导的截面积却大为减小，势必使晶体管参数如饱和压降、开关时间等变差，严重时会使电路无法正常工作。为解决这个问题，在 TTL 电路的制造过程中，增加了一道锑或砷扩散工序。在制作了 N^+ 引线孔使电流横向流动到发射区下部集电结时的串联电阻，可视作外延层电阻和隐埋层电阻的并联。计算表明，设置埋层有效地降低了集成晶体管的集电极串联电阻。而在硼扩电阻下面设置 N^+ 埋层，可以改善电阻隔离岛电位的均匀性，在电阻岛接电情况不良时，N^+ 埋层的存在可以减小 P 型电阻扩散区到衬底的穿通电流。

新型电路的出现和电路性能数的提高往往基于工艺质量的提高，或新工艺手段、新工艺流程的采用。如为了提高双极型数字电路传输速度，出现了以薄外延层、浅结扩散和细光刻线为基本特征的所谓"高速工艺"。新型双极数字电路中广泛采用了肖特基势垒二极管（SBD）钳位、离子注入技术和等平面隔离等工艺手段。在模拟集成电路的设计制造中，因元件品种增加和参数要求严格，工艺过程一般更为繁复。为适应电路品种增多，性能提高，新工艺手段的采用，电路制造工艺流程的增删、调整和改革，集成电路制造工艺应处于不断的变化发展之中。上面介绍的常规工艺流程是最基本的制造工艺流程，由此工艺制作的 TTL 标准电路的分析方法所得的基本结论，对当前双极型集成电路的设计制造具有指导性的意义。

2.3.2　MOS 集成电路制造工艺流程

MOS 集成电路由于其有源元件导电沟道的不同，又可分为 PMOS 集成电路、NMOS 集成电路和 CMOS 集成电路。在 PMOS、NMOS 集成电路中，又因其负载元件的不同而分为 E/R（电阻负载）、E/E（增强型 MOS 管负载）、E/D（耗尽型 MOS 管负载）MOS 集成电路。各种 MOS 集成电路的制造工艺不尽相同。MOS 集成电路制造工艺根据栅电极的不同可分为铝栅工艺（栅电极为铝）和硅栅工艺（栅电极为掺杂多晶硅）。

由于 CMOS 集成电路具有静态功耗低、电源电压范围宽、输出电压幅度宽（无阈值损失）等优点，且高速度、高密度，可与 TTL 电路兼容，所以使用广泛。

在 CMOS 电路中，P 沟 MOS 管作为负载器件，N 沟 MOS 管作为驱动器件，这就要求在同一个衬底上要同时制作 PMOS 管和 NMOS 管，所以必须把一种 MOS 管做在衬底上，而将另一种 MOS 管做在比衬底浓度高的阱中。根据阱的导电类型，CMOS 电路又可分为 P 阱 CMOS、N 阱 CMOS 和双阱 CMOS 电路。

传统的 CMOS IC 工艺采用 P 阱工艺，在这种工艺中，用来制作 NMOS 管的 P 阱是通过向高阻 N 型硅衬底中扩散（或注入）硼而形成的。N 阱工艺与 P 阱工艺相反，是向高阻的 P 型硅衬底中扩散（或注入）磷，形成一个制作 PMOS 管的阱。由于 NMOS 管做在高阻的 P 型硅衬底上，因而降低了 NMOS 管的结电容及衬底偏置效应。这种工艺的最大优点是和 NMOS 器件具有良好的兼容性。双阱工艺是在高阻的硅衬底上同时形成具有较高杂质浓度的 P 阱和 N 阱，NMOS 管和 PMOS 管分别做在这两个阱中。这样，可以独立调节两种沟道 MOS 管的参数，以使 CMOS 电路达到最优的特性，而且两种器件之间的距离，也因采用了独立的阱而减小，以适合于高密度的集成，但其工艺比较复杂。

以上所述工艺统称为体硅 CMOS 工艺。此外还有 SOS-CMOS 工艺（蓝宝石上外延硅膜）、SOI-CMOS 工艺（绝缘体上生长硅单晶薄膜），它们从根本上消除了体硅 CMOS 电路中固有的寄生闩锁效应，而且由于元器件间是空气隔离，有利于高密度集成，且结电容和寄生电容小，速度快，抗辐照性能好，SOI-CMOS 工艺还可用于制作立体电路。但这些工艺成本高，硅膜质量不如体硅，所以只在一些特殊场合（如军用、航天）中使用。

MOS 晶体管与 MOS 集成电路在制作工艺上大致相同，只是后者更加复杂一些而已。现举例说明。

1. 铝栅 N 型沟道 MOS 晶体管工艺流程

铝栅 N 型沟道 MOS 晶体管工艺流程如图 2-34 所示。

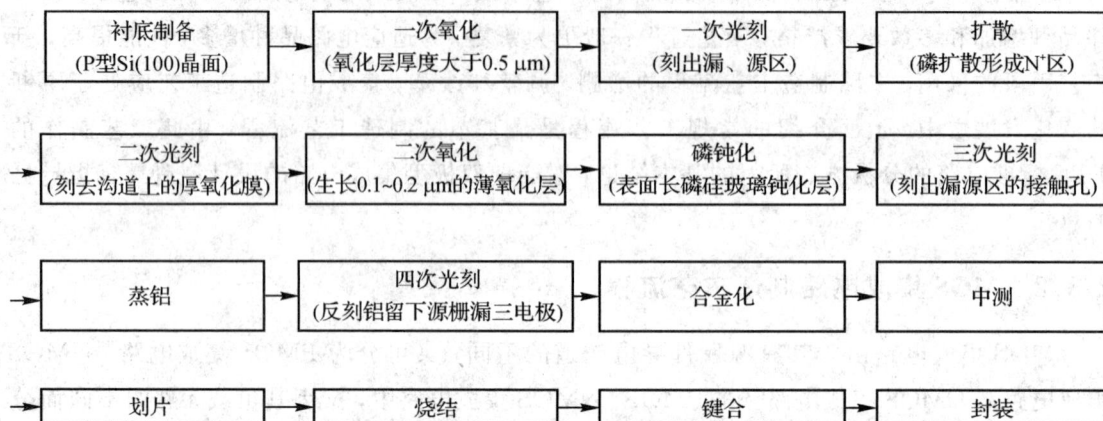

衬底制备 (P型Si(100)晶面)	→	一次氧化 (氧化层厚度大于0.5 μm)	→	一次光刻 (刻出漏、源区)	→	扩散 (磷扩散形成N⁺区)

二次光刻 (刻去沟道上的厚氧化膜)	→	二次氧化 (生长0.1~0.2 μm的薄氧化层)	→	磷钝化 (表面长磷硅玻璃钝化层)	→	三次光刻 (刻出漏源区的接触孔)

蒸铝	→	四次光刻 (反刻铝留下源栅漏三电极)	→	合金化	→	中测

划片	→	烧结	→	键合	→	封装

图 2-34　铝栅 N 型沟道 MOS 晶体管工艺流程图

2. P 阱铝栅 CMOS 集成电路工艺流程

P 阱铝栅 CMOS 集成电路工艺流程如图 2-35 所示。

CMOS-IC 主要器件是 N 沟道和 P 沟道 MOS 增强管组成的 CMOS 倒相器。P 阱是将 N 沟道 MOS 增强管制作于 P 阱中，而将 P 沟道增强管制作在硅衬底上。

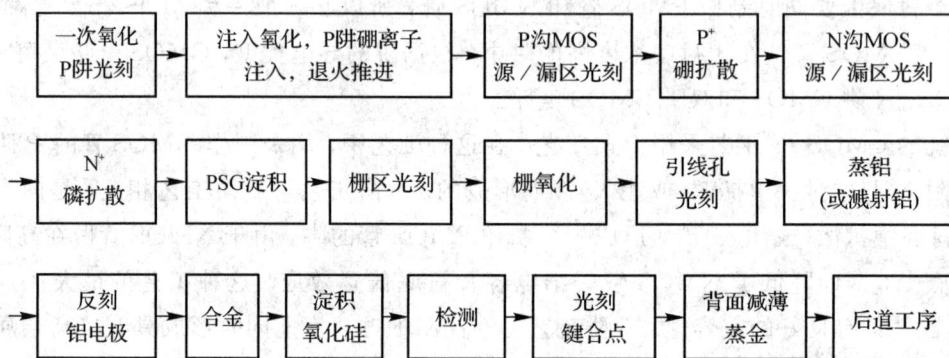

一次氧化 P阱光刻	→	注入氧化，P阱硼离子 注入，退火推进	→	P沟MOS 源/漏区光刻	→	P⁺ 硼扩散	→	N沟MOS 源/漏区光刻

N⁺ 磷扩散	→	PSG淀积	→	栅区光刻	→	栅氧化	→	引线孔 光刻	→	蒸铝 (或溅射铝)

反刻 铝电极	→	合金	→	淀积 氧化硅	→	检测	→	光刻 键合点	→	背面减薄 蒸金	→	后道工序

图 2-35　P 阱铝栅 CMOS 集成电路工艺流程图

3. P 阱硅栅 CMOS 工艺过程

典型的 P 阱硅栅 CMOS 工艺从衬底清洗到中间测试，总共 50 多道工序，需要 5 次离子注入、10 次光刻。下面结合主要工艺流程来介绍 P 阱硅栅 CMOS 集成电路中元件的形成过程。如图 2-36 所示是 P 阱硅栅 CMOS 反相器的工艺流程及芯片剖面示意图。

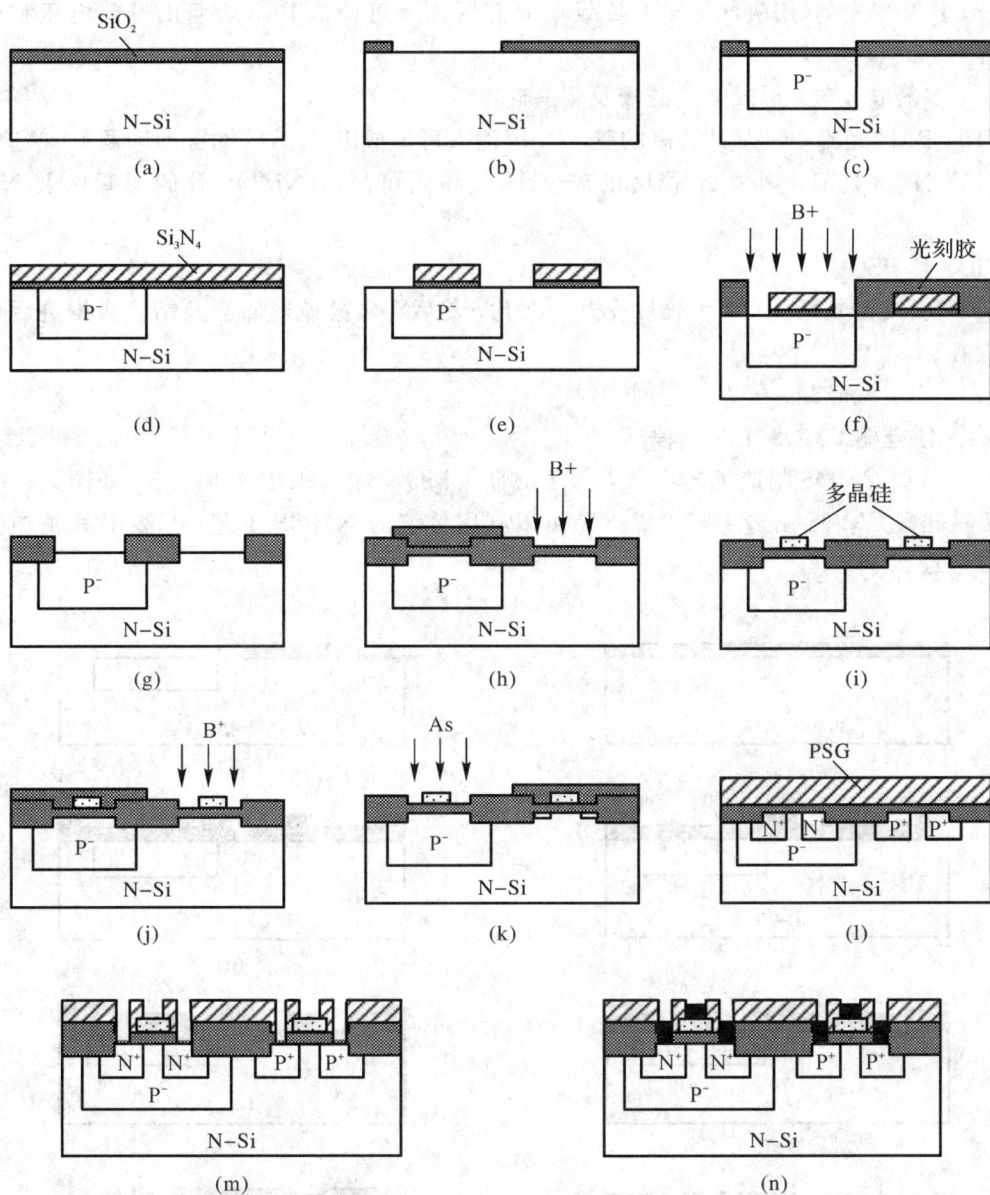

图 2-36 P 阱硅栅 CMOS 反相器的工艺流程图

主要流程简单介绍如下：

（1）氧化。

（2）阱区光刻，刻出阱区注入孔。

（3）阱区注入及推进，形成阱区。

（4）去除 SiO_2，长薄氧化层，长 Si_3N_4。

（5）有源区光刻，刻出 P 管及 N 管的源、漏和栅区。

（6）N 管场区光刻，刻出 N 管场区注入孔。N 管场区注入可以提高场开启电压和减少闩锁效应及改善阱的接触。

（7）长场氧化层，漂去 SiO_2 及 Si_3N_4，然后长栅氧化层。

（8）P 管区光刻（用阱区光刻的负版）。P 管区注入可调节 PMOS 管的开启电压和长多晶硅。

（9）多晶硅光刻，形成多晶硅栅及多晶硅电阻。

（10）P^+ 区光刻，刻去 P 管区的胶。P^+ 区注入可形成 PMOS 管的源漏区及 P^+ 保护环。

（11）N^+ 区光刻，刻去 N 管区的胶。N^+ 区注入可形成 NMOS 管的源漏区及 N^+ 保护环。

（12）长 PSG。

（13）引线孔光刻。可在生长后先开一次孔，然后在磷硅玻璃回流及结注入推进后再开第二次孔。

（14）铝引线光刻、压焊块光刻。

4. N 阱硅栅 CMOS 工艺过程

N 阱硅栅 CMOS 制造工艺步骤类似于 P 阱 CMOS（除了采用 N 阱外），如图 2 - 37 所示。N 阱硅栅 CMOS 制造工艺的优点是可以利用传统的 NMOS 工艺，只要对其稍加改进就可以形成 N 阱。

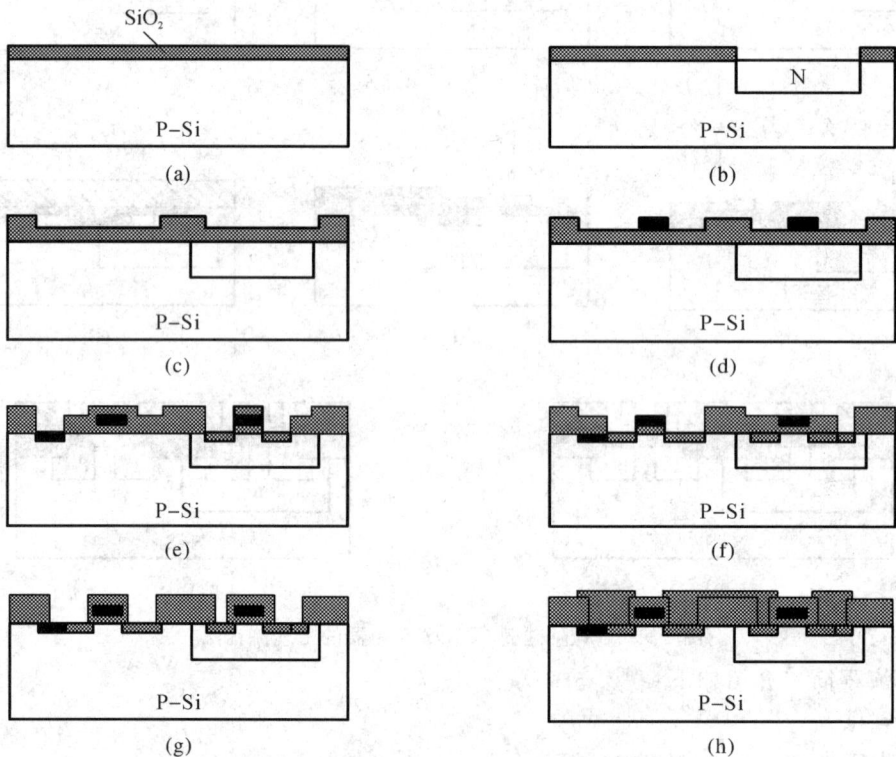

图 2 - 37 N 阱硅栅 CMOS 反相器的工艺流程图

5. 双阱硅栅 CMOS 工艺

与传统 P 阱工艺相比，用双阱 CMOS 工艺做出的 N 沟 MOS 电容较低，衬底偏置效应小。同理，与传统 N 阱工艺相比，用双阱 CMOS 工艺做出的 P 沟 MOS 性能更好。

双阱 CMOS 工艺流程除了阱的形成这一步骤外，其余步骤都与 P 阱工艺类似。通常双阱 CMOS 工艺采用的原始材料是在 N^+ 或 P^+ 衬底上外延一层轻掺杂的外延层，以防止闩锁效应。

双阱 CMOS 工艺流程简述如下：

（1）光刻，确定阱区。

（2）N 阱注入和选择氧化。

（3）P 阱注入。

（4）推进，形成 N 阱、P 阱。

（5）场区氧化。

（6）光刻，确定需要生长栅氧化层的区域。

（7）生长栅氧化层。

（8）光刻，确定注入 B^+ 区域，注入 B^+。

（9）淀积多晶硅，多晶硅掺杂。

（10）光刻，形成多晶硅图形。

（11）光刻，确定 P^+ 区，注入硼形成 P^+ 区

（12）光刻，确定 N^+ 区，注入磷形成 N^+ 区。

（13）LPCVD 生长二氧化硅层。

（14）光刻，刻蚀接触孔。

（15）淀积铝。

（16）反刻铝，形成铝连线。

如图 2-38 所示为双阱硅栅 CMOS 反相器剖面示意图。

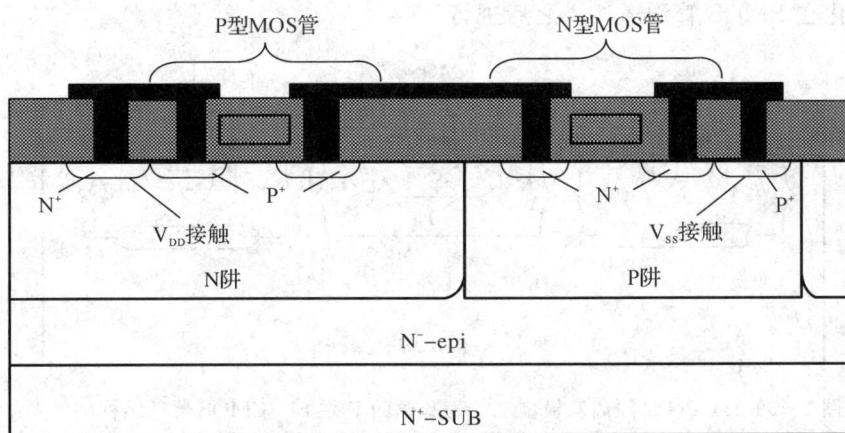

图 2-38 双阱硅栅 CMOS 反相器剖面示意图

2.3.3 Bi-CMOS 制造工艺流程

Bi-CMOS 制造工艺是把双极器件和 CMOS 器件同时制作在同一芯片上，它综合了双极器件高跨导、强负载驱动能力和 CMOS 器件高集成度与低功耗的优点，使其互相取长补短，发挥各自的优点，它给高速、高集成度、高性能的 LSI 及 VLSI 的发展开辟了一条新的道路。

对 Bi-CMOS 工艺的基本要求是要将两种器件组合在同一芯片上。两种器件各具其优点，由此得到的芯片具有良好的综合性能，而且相对双极和 CMOS 工艺来说，不需增加过

多的工艺步骤。

　　许多各具特色的 Bi-CMOS 工艺归纳起来大致可分为两大类：一类是以 CMOS 工艺为基础的 Bi-CMOS 工艺，其中包括 P 阱 Bi-CMOS 和 N 阱 Bi-CMOS 两种工艺；另一类是以标准双极工艺为基础的 Bi-CMOS 工艺，其中包括 P 阱 Bi-CMOS 和双阱 Bi-CMOS 两种工艺。当然，以 CMOS 工艺为基础的 Bi-CMOS 工艺对保证其器件中的 CMOS 器件的性能比较有利，而以双极工艺为基础的 Bi-CMOS 工艺对提高其器件中的双极器件的性能有利。影响 Bi-CMOS 器件性能的主要是双极部分，因此以双极工艺为基础的 Bi-CMOS 工艺用得较多。下面简要介绍这两大类 Bi-CMOS 工艺的主要步骤及其芯片的剖面情况。

1. 以双极工艺为基础的 Bi-CMOS 工艺

1) 以双极工艺为基础的 P 阱 Bi-CMOS 工艺

　　在以 CMOS 工艺为基础的 Bi-CMOS 工艺中，影响 Bi-CMOS 电路性能的主要是双极型器件。显然，若以双极工艺为基础，对提高双极型器件的性能是有利的。如图 2-39 所示是以典型的 PN 结隔离双极型工艺为基础的 P 阱 Bi-CMOS 器件结构的剖面示意图。它采用〈100〉P 型衬底、N+ 埋层、N 型外延层在外延层上形成 P 阱结构。该工艺采用成熟的 PN 结对通隔离技术。为了获得大电流下低的饱和压降，采用了高浓度的集电极接触扩散；为了防止表面反型，采用了沟道截止环。NPN 管的发射区扩散与 NMOS 管的源(S)漏(D)区掺杂和横向 PNP 管及纵向 PNP 管的基区接触扩散同时进行；NPN 管的基区扩散与横向 PNP 管的集电区、发射区扩散，纵向 PNP 管的发射区扩散，PMOS 管的源漏区的扩散同时完成。栅氧化在 PMOS 管沟道注入之后进行。

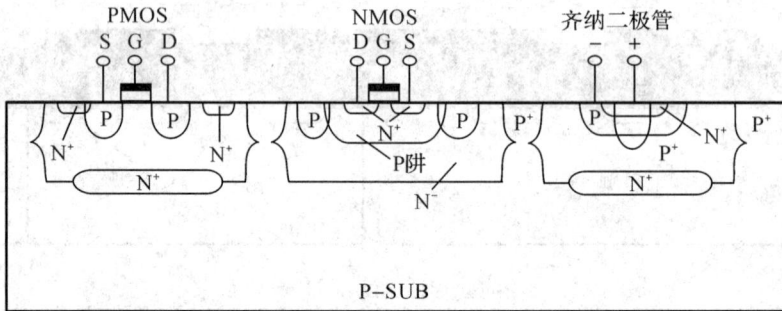

图 2-39　以 PN 结隔离双极型工艺为基础的 P 阱 Bi-CMOS 器件结构剖面图

　　以 PN 结隔离双极型工艺为基础的 P 阱 Bi-CMOS 器件结构克服了以 P 阱 CMOS 工艺为基础的 Bi-CMOS 结构的缺点，而且还可以用此工艺获得对高压、大电流很有用的纵向 PNP 管和 LDMOS 及 VDMOS 结构，以及在模拟电路中十分有用的 I²L 等器件结构。

2) 以双极工艺为基础的双阱 Bi-CMOS 工艺

　　以双极工艺为基础的 P 阱 Bi-CMOS 工艺虽然得到了较好的双极器件性能，但是 CMOS 器件的性能不够理想。为了进一步提高 Bi-CMOS 电路的性能，满足双极和 CMOS 两种器件的不同要求，可采用如图 2-40 所示的以双极工艺为基础的双埋层、双阱结构的 Bi-CMOS 工艺。

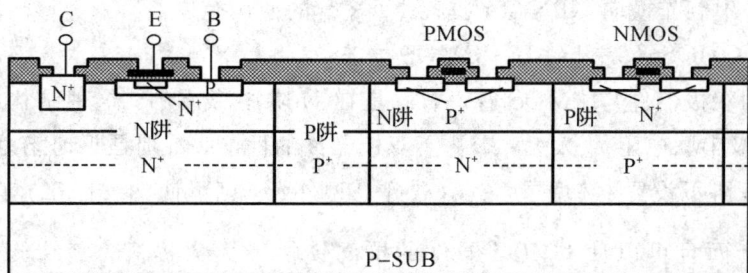

图 2-40　以双极工艺为基础的双埋层、双阱结构的 Bi-CMOS 工艺图

以双极工艺为基础的双埋层、双阱结构的特点是采用 N^+ 及 P^+ 双埋层双阱结构和采用薄外延层来实现双极器件的高截止频率和窄隔离宽度。此外，利用 CMOS 工艺的第二层多晶硅做双极器件的多晶硅发射极，不必增加工艺就能形成浅结和小尺寸发射极。

2. 以 CMOS 工艺为基础的 Bi-CMOS 工艺

1）以 P 阱 CMOS 为基础的 Bi-CMOS 工艺

以 P 阱 CMOS 为基础的 Bi-CMOS 工艺出现较早，其器件剖面如图 2-41 所示。它以 P 阱作为 NPN 管的基区，以 N^- 衬底作为 NPN 管的集电区，以 N^+ 源、漏扩散（或注入）作为 NPN 管的发射区扩散及集电极的接触扩散。

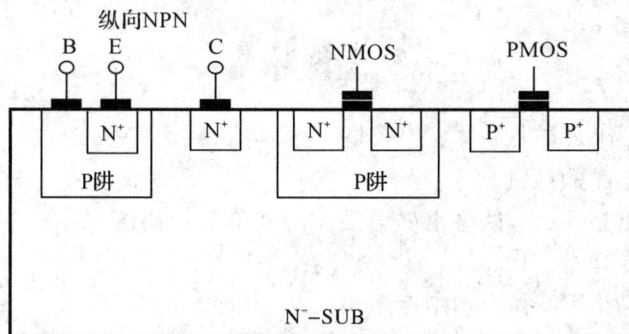

图 2-41　P 阱 CMOS 工艺为基础的 Bi-CMOS 器件剖面图

主要优点是：

（1）工艺简单。

（2）NPN 管自隔离。

（3）MOS 晶体管的开启电压可通过一次离子注入进行调整。

主要缺点是：

（1）NPN 管的基区太大。

（2）NPN 管和 PMOS 管共衬底，限制了 NPN 管的使用。

为了克服上述的缺点，可对此结构进行如下的修改：

（1）用 N^+-Si 外延衬底，以降低 NPN 管的集电极串联电阻。

（2）增加一次掩膜进行基区注入、推进，以减小基区宽度和基极串联电阻。

（3）采用多晶硅发射极以提高速度。

（4）在 P 阱中制作横向 NPN 管，提高 NPN 管的使用范围。

2）以 N 阱 CMOS 为基础的 Bi-CMOS 工艺

此工艺中的双极器件与 PMOS 管一样，是在 N 阱中形成的。这种结构的主要缺点是 NPN 管的集电极串联电阻 r_{cs} 太大，影响了双极器件的性能，特别是驱动能力。若以 P^+-Si 为衬底，并在 N 阱下设置 N^+ 埋层，然后进行 P 型外延，则可使 NPN 管的集电极串联电阻 r_{cs} 减小 $\frac{1}{5}\sim\frac{1}{6}$，而且可以使 CMOS 器件的抗闩锁性能大大提高。其结构图如图 2-42 所示。

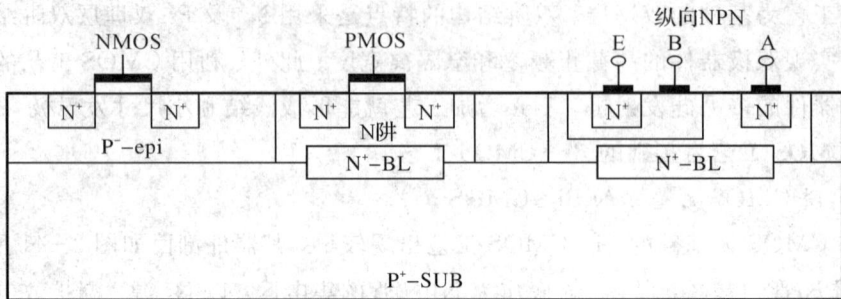

图 2-42　以 N 阱 CMOS 为基础的 Bi-CMOS 结构

复习思考题

1. 什么是晶体？什么是非晶体？什么是单晶体？
2. 解释多晶和单晶的区别。
3. 共价键的特点是什么？试画出硅单晶体的共价键结构图。
4. 什么是空间点阵？
5. 画出简立方晶格图，并在图中标示出（100）晶面。
6. 请画出简单立方晶胞图，并标示出晶棱、顶角和不同晶面。
7. 什么是本征半导体？什么是掺杂半导体？
8. 解释晶圆上参考面或缺口的使用和意义。
9. 请列举出至少 4 种Ⅳ族元素半导体材料和Ⅲ-Ⅴ族化合物半导体材料。
10. 自然界物质的 4 种状态分别是什么？
11. 请列举出至少 3 种常用的工艺化学品材料，并简单说明其用途。
12. 掺杂半导体与本征半导体之间有何差异？试举例说明掺杂对半导体的导电性能的影响。

第3章 准备晶圆

集成电路制造是一个"点石成金"的过程，原材料来自于沙子，但制成的芯片单价甚至超过相同重量的黄金。芯片制造的过程就如同盖房子，先由单晶晶圆作为地基，再经层层往上叠的芯片制造流程之后，就可得到所需的集成电路(IC)芯片。从沙子到集成电路(IC)包含一系列加工过程，主要分为原材料准备、晶体生长和晶圆准备、芯片制造以及封装测试4个阶段。原材料准备阶段主要工作是多晶纯化。晶体生长是指用多晶制备单晶。晶圆准备是指将单晶通过切片、磨片、抛光等一系列工艺制成晶圆，作为集成电路的衬底。芯片制造和封装测试是指在衬底上加工制造芯片，再将其封装测试，制成各种功能的集成电路。所以集成电路制造的第一步是准备晶圆。

3.1 多晶纯化

3.1.1 晶圆制备工艺流程

用来制备集成电路的单晶晶圆被称为"衬底"，典型的衬底材料是硅材料。硅以沙子为原料，根据半导体标准进行提纯。一般的半导体器件要求多晶硅的纯度要达到6个9以上，即纯度为99.9999%(6N)，大规模集成电路的要求更高，硅的纯度必须达到9个9以上，即纯度为99.9999999%(9N)。在晶圆制备工艺流程中，通过一系列化学反应，先制成具有多晶硅结构的半导体级纯净硅，再将多晶硅拉制成单晶硅锭，然后将单晶硅锭切割成几百微米厚的薄片，并进行表面处理，最终制成"晶圆"(Wafer)作为电路加工的衬底材料，如图3-1所示。半导体工业除了用硅单晶，也用锗和其他不同半导体材料的混合物来制作器件与集成电路。

图 3-1　不同直径的单晶硅锭及晶圆

3.1.2　对衬底材料的要求

　　衬底是器件制造的基础。衬底材料和衬底加工质量对器件参数与器件制造工艺质量会产生重要影响。衬底材料的种类很多，并且随着半导体技术的发展，还会不断出现新的材料。目前，在生产、应用方面主要有 3 种类型：一是元素半导体，如硅和锗；二是化合物半导体，如Ⅲ-Ⅴ族和Ⅱ-Ⅵ族化合物半导体；三是绝缘体，如蓝宝石和尖晶石。其中以硅应用最广，产量最大。

　　用于衬底的材料，由于它们的结构、组成、获得方法和难易程度以及作用各有不同，加上杂质、缺陷对器件制作工艺质量的不同影响，对它们的要求也不完全相同。对于硅、锗、砷化镓这些半导体材料，选用的主要要求有：

　　(1) 导电类型：N 型或 P 型。根据不同的场合要求选择不同导电类型的衬底材料。

　　(2) 电阻率：一般要求在 0.001~100000 Ω·cm 之间。不同器件对电阻率的要求不同，不同击穿电压的器件所要求的硅单晶体电阻率如表 3-1 所示。电阻率要均匀、可靠。电阻率均匀性是指纵向、横向及微区电阻率的均匀度，它直接影响器件参数的一致性、击穿特性和成品率。大规模集成电路对电阻率微区均匀性要求更高。电阻率可靠性是指在器件加工过程中，电阻率要具有较好的稳定性和真实性，它与掺杂技术、补偿度、氧和氢含量等有关。

表 3-1　不同器件所要求的硅单晶电阻率

硅器件名称	导电类型	硅单晶体电阻率/(Ω·cm)
硅外延片衬底	N	10^{-3}
二极管	N	0.05~100
晶体管	N(P)	1~3(1~15)
太阳能电池	N	0.1~10.0
可控硅	N	100~300
整流器	N(P)	20~200($n\times10\sim n\times10^3$)

　　(3) 寿命：反映单晶中重金属杂质和晶格缺陷对载流子作用的一个重要参数，与器件放大系数、反向电流、正向电压、频率和开关特性密切相关。一般要求在几至几千微秒。晶体管一般要求长寿命，开关器件要求短寿命(一般用掺入杂质金属来获得)，整流器、晶体管要求少子寿命值为 $n\times10$ μs，可控硅要求寿命值为 $n\times10\sim n\times10^2$ μs。

　　(4) 晶格完整性：要求无位错、低位错(<1000 个/cm²)。对无位错排和小角度晶界的要求尤其严格，其他缺陷要极少，特别是微缺陷。

　　(5) 纯度高：微量杂质对半导体材料性能影响很大，作用灵敏。微量杂质主要有受主、施主、重金属、碱金属及非金属杂质等，其影响各不相同。例如：磷、硼决定着硅材料的类型、电阻率、补偿度等电学性能；铜、铁等金属杂质会使单晶硅少子寿命降低和电阻率发生变化，并与缺陷相互作用；硅中的氧在热处理时产生热施主，使材料电阻率发生变化甚至变形，并与重金属杂质结合形成材料的假寿命，使器件的放大系数减小，噪声系数增大，击穿电压降低，漏电流增大，出现软击穿、低击穿等现象。

（6）晶向：对于双极型硅器件，一般要求〈111〉晶向，MOS硅器件为〈100〉晶向，砷化镓常用〈100〉晶向。

（7）要求一定的直径和均匀性，并给出主次定位面。

此外，还要求禁带宽度要适中，迁移率要高，杂质补偿度低，等等。

对于砷化镓材料，由于杂质和缺陷的种类、数量以及它们在材料中的行为及其对器件性能的影响比锗和硅单晶更复杂，显得更重要，所以几乎所有的砷化镓材料都是采用外延层作为工作层，而体单晶只用来制作衬底。至于蓝宝石和尖晶石，通常是作为硅外延的绝缘衬底，主要要求它与硅外延层的晶格匹配要好，晶格失配率尽可能小，纯度高，晶格缺陷少，对外延层的污染尽可能少。

3.1.3　多晶制备与纯化

多晶制备与纯化涉及一系列的化学反应。高纯多晶硅的制备方法很多，所有的方法都是从制备工业硅（粗硅或称硅铁）开始的。首先制取既易提纯又易分解（或还原）的含硅的中间化合物如 $SiCl_4$、$SiHCl_3$、SiH_4 等，再对这些中间化合物提纯、分解或还原成高纯度的多晶硅，其工艺流程大致如图 3-2 所示。

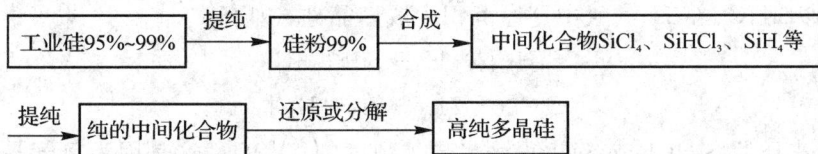

图 3-2　高纯多晶硅制备简单工艺流程图

生产制备高纯多晶硅的途径大致有 3 种：三氯氢硅氢还原法、四氯化硅氢还原法和硅烷热分解法。因为三氯氢硅（$SiHCl_3$）较易提纯，被 H_2 还原的速度快、产率高，所以目前多采用三氯氢硅氢还原法。而 SiH_4 有容易提纯的特点，因此硅烷热分解法被认为是最有发展前途的方法。

多晶硅的制备常用的方法有改良西门子法、硅烷法、流化床法。其中改良西门子法是目前主流的生产方法，其产量约占多晶硅全球总产量的 85%。

改良西门子法多晶硅制作主要工艺流程如图 3-3 所示。

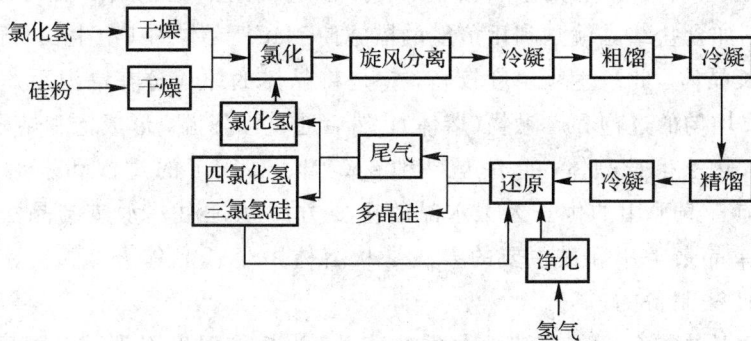

图 3-3　改良西门子法多晶硅制作工艺示意图

具体步骤如下:

(1) 石英砂在电弧炉中冶炼提纯成 98% 的工业硅,即有

$$SiO_2 + C \rightarrow Si + CO_2 \uparrow$$

经过以上反应得到的是冶金级硅,主要杂质为 Fe、Al、C、B、P、Cu,需要进一步提纯。硅不溶于酸,所以粗硅的初步提纯是采用酸洗工艺,即用 HCl、H_2SO_4、王水、HF 等混合酸溶液泡洗至 Si 含量达到 99.7% 以上。

(2) 将酸洗过的工业硅与无水氯化氢(HCl)氯化生成 $SiHCl_3$,即有

$$Si + 3HCl(g) \rightarrow SiHCl_3 + H_2 \uparrow$$

$SiHCl_3$ 的沸点仅为 31℃,所以常温下 $SiHCl_3$ 是气态。

(3) 多级精馏净化三氯氢硅。精馏就是在一个设备中连续进行多次反复的蒸馏过程。蒸馏是利用液体混合物中各组分(混合物中的各种成分称为组分)沸点(也就是挥发性)的不同而分离组分的方法。将液体混合物加热,低沸点的组分容易挥发出来,所以生成的蒸汽比原混合物中含有较多低沸点的组分,在剩余的液体混合物中含有较多高沸点的组分。因而用蒸馏法可使液体混合物得到初步的分离和提纯。要使液体混合物中各组分得到完全分离,必须进行多次的蒸馏才能达到目的。

(4) 高纯 $SiHCl_3$ 在 H_2 气氛中还原沉积生成多晶硅,即有

$$SiHCl_3 + H_2 \rightarrow Si + 3HCl$$

$$SiCl_4 + 2H_2 \rightarrow Si + 4HCl$$

多用 H_2 来还原 $SiHCl_3$ 或 $SiCl_4$ 得到半导体纯度的多晶硅,这是因为氢气易于净化,且在 Si 中溶解度极低。

3.2　衬底制备

半导体晶圆是从大块半导体材料上切割而来的,这种半导体材料也叫作晶棒,它是从大块的具有多晶结构和未掺杂本征材料生长得来的。简单地说,晶体生长是指把多晶块转变成一个大单晶,给予正确的定向和适量的 N 型或 P 型掺杂。

晶体分天然晶体和人工晶体。人工晶体的制备方法很多。比如,有从溶液中生长晶体方法,此法是将原材料(溶质)溶解在溶剂中,采取适当的措施造成溶液的过饱和,使晶体在其中生长,例如食盐结晶就是利用蒸发的措施使 NaCl 晶体在其中生长从而使食盐结晶;有助熔剂法生长晶体,此法生长温度较高,它是将晶体的原成分在高温下熔化于低熔点的助熔剂中,形成均匀的过饱和熔融物(熔体),然后通过慢降温,形成饱和熔融物(熔体),使晶体析出;有水热法生长晶体,此法是一种在高温、高压下的过饱和水溶液中进行的结晶方法,如目前普遍采用的生长人工水晶的主要方法就是温差水热结晶法。制造大单晶和特定形状的单晶最常用和最主要的方法是从溶体中生长晶体方法。锗、硅单晶的生长大部分就是用此法制备的。

单晶体的生长主要包括成核和长大两个过程。当熔体温度降到某一温度时,许多细小的晶粒就在熔体中形成,并逐渐长大,最后形成整块晶体材料。如水结成冰时,先是形成一

些小的冰粒，然后这些小冰粒逐渐长大，直至全部的水都结成冰。从这个过程中可以看到水结成冰要有两个先决条件：其一必须存在冰粒（或晶核），其二温度必须降低到水的结晶温度（零度以下）。单晶硅的制备也必须具备两个条件：一是系统的温度必须降到结晶温度以下（称过冷温度）；其二必须有一个结晶中心（籽晶）。

3.2.1　拉单晶

在自然界中，晶体有这样一种物质特性：在熔点温度以上时，液态的自由能要比固态低，液态比固态稳定；相反，当温度降到熔点温度以下时，固态自由能比液态低，这时固态较为稳定。在单晶拉制过程中，就是使熔体处于过冷状态，这时固态自由能比液态低，一旦溶液中存在结晶中心（籽晶），它就会沿着结晶中心使自己从液态变成固态。如果同时存在几个结晶中心，就会产生多晶体，这是我们不希望出现的。因此拉制单晶硅时，往往人为地加入一个籽晶作为结晶中心，使得熔体沿着这个籽晶最终形成一个完整的单晶体。

把块状多晶硅放入坩埚内加热到 1440℃ 再次熔化（为了防止硅在高温下被氧化，坩埚内被抽成真空并注入惰性气体氩气），之后用纯度为 99.7% 的钨丝悬挂"硅籽晶"探入熔融硅中，以 2～20 r/min 的转速及 3～10 ms/min 的速率从熔体中将单晶硅棒缓慢拉出。这样就会得到一根纯度极高的单硅晶棒（如图 3-4 所示）。理论上硅棒最大直径可达 45 cm（18 inch（1 inch＝2.54 cm）），最大长度为 3 m。

图 3-4　拉制的单晶锭

在拉制单晶硅时，应选择无位错、晶向正确、电阻率高的单晶体，并按需要的晶向切割成一定形状的籽晶，随后要进行严格的化学处理，使其表面无杂质沾污和无任何损伤。

目前常用的制备单晶硅的方法有直拉法(CZ法)和区熔法(FZ法)两种。

1. 直拉法(CZ法)

直拉法(CZ法)是1917年波兰化学家切克劳斯基(Jan Czochralski)发明的一种连续拉晶方法。贝尔实验室的化学家戈登.K.蒂尔(Gordon K Teal)于1950年开始将此方法应用于拉制硅、锗单晶。直拉法又称提拉法，是目前熔体生长单晶的最常用的一种方法。直拉单晶设备示意图如图3-5所示。

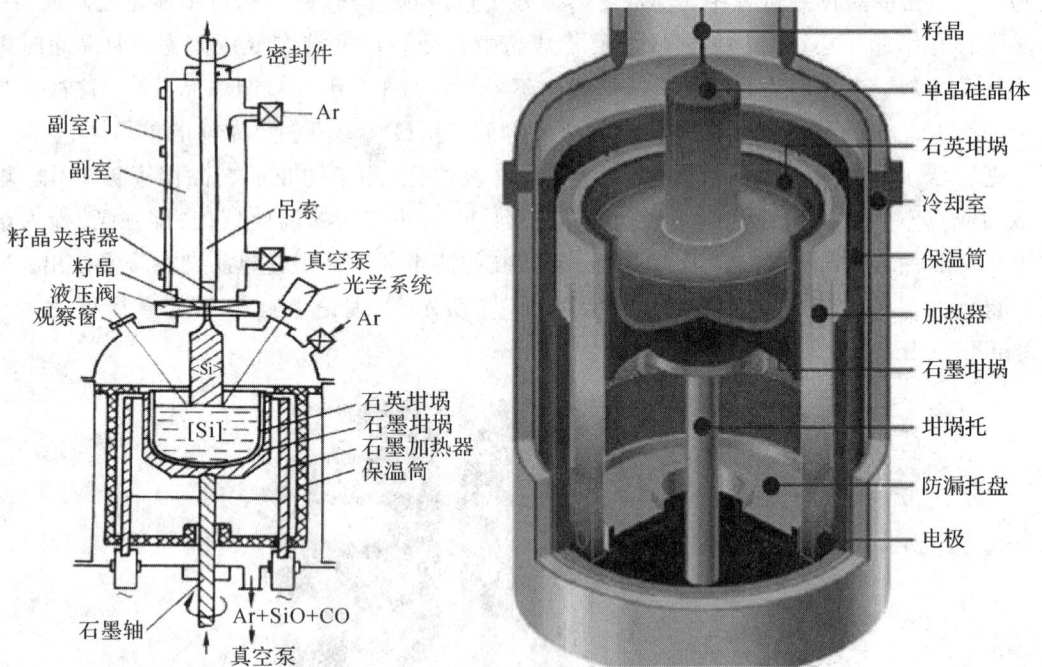

图3-5 直拉单晶设备示意图

材料装在坩埚内(石英或石墨坩埚)，加热到材料的熔点以上，坩埚上方有一根可以旋转和升降的提拉杆，杆的下端有一夹头，夹头上装有一根籽晶。降低拉杆，使籽晶与熔体接触，只要熔体温度适中，籽晶既不熔掉，也不长大。然后缓慢向上提拉拉杆同时转动晶杆和缓慢降低加热功率，籽晶就逐渐长粗长大。小心调节加热功率，就能得到所需直径的晶体。整个生长装置放在一个外罩里，以便使生长环境中有所需要的气体和压强。通过外罩的玻璃窗口可以观察晶体生长的情况。

1) 设备简介

目前各国已设计和制造了各式各样的单晶炉，但根据硅在高温下激活化学性质和生长单晶所必须满足的条件来看，都是大同小异的。就其共性来看，一般拉晶设备都具备以下三大部分：一是加热部分，二是炉体和机械传动部分，三是真空和惰性气体保护装置。分别简述如下(加热部分和机械传动部分的结构如图3-6所示)。

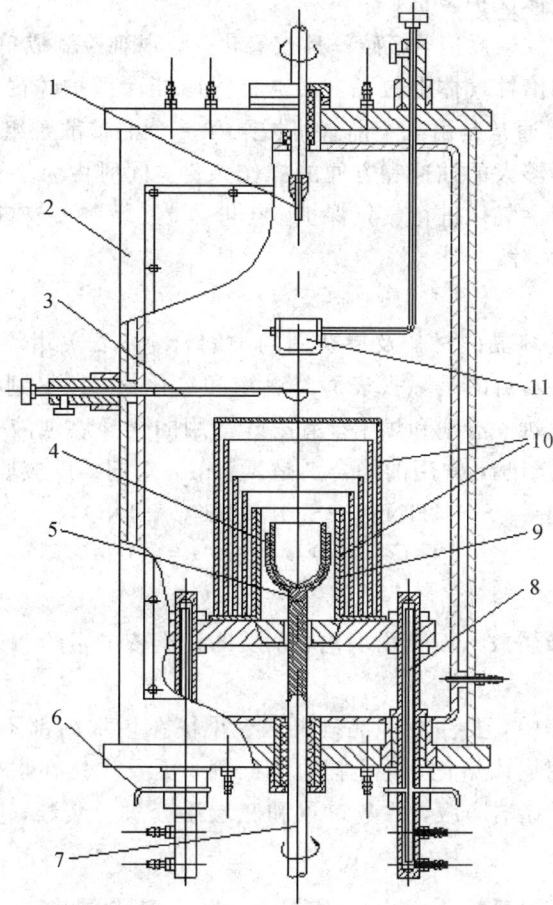

1—籽晶轴；2—炉体；3—掺杂勺；4—石英坩埚；5—石墨坩埚；6—导线接板；
7—坩埚轴；8—电极；9—加热器；10—多层石墨保温罩；11—籽晶保护罩
图 3-6　直拉法单晶炉剖面图

（1）加热部分。

加热形式一般为低频电阻加热和高频感应加热。单晶炉对加热部分的要求为：加热功率连续可调，且功率足够大，能使硅料全部熔化；加热功率调到某一数值即为拉制单晶所用功率时，要求功率稳定；采用调压变压器控制。

（2）炉体和机械传动部分。

炉体是在高温真空下工作的，因此要求炉体必须用不易生锈、不易挥发、易于清洁处理和非多孔性并有一定机械强度且高温重压下不发生形变的材料制成。一般多采用不锈钢材料。为了保护炉体及有效地散热，并使炉温分布对称，要求炉体是双层水冷且最好呈圆筒形。同时要求内壁不要有死角，便于清洁处理。

机械传动部分主要包括籽晶轴和坩埚的转动与提升装置。对它们的功能要考虑以下几方面：籽晶轴的最大行程由投料量和所拉单晶直径来决定，籽晶轴的转速在调速范围内稳定无振动，在拉晶过程中要求籽晶轴上下移动速率稳定。

（3）真空和惰性气体保护装置。

高温时，硅能和氧发生反应，熔硅一旦被氧化，则很难拉制成单晶，甚至连多晶也无法拉出，故要求在真空和惰性气体中拉晶。真空装置应能保证炉体内热真空度达到 $5×10^{-4}$ mmHg 以上。真空装置通常是由一个前置机械泵和一个油扩散泵组成的。为缩短抽真空的工作时间，要保证有足够大的抽速和方便的操作条件，同时由泵工作时引起的地面振动要尽量小。如果要使用惰性气体进行气氛保护，在炉体上、下都要有进出气的气口。

2）拉晶前的准备工作

（1）清洁处理。

拉制硅单晶所用的多晶硅材料及掺杂用的中间合金、石英坩埚、籽晶等，都必须经过严格的化学清洁处理。其目的是除去表面附着物和氧化物，以得到清洁而光亮的表面。化学处理的基本步骤是腐蚀、清洗和烘干。清洁硅常用的化学腐蚀液是由氧化剂与络合剂组成的。常用的氧化剂是硝酸，常用的络合剂是氢氟酸，它们的反应原理如下：

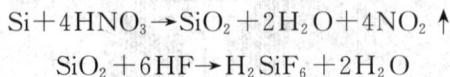

$$Si+4HNO_3→SiO_2+2H_2O+4NO_2↑$$
$$SiO_2+6HF→H_2SiF_6+2H_2O$$

（2）装料。

将多晶硅原料及杂质放入石英坩埚内，杂质的种类依电阻的 N 或 P 型而定。杂质种类有硼、磷、锑、砷。

在装多晶硅的过程中，要注意多晶硅的大、小块在坩埚内部不同位置的放置和搭配，这样有利于多晶硅在坩埚内熔化，防止挂边和架料，更要注意在坩埚旋转过程中防止多晶硅跌落。装料时一定要穿洁净服，并戴口罩和三层手套进行装料，防止任何外来物污染多晶硅，如图 3-7 所示。

图 3-7 多晶硅装料

加装完多晶硅原料于石英坩埚内，长晶炉必须关闭并抽成真空后充入高纯氩气，使之维持在一定压力范围内。

（3）熔化和熔接。

多晶硅熔化通常是在真空或氩气中进行的，真空熔化经常出现的问题是"搭桥"和"硅跳"。所谓"搭桥"，是指上部的硅块和下部的熔硅脱离。发生"搭桥"时，如仍将熔硅停留在高温下，势必引起熔硅温度迅速上升，以致造成"硅跳"。如"搭桥"已出现，应立即降温，使硅凝固，然后重新熔化。所谓"硅跳"，是指熔硅在坩埚内沸腾跳动或溅出坩埚外。发生"硅跳"时，熔硅溅在石墨器皿上，二者发生化学作用，严重时甚至会损坏全套石墨器皿。容易出现"硅跳"的几个主要情况包括：多晶硅有氧化夹层或严重不纯，熔化后温度过高，发生"搭桥"现象。

当逐渐加大加热功率，使多晶硅完全熔化并挥发一定时间后，立即将籽晶下降使之与液面接近，使籽晶预热数分钟，俗称"烤晶"。这是为了在籽晶未插入熔体前在熔体上方烘烤以除去表面挥发性杂质，同时可减少热冲击。当温度稳定时，就可将籽晶与熔体完全接触好。此时，操作者根据经验调节温度，使籽晶与熔体完全接触。必须注意，熔体温度一般控制在熔点附近，不能过高或过低，温度过高会把籽晶熔掉，过低会引起坩埚内硅结晶。熔料时，坩埚即开始转动，而籽晶下降至与熔体接近时才开始转动。在操作过程中，由于升温影响，会使炉内真空度降低，一旦降温真空度即可回升。

3）拉制硅单晶的工艺过程

硅单晶的拉制过程为：用高频加热或电阻加热方法熔化坩埚中的高纯多晶硅料，把熔硅保持在比熔点稍高一些的温度下，把籽晶夹在籽晶轴上，使籽晶与熔硅完全吻合，缓慢降温，然后，一面旋转籽晶轴，一面缓慢向上拉，这样就获得了硅单晶体（硅单晶锭）。

直拉硅单晶过程有如下几个工序：引晶→缩颈→放肩→等径→收尾。图3-8所示为硅单晶直拉法生长过程示意图，如图3-9所示为视窗下硅单晶直拉法生长过程图。

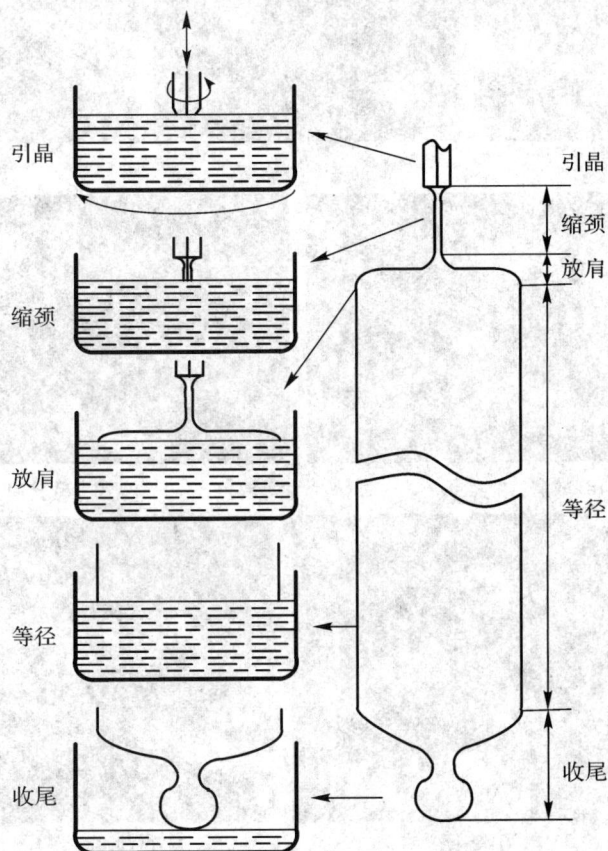

图3-8　硅单晶直拉法生长过程示意图

（1）引晶。

"引晶"又称"下种"。当多晶材料全熔后，坩埚升起到拉晶位置，使熔硅位于加热器上部；把籽晶下降到液面上方几毫米（一般为 3～5 mm）处，略等几分钟，让熔硅温度稳定；籽晶温度升高后，再下降籽晶与液面接触，在浸润良好的情况下，即可开始缓慢提拉，随着籽晶上升，硅在籽晶头部结晶。这一步骤通常称为"引晶"。试温时坩埚转速为 1 r/min，籽晶转速为 0，可避免出现籽晶一浸下就出现大面积的结晶而使钢丝绳扭断。

（2）缩颈。

"缩颈"又称"收颈"，是指在引晶后略为降低温度，提高拉速，拉一段直径比籽晶细的部分，称"缩颈"，也称"细颈"。收颈的主要作用在于排除接触不良引起的多晶和尽量消除籽晶内原有位错的延伸。故颈不宜太短，一般要大于 20 mm，也不宜太粗。收颈时，温度要控制在能观察到整个光圈。缩颈生长是将籽晶快速向上提升，使长出的籽晶的直径缩小到一定大小（4～6mm），由于位错线与生长轴成一个交角，只要缩颈足够长，位错便能长出晶体表面，产生零位错的晶体。快速收颈对降低位错有一定效果，故它是消除位错延伸的一道关键工序。

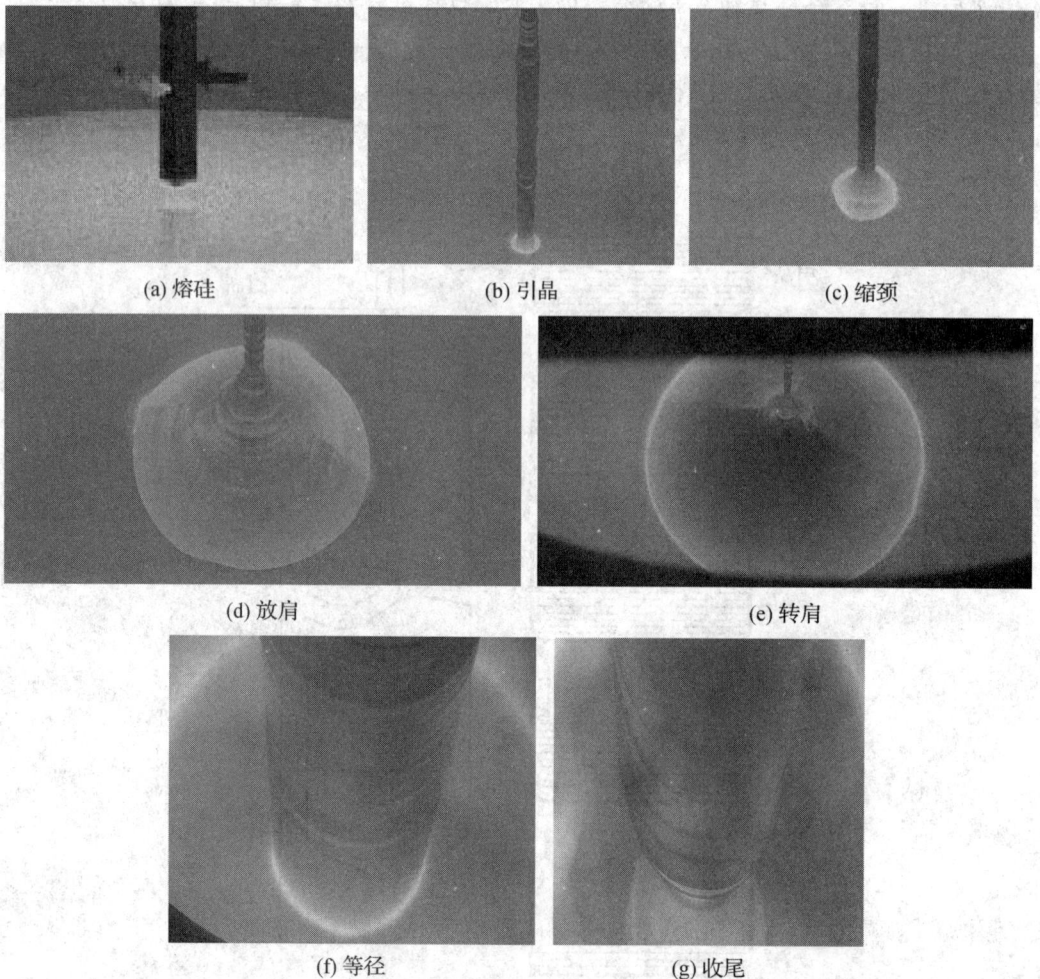

(a) 熔硅　　　　　(b) 引晶　　　　　(c) 缩颈

(d) 放肩　　　　　(e) 转肩

(f) 等径　　　　　(g) 收尾

图 3-9　视窗下硅单晶直拉法生长过程图

（3）放肩。

缩颈到所要的长度后，略降低温度，让晶体逐渐长大到所需直径为止，这个过程称为"放肩"。放肩时单晶体外形上的特征——棱明显地出现，由此可判断晶体是否为单晶。放肩过程的温度控制也很重要，这时要通过观察固-液界面上出现的"光圈"的情况来判定温度是否合适。

放肩时应根据晶体有无对称棱来判断是否为单晶，若不是，应迅速将它熔掉重新引晶。判别的简单方法是：对于〈111〉方向生长的单晶硅，要有明显对称的三条棱；对于〈100〉方向生长的单晶硅，要有对称的四条棱。

（4）等径。

等径又称为等径生长。当晶体直径增大到接近所需尺寸后，升高拉速，使晶体直径不再增大，称为收肩。收肩后保持晶体直径不变，这就是等径生长。因此，严格控制温度不变、拉速不变是获得等径的条件。可采用高分辨率双 CCD 直径控制系统进行自动直径控制。等径生长的晶体就是生产上的成品。

（5）收尾。

随着晶体的生长，坩埚中的熔硅将不断减少，熔硅中杂质含量相对提高，为了保证晶体纵向电阻率的均匀性，应相应降低晶体生长速率（拉速）。一般采取稍升温和降拉速方法使晶体直径逐渐变小，此过程即称收尾。收尾时减小埚升，适当提高晶升，让晶体的直径缓慢减小，最终使晶体直径收到一点。收尾可以防止单晶突然离开熔液面时的热冲击产生的位错反延到温度尚处于范性形变最低温度的晶体中去而降低成晶率。

当晶体冷却到规定时间后应做到：打开单晶炉，取出单晶和热场部件，将坩埚和剩料放到专门的地方，把炉内的灰尘用吸尘器吸干净，把炉筒和炉盖擦拭干净；检查单晶炉有无异常情况，然后装好热场部件，等待装料。装炉时要特别注意热场的对称和防止打火。

直拉法的主要优点是：在晶体生长过程中，可以方便地观察晶体生长情况；晶体在熔体的自由表面处生长，而不与坩埚相接触，这样能显著减小晶体的应力及防止坩埚壁上的寄生成核；可以方便地使用定向籽晶和"缩晶"工艺得到完整的籽晶和所需取向的晶体。

直拉法的最大特点是能够以较快的速度生长高质量的晶体，其生长率和晶体尺寸令人满意。

像所有使用坩埚生长晶体一样，直拉法要求坩埚不污染熔体。因此对于那些反应性极强或熔点较高的材料，就难以找到合适的坩埚来盛装它们，从而不得不采用其他生长方法。近年来，直拉法取得了不少改进，如采用晶体直径自动控制技术（ADC 技术），这种技术不仅使晶体生长过程的控制实现了自动化，而且提高了晶体的质量和成品率；或者采用液相材料封盖技术（液相密封技术）和高压单晶炉，用这种技术可以生长那些具有高蒸气压或高离解压的材料（如生长 GaP、InAs、GaAs 等晶体）；还有导膜技术（EFG 技术），用这种技术可以按需要的形状和尺寸来生长晶体，晶体的均匀性也得到改善；等等。

2. 区熔法（FZ 法）

1952 年，普凡（Pfann）发明了一种不使用坩埚的单晶制备方法，称为区熔法（FZ 法，Floating Zone 法）。区熔法又分为水平区熔法和垂直区熔法两种。

用区熔法可制备锗、硅单晶，区熔法更是锗、硅材料的物理提纯方法。下面简要介绍用水平区熔法制备锗单晶及用垂直区熔法制备硅单晶。

1）水平区熔法制备锗单晶

水平区熔法（或称横拉法）生长单晶与直拉法不同，它是在熔舟中分段逐步结晶的，其示意图如图 3-10 所示。水平区熔装置与直拉法提纯装置相同，不同之处是多放入了一个籽晶。水平区熔法制备单晶与直拉法另一不同之处是固-液交界面与熔舟壁发生接触，而且晶体大小形状受到熔舟的限制。

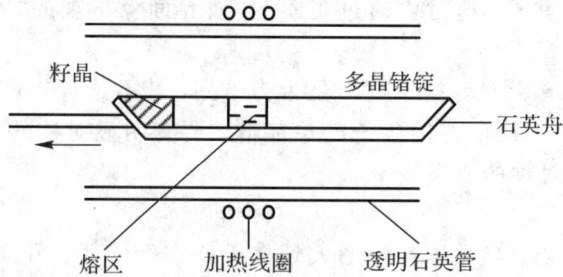

图 3-10　水平区熔法示意图

　　水平区熔法制备单晶过程是把籽晶（如一般取向为〈111〉的籽晶）和多晶锗锭放在石英舟（或石墨船）中，使它们紧密地接触，然后用加热器在接缝处加热，使籽晶与锗锭在接触处熔合（注意不要让籽晶全部熔掉），待熔到接缝完全看不出时将加热器向锗锭尾端慢慢移动（或拉动石英舟使之慢慢通过加热器），熔融的锗便在籽晶后面生长出单晶。

　　2）垂直区熔法制备硅单晶

　　垂直区熔法又称悬浮区熔法，如图 3-11 所示是动圈式悬浮区熔法制备硅单晶的示意图。制备时，将预先处理好的多晶硅棒和籽晶一起竖直固定在区熔炉上、下轴间，以高频感应等方法加热，利用电磁场浮力和熔硅表面张力与重力的平衡作用，使所产生的熔区能稳定地悬浮在硅棒中间；在真空或某种气氛下，按照特定的工艺条件，使熔区在硅棒上从头至尾定向移动，如此反复多次，使硅棒沿籽晶长成具有预期电学性能的硅单晶。悬浮区熔法制备硅单晶主要依靠熔硅具有较大的表面张力和有较小的比重这一特点，使熔区悬挂在硅棒之间进行区熔，这也就是"悬浮区熔"名称的由来。这种方法除了熔区本身之外，再没有任何别的物体与熔硅接触，因而极大地减少了容器对硅的沾污。

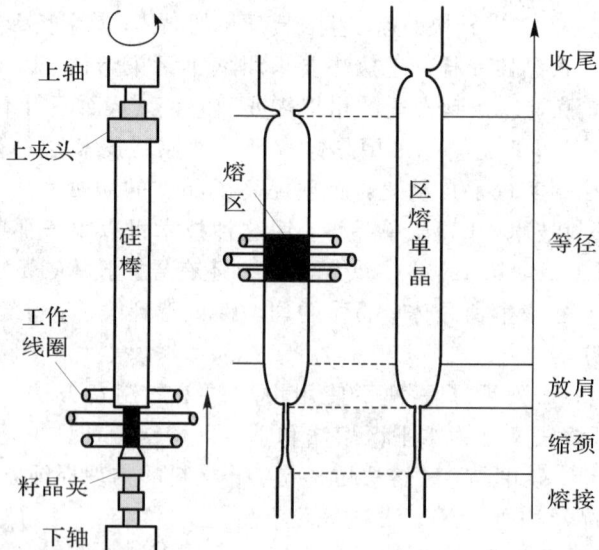

图 3-11　动圈式悬浮区熔法生长过程示意图

　　区熔炉内气氛可以是真空或氩、氢及其他惰性气体。国内以前大多采用在真空气氛中制备硅单晶，而现在采用在氢气氛中制备硅单晶。在真空条件制备的硅单晶称为 VFZ 硅单晶，在氩气或含氢（<10%）的氩气氛下制备的硅单晶则称为 MFZ 硅单晶。

　　悬浮区熔法的加热方式可分为外热式和内热式两种。外热式如图 3-12 所示，它是最早提出的一种加热方式，其缺点是加热线圈和硅棒之间隔有石英管，耦合较松，使晶体直径受到限制。另外，由于蒸发物沉积在石英管内壁上妨碍观察，若有沉积物落下将会影响单晶生长。此种加热方式在生产中常发生掉熔区和损坏石英管的现象。内热式加热主要有高频加热和电子轰击加热（电子束加热）两种形式。在高频感应加热（射频感应加热）方式装置中，有一高频线圈绕在垂直安装的材料棒上，该线圈或者封在工作室内，或者放在室外，为了达到高效率耦合，线圈应贴近料棒，如图 3-13(a) 所示。电子轰击加热方式是把硅棒作为阳极，外绕钨丝（或钽电极）作为阴极，在钨丝和硅棒之间加高电压，钨丝发射出来的高速电子流打在硅棒上产生熔区，如图 3-13(b) 所示。

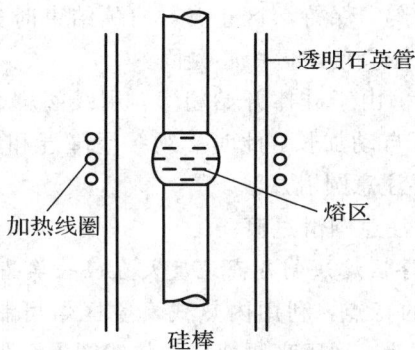

图 3-12　外热式加热方式

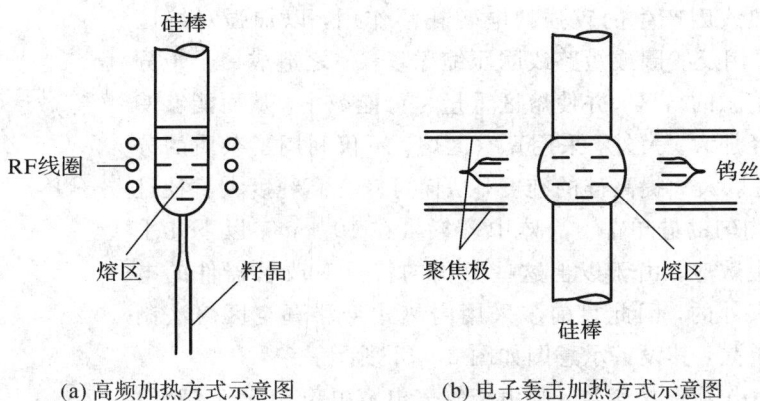

(a) 高频加热方式示意图　　　　　(b) 电子轰击加热方式示意图

图 3-13　内热式加热方式

　　区熔法按环境气氛不同，又可分为真空区熔和气体保护区熔两类。气体保护区熔供使用的气体有氩、氢以及氩与氢的混合气体。用氢气作为保护气体时，区熔单晶晶片性脆，腐蚀后有凹坑，故广泛使用氩气。但氩气的电离电位低，在一般内热式区熔设备中，如不带高频变压器，则线圈上电压较高，容易产生放电而不能进行区熔。为了消除线圈的放电，可以采用高频降压器，使加热线圈上电压降下来，同时增加加热线圈上的电流，或用氩、氢比例为 3∶1～4∶1 的混合气体作为保护气氛。

熔区移动的方式有两种：一是用硅棒移动（加热线圈固定）来带动熔区移动，其优点是高频引线短，便于使用单匝线圈，有利于得到粗直径单晶，缺点是区熔同样长度的单晶，炉体高度大大增加；二是用线圈移动（硅棒固定）来带动熔区移动，此法可以克服上述缺点，但高频引线较长，使输出效率受到一定影响，操作不如移动硅棒方式方便。

悬浮区熔制备硅单晶简单的工艺过程如下：

（1）预热。预热至硅棒暗红（约 3～5 min），立刻降低输出功率，切不可将硅棒熔化，并将线圈移至熔接部位。

（2）熔接。不必熔透，注意缓慢加温，以免掉熔区。进行多晶棒与籽晶的熔接，要先把硅棒提起，与籽晶脱离后再进行熔接。熔化硅棒下端时，线圈应放在硅棒之下，然后逐渐增加熔区宽度，使硅棒熔成半圆球形，当硅棒与籽晶连接时，应使硅棒下端的半圆球缩小后再接触，同时旋转籽晶。另外产生起始熔区的长度与该处硅棒的直径应相等或稍长，这样熔透较好，熔区稳定。

（3）缩颈。要做到缩颈均匀，保持熔区正常，缩颈结束时先降慢拉速，后降慢线圈移速。如同时放慢两者速度，可能会使熔区中心凝固。

（4）放肩。开始放肩之后，由于硅棒开始粗大，用线圈耦合较好，加上缩颈的绝热作用，在不变功率的情况下熔区自动加长，此时必须缓慢降温和上提硅棒，否则易掉熔区或出现环状腰带。另外放肩时要注意圆滑过渡。

（5）等径。等径生长也要注意圆滑过渡。

3）内热式真空或氩气悬浮区熔法制备高纯度大直径硅单晶

综合上述各种方式各自的特点，利用内热式真空区熔可制备高纯度大直径硅单晶。这是因为，利用高频感应加热线圈进行加热还有一个特殊的优点，就是除了熔硅本身有较大的表面能力外，还可利用高频加热线圈产生的较强的电磁托浮作用，以加强对熔区的支撑。同时采用反线圈或短路线圈压缩磁场，使之造成一个十分狭窄而充分的熔融的熔区，并使熔区重量尽可能减小，从而能够使区熔的硅棒直径加大。另外，采用真空区熔，不仅利用了杂质的分凝效应，而且可以大大提高硅的纯度，从而可获得高纯度大直径且径向杂质分布均匀的硅单晶。晶体中含氧量在 $10^{16}\,cm^{-3}$ 以下几乎观察不出热施主效应。由于以上这些突出的特点对改善器件的电学性能是大有好处的，因此目前多采用内热式悬浮真空区熔法制备大直径的硅单晶，其设备示意图如图 3-14 所示。

如果用氩气作为保护气氛，则由于氩气电离电位较低，多匝线圈之间易发生放电，所以影响熔区。改进办法是采用单匝线圈。经改进后，目前已全部采用内热式悬浮氩气区熔法制备大直径硅单晶。

悬浮区熔法的主要优点是从根本上取消了直拉法所需要的石英坩埚和石墨加热器系统，使产品的碳、氧等杂质含量较直拉单晶法低一个数量级以上，是一种既能进一步起提纯作用，又能同时生长单晶的工艺方法，不需要坩埚，从而避免了坩埚造成的污染。该

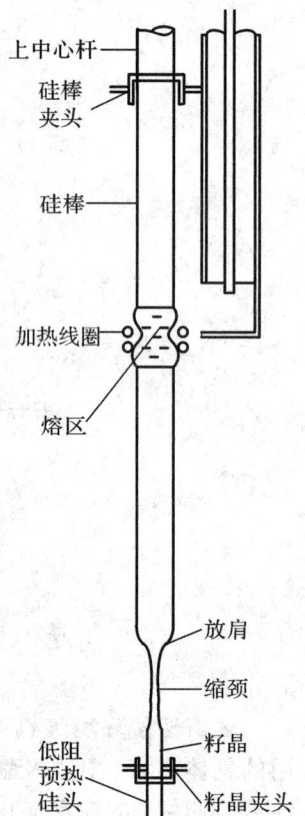

图 3-14 内热式悬浮真空区熔法制备大直径硅单晶设备示意图

法常用于制备高纯、高阻、长寿命、低氧、低碳硅单晶。此外，由于加热温度不受坩埚熔点的限制，因此，也可以生长熔点极高的材料（如钨单晶，其熔点为 3400℃）。但由于工艺条件的限制（如在大直径时获得比较平坦的固-液界面较困难），目前在直径方面还不及直拉单晶法，并且在制备低阻单晶时受到一定的限制。同时，由于存在分凝和蒸发效应，固-液界面不平坦，工艺卫生、气氛等的影响，仍然存在纵向、横向电阻率不均匀的问题。

3. 液体掩盖直拉法

对于砷化镓（GaAs）单晶，其制备方法也很多，但主要采用以下两种方法。一种方法是在密封石英管中装入砷源，通过调节砷源温度来控制系统中的砷压，与装入石英管另一端的镓进行合成并生成单晶。如图 3-15 所示是 GaAs 单晶生长水平区熔法示意图。制备时，将定量的砷和镓分别装在石英管两端的高低温加热区中，首先用真空加热法除去各自的氧化膜，然后密封石英管，通过低温炉控制砷压，由高温炉控制和移动熔区合成砷化镓，并进行提纯致均匀，同时生长单晶。另一种方法是将熔体用某种液体（如氧化硼）覆盖，并施以压力大于砷化镓离解压的气氛（惰性气体），以抑制砷化镓分解和砷的挥发，达到密封熔体和控制化学比的目的，然后，与硅、锗直拉法一样，在类似的单晶炉中，用籽晶拉制砷化镓单晶。所以，这种方法又称为液封直拉法或液体掩盖直拉法。

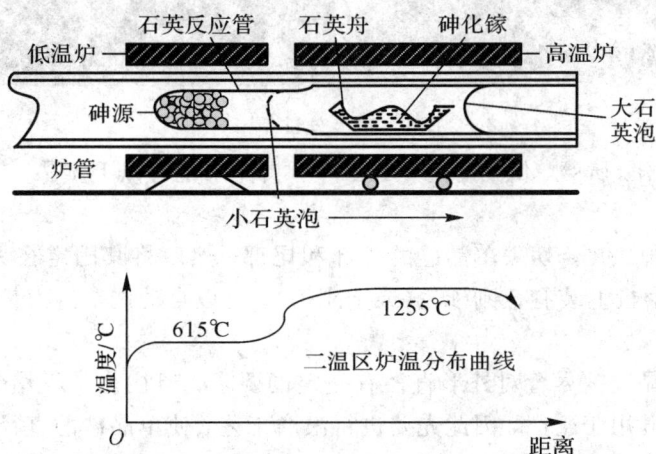

图 3-15　GaAs 单晶生长水平区熔法示意图

液体掩盖直拉法是先在高压炉内（类似硅单晶炉，但耐高压）将欲拉制的化合物材料盛于石英坩埚中，上面覆盖一层透明黏滞的惰性熔体（如 B_2O_3），将整个化合物熔体密封起来，再在惰性熔体上充以一定压力的惰性气体，用此法来抑制化合物材料的离解。

B_2O_3 具有以下优点：密度比化合物材料 GaAs 小，熔化后能漂在化合物熔体上面；透明，便于观察晶体生长情况；不与化合物 GaAs 及石英坩埚起反应，而且在化合物及其组分中溶解度小；易提纯，蒸气压低，易去除。

脱水后的 B_2O_3 是无色透明的块状物质，在熔点 450℃时便熔化成透明的黏度大的玻璃态，沸点为 2300℃，在 GaAs 熔点 1238℃时，它的蒸气压约为 0.1 mmHg，密度为 1.8 g/cm³，比 GaAs 的密度 5.3 g/cm³ 小得多，不与熔体反应，对坩埚的浸润性小，易提纯。但 B_2O_3 也有不足之处，即 B_2O_3 极易吸水（强吸湿性），在使用前必须对 B_2O_3 充分脱水，否则会产生气泡而使拉晶操作困难。另外，B_2O_3 在高温下对石英坩埚有轻微的腐蚀，从而造成 GaAs 晶体一定量的硅染污,用液态掩盖直拉法不能生长掺 Si 的 GaAs 单晶。

与硅、锗单晶类似,砷化镓单晶也存在纵向和径向电阻率不均匀及其他质量问题,并且情况更加复杂。由于杂质缺陷对晶体生长条件很敏感,砷源温度的波动会引起砷压的起伏,使砷不断地从熔体中逸出和熔入,导致生长出杂散晶核。因此,要制备出一定性能的具有很好重复性的砷化镓单晶比较困难。

3.2.2　切片、磨片与抛光

硅锭外形不规则,有晶棱出现,且头部和尾部均有锥形端,因此在进行硅片切割之前,需要对硅锭进行整形与分割,使其达到硅片切割(切片)的尺寸要求,如图 3-16 所示。

图 3-16　硅锭整形

硅片加工有切割、研磨、倒角、抛光等工序,具体来说有以下步骤。

1. 截断

首先用锯子截掉头尾,切去单晶硅的头部和尾部,然后将其固定在无中心的直径滚磨机的转动轴上,滚磨机上装有金刚砂轮(或金刚刀),可以自动调节进刀量(或切削量)。

2. 直径滚磨

初拉出来的单晶硅锭尽管对外形直径有一定的要求,但往往是不均匀的。因为不能将直径不均匀的单晶硅用于生产,因此先要进行滚磨工艺,使单晶硅的直径达到一致。

将单晶硅在滚磨机上进行滚磨,进刀量一般是从头部定到尾部,同时用冷却液喷射刀口。经过这样的滚动摩擦处理,就可以把单晶硅的直径变得均匀一致。通过严格的直径控制可减少晶圆翘曲和破碎。

3. 晶体定向、电导率和电阻率检查

单晶体具有各向异性特点,必须按特定晶向进行切割才能满足生产的需要,同时也不易碎,所以切割前应定向。

定向的原理是用一束可见光或 X 光射向单晶锭端面,由于端面上晶向的不同,其反射的图形也不同,因此根据反射图像就可以校正单晶锭的晶向。

为了保证定向图像清晰,获得正确的晶向,必须对单晶体的切端面进行清洁处理。具体方法是:用 80 号金刚砂进行研磨,接着放在 70℃~90℃ 的氢氧化钠(浓度为 5%)溶液中煮沸几分钟,以除去端面的损伤层,再用水清洁干净。将清洁处理好的单晶锭用黏结剂粘结在石棉衬底上,然后将其粘结在切片夹具的底板上。

目前的定向方法有激光定向法、X 光定向法和光图定向法。光图定向法不仅设备简单,操作十分方便，而且精度还能达到要求，因此使用广泛。其工作原理是：当光源发出的光线通过透镜后产生一束平行光，此束平行光穿过带有小孔的光屏，射到单晶锭端面上，经反射后在光屏上出现各种晶向所产生的不同反射图形，根据反射图形的形状就可以确定单晶体属于何种晶向，再根据反射图形的分布状况就可以确定晶向的偏离度。

当反射图形的发射中心点和光线入射孔重合，且发射图形对称时，表示晶向取向正确；不重合、不对称时，表示晶向有偏离。可以通过调整固定单晶体的支架，使反射中心点和光线入射孔重合，从而把单晶体的取向调整正确。激光定向法和 X 光定向法只是使用激光和 X 光作为入射光而已，原理相同。

半导体企业常常用 X 光或平行光衍射来确定晶向，通过光像显示出晶体的晶向。用四探针仪可确定晶体的电导率和电阻率。利用热点探测仪连接到极性仪可显示晶体的导电类型。

4. 确定定位面

在晶体切割块上定好晶向，沿着轴滚磨出一个参考面，这个参考面称为主参考面。参考面的位置沿着一个重要的晶面，这个晶面是通过晶体的定向检查来确定的，并用平边（Flat）或 V 槽（Notch）方式做标记。定向的方法包括光图像定向法、解理定向法、X 射线定向法等。一般 6 inch 晶圆常用平边（Flat）方式标记，8 inch、12 inch 一般用 V 槽（Notch）方式标记，但由于现代工艺设备的进步，6 inch 也有用 Notch 方式标记。在许多晶体中，在其边缘还有一个较小的参考面。主参考面的位置可用一种代码表示，它不仅用来区别晶圆晶向，而且用于区别导电类型，如图 3-17 所示。这种标记也方便在以后 IC 制造、加工和搬运设备中起定位作用。

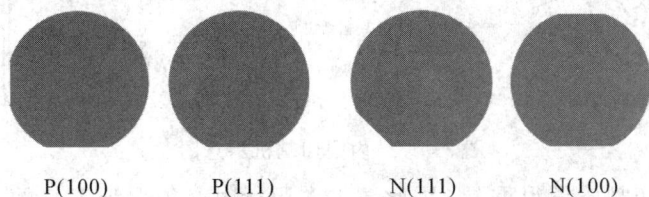

图 3-17　6 inch 及以下硅片的类型标志

选择定位面的物理意义不仅在于方便切片和定位，还有一个重要的原因就是要找到解理面。集成电路制造流程后端需要将芯片从圆片上分离出来进行封装，若沿着解理面分割芯片，则解理处比较平整，且比较容易裂开，晶片的碎屑也少，从而减少了碎屑对铝条的划伤和划片中管芯的损伤率。同时大晶片在制造过程中，需经过数次不同的挟持，都会产生很大的机械应力。如果有了定位面以后，就可以固定某个部位去挟持，这样就可减少损伤面积。另外制造芯片过程自动化程度越来越高，也需要有一个定位面来适合这种要求。

通常在定位以后，紧接着要定 $\langle 1\bar{1}0 \rangle$ 定位面，因为要对单晶体进行切割，必须先切出 $\langle 1\bar{1}0 \rangle$ 晶面。所谓定位面就是我们要制作器件的大圆晶片上那个缺口所在的平面，它的结晶学位置是 $\langle 1\bar{1}0 \rangle$ 晶面。为什么要选择 $(1\bar{1}0)$ 晶面呢？我们从锗、硅的金刚石结构中可以看到，其重要的一组晶面为 (111) 晶面，而 (111) 晶面就是解理面，(111) 面上的 $(1\bar{1}0)$ 方向也就是最佳的划线方向。对硅片而言，用于 TTL 电路的 (111) 晶面还需确定 $(1\bar{1}0)$ 面，这样才能确定划片方向。用于 MOS 器件的(100)晶面,一般不确定($1\bar{1}0$)晶面。

5. 晶片切割

滚磨后单晶体表面就会存在严重的机械损伤,需要用化学腐蚀的方法加以去除,接着还需要进行定向切割,用有金刚石涂层的内圆刀片把晶圆从晶体上切下来。这些刀片是中心有圆孔的薄圆钢片,圆孔的内缘是切割边缘,用金刚石涂层。内圆刀片有硬度,但不用非常厚,这些因素可减少刀口(切割宽度)尺寸,也就减少了一定数量的晶体被切割工艺所浪费。

对于大尺寸晶圆,比如 300 mm 直径(12 inch)晶圆,使用线切割来保证小锥度的平整表面和最少量的刀口损失。

晶片切割的要求是:厚度符合要求,平整度和弯曲度要小,无缺损、无裂缝,刀痕浅。目前切片采用内圆切割法,它具有损耗小、速度快、效率高的优点。

内圆切割机主要由机械系统、冷却系统和驱动系统组成,如图 3-18 所示。机械系统由主轴、鼓轮、内圆刀片等部分组成,主轴上装有鼓轮,内圆刀片装在鼓轮上。冷却系统由泵和管道组成,它提供循环的切割冷却液。驱动系统包括驱动主轴旋转、进刀、退刀和进给等部分。

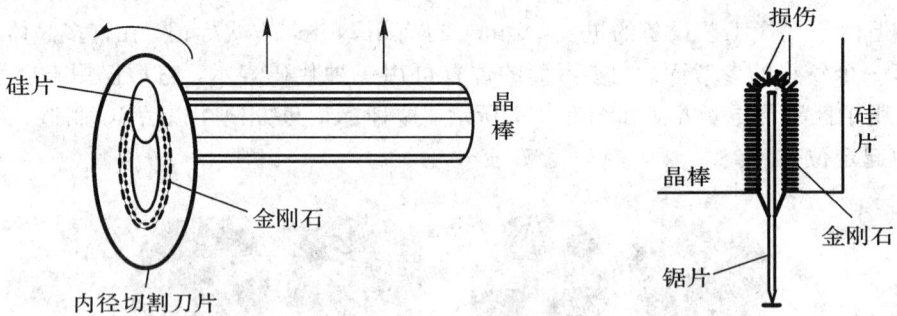

图 3-18 内圆切割机示意图

刀片的安装对切割质量很重要,因此要求在运行时必须保证刀片的刀刃始终处于同一平面上,且刀片的各部分所受的张力要均匀。在切割时要将冷却液对准切割刀口喷射,其目的是让刀片冷却,防止刀片在切割时产生大量的热量而使刀片损坏,同时要把切割下来的碎屑冲洗掉,不让碎屑妨碍刀片正常运转,另外冷却液要流动于刀缝之间,使刀片不至于产生过大的摩擦,起到润滑的作用。

切割正式单晶锭之前,往往需先切割样片,查看晶向、厚度是否符合要求,以及晶片的平整度和弯曲度是否正确。正式切割时,要严格控制进刀量,既要保证晶片质量又能不损伤刀片。对切割好的晶片,先要清除黏结剂,再送往下道研磨工序。

晶片切割除了对晶向、厚度、平整度和弯曲度有严格要求外,还要有产生碎片少、刀痕要浅,无踏边等质量要求。造成这些质量问题的主要原因有以下一些:

(1) 进刀速度过快,晶片因受力过大而破裂。

(2) 晶锭未粘贴牢固,在切割过程中晶片跌落而破裂。

(3) 冷却液未对准刀刃,从而使晶片受到过大的摩擦力。

(4) 刀片变形,使晶片受力不均匀。

（5）鼓轮平衡失常而引起振动。

（6）主轴、鼓轮、刀片没有严格在同一同心轴上旋转。

6．刻号

为了区别和防止误操作，往往使用条形码和数字矩阵码的激光刻号来区别晶圆。

7．研磨

晶体切片后，切割好的晶片由于表面存在一定程度的机械损伤和表面形变，且表面上还留有刀痕、划伤，甚至不够平整，所以还必须通过研磨的办法使硅片的厚度、翘曲度、平行度得到修整，以消除表面刀痕等机械损伤。

研磨实质上是在一定压力作用下，使晶片不断与外加磨料进行重复性的机械摩擦。通过摩擦作用，使晶片平整、光洁，并且达到厚度要求。

研磨的效果与研磨料、研磨条件、研磨方法和设备密切相关。

研磨时对磨料的要求为：对晶片的磨削性能好，磨料颗粒大小均匀，磨料具有一定的硬度和强度。

研磨时往往将金刚砂与水或油的混合物作为磨料，粗磨和细磨会选择不同的金刚砂型号来进行研磨。

研磨按照机械运动形式不同可分为旋转式磨片法、行星式磨片法和平面磨片法等；按表面加工特点不同又可分为单面磨片法和双面磨片法。单面磨片法就是对晶片一面进行磨研；双面磨片法就是两面都要研磨。

目前使用得最普遍的是行星式磨片法。此法采用双面磨片机，有上下两块磨板，中间放置行星片，硅片就放在行星片的孔内。磨片时，磨盘不转动，内齿轮和中心齿轮转动，使行星片与磨盘之间做行星式运动，以带动硅片做行星式运动，在磨料的作用下达到研磨的目的。行星片是由特殊钢、普通碳钢或锌合金经铣岗或滚齿等方法加工而成的，其外径随磨盘尺寸不同可分为几种型号，一般特殊钢的行星片强度大一些。

研磨需注意以下事项：

（1）研磨板的选择。研磨板是磨片机的关键部件，一般都采用耐磨铸铁或球墨铸铁，板面的光洁度和平整度要求很高。

（2）行星片的要求。在双面磨片机中，上下磨板之间同时放入 5 个行星片，要求行星片平整，不能出现丝毫翘起现象，如果其中一个不合格就会造成碎片，影响其余行星片。它的外齿应与中心齿轮和内齿轮很好地吻合，外齿形状不能过尖，否则容易造成碎片。

磨片质量取决于研磨设备、磨料和研磨条件等因素。

对于行星式磨片法，要求磨板的材料具有一定的硬度、很高的平整度和较高的光洁度，其板面结构要利于研磨剂的均匀流动，对单晶片的压力要均匀，并选取合适的运动形式，同时，在使用过程中，板面要经常修整，以保证有很高的平整度或平行度。

研磨表面的损伤深度取决于与磨料及待磨材料的有关因素。如果已定材料来源，则主要取决于磨料的硬度、形状和粒度等。如果磨料选用合适和处理得当，则可以减少硅片边缘的机械损伤和表面损伤层。

8．倒角与抛光

单晶片研磨后，用化学腐蚀法或 X 光双晶衍射法会测出其表面仍有 $10\ \mu m$ 左右损失层，且边缘常伴有较严重的损伤和破碎。因此，在磨片后需用腐蚀法或机械法进行倒角，且单晶片经化学腐蚀减薄后还要进行抛光，以进一步消除表面缺陷，获得高度平整、光洁和没有损伤层的"理想"表面。倒角与抛光是晶片加工的关键步骤。磨片与抛光设备如图 3-19 所示。

图 3-19　磨片与抛光设备

抛光是一种表面微细加工技术。半导体器件和集成电路对晶片的质量要求十分高，所以晶片经过切割、研磨之后，还要进行化学机械抛光（Chemical Mechanical Polishing，CMP），目的是除去硅片表面更细微的损伤层，获得光洁、平整的表面。

无论是机械抛光或化学机械抛光，抛光过程与抛光机器都与单面磨片机类似，只是抛光液和抛光过程不同而已。抛光机是在抛光盘上覆盖一层抛光布，由马达带动旋转，粘有硅片的压块绕自身的中心线旋转，在抛光盘带动下使硅片相对抛光盘做行星式运动，保持抛光均匀。下面介绍二氧化硅化学机械抛光法。

二氧化硅化学机械抛光是指随着半导体器件的发展而发展起来的一种较理想的抛光方法。此方法利用二氧化硅的胶体状溶液进行抛光，它的颗粒度大约是 $400\sim800\,\text{Å}$。由于颗粒比较小，且硬度又与硅片相近，研磨造成的损伤小。

抛光液是由二氧化硅、氢氧化钠和水按一定比例组成，其中氢氧化钠起到化学腐蚀的作用，使硅片表面生成硅酸钠盐，通过二氧化硅胶体对硅片产生机械摩擦，随之又被抛光液带走。这样就实现了去除表面损伤层面达到抛光作用。在抛光时要求化学腐蚀作用和机械磨削作用达到动态平衡。如果化学腐蚀作用大于机械磨削作用，则硅片表面就会被破坏；反之则抛光速度又太慢，达不到生产要求。

化学腐蚀的快慢取决于抛光液的 pH 值大小，一般配制的抛光液的 pH 值应控制在 $9\sim11$ 之间。实践证明：如 $pH\leqslant8.5$ 时，则抛光速度太慢；如 $pH\geqslant11$ 时，则硅片表面会出现腐蚀坑。

抛光注意事项：

（1）抛光液浓度对硅片质量的影响。

抛光液刚配制好时，流动性好，抛光效果很好。放置一段时间以后，抛光液变稠，会对硅片表面有破坏作用。因此要注意抛光液的使用时间。

（2）硅片上的压强、转速与抛光速度的关系。

加在硅片上的压强要恰当，压强太大，则磨削时产生热量多，容易造成粘片；压强太小，抛光速度太慢，硅片表面可能出现枯皮形状。转速太高，易造成摩擦热，化学腐蚀速度增快，使硅片出现腐蚀坑。因此硅片的压强和转速要控制好。

（3）抛光时间与质量的关系。

抛光时间不仅与工艺有关，还与质量要求有关。如果磨片十分光洁，而且表面损伤很小，这样抛光时间就可缩短些，反之则需加长。同时根据需要还可以分为粗抛和细抛两步来做。一般用氧化镁进行粗抛，然后用二氧化硅进行细抛。

3.2.3 其他处理

1. 背处理

在许多情况下，只是晶圆的正面需要经过充分的化学机械抛光，而有的晶圆的背面不需要抛光，有的只需要腐蚀到光亮。某些器件在使用过程中对其背面进行特殊的处理会导致晶体缺陷，这叫做背损伤。背损伤产生的位错生长会辐射进晶圆，这些位错现象是一种陷阱，可俘获在制造工艺中引入的可移动污染金属离子。这个俘获现象又叫作吸杂。一种标准的背处理技术是背面喷沙，其他的背处理方法包括背面多晶层或氮化硅的淀积等。

2. 双面抛光

大直径晶圆要求要有平整和平行的表面。许多 300 mm 晶圆的制造采用了双面抛光，以获得局部平整度在 25 mm×25 mm 测量面时小于 $0.25\sim0.18\ \mu m$ 的规格要求。双面抛光的缺点是在后面的工序中必须使用不划伤和不污染背面的操作技术。

3. 边缘倒角和抛光

晶片经研磨后，锐利的边缘部分易剥落，而且在今后加工过程容易产生碎屑。因此，还要对边缘部分进行倒角（或称整圆）。边缘倒角是使晶圆边缘圆滑的机械工艺。应用化学抛光进一步加工边缘，应尽可能减少制造中的边缘崩边和损伤，因为边缘崩边和损伤是导致碎片或是成为位错线的核心因素。

边缘倒角和抛光目前采用两种方法：一是使用一个有一定形状且高速旋转的金刚石金属黏合轮来磨硅片边缘，直到硅片的外形与轮子相吻合为止；二是使用一个有弹性的圆盘，圆盘上有金刚石磨料，这个圆盘把硅片边缘"砂"到所希望的形状。其他倒角方法还有磨料喷射和化学腐蚀法。其中化学腐蚀法使用得较普遍，它能有效地去除硅片表面的加工损伤和切、磨操作产生的应力，并且使硅片有一个致密和光洁的背面。化学腐蚀法的传统方法是采用氢氟酸和硝酸的不同组合，此外还加进如醋酸、碘之类腐蚀速率稳定剂和腐蚀反应调节剂。

4. 晶圆评估

晶圆在包装以前，需要根据用户指定的一些参数对晶圆（或样品）进行检查。主要考虑因素是表面问题，如颗粒、污染和雾。这些问题能够用强光或自动检查设备检测出来。

5. 氧化

晶圆在发货到客户之前应进行氧化。氧化层用以保护晶圆表面，防止在运输过程中的划伤和污染。许多公司只购买有氧化层的晶圆，从氧化开始晶圆制造工艺。

6. 包装

虽然花费了许多努力生产出了高质量和洁净的晶圆，但从包装方法本身来说，晶圆在运输到客户的过程中，这些品质会丧失或变差。所以，对洁净的和保护性的包装有非常严格的要求。包装材料要求是无静电、不产生颗粒的材料，并且设备和操作工都要接地，以放掉吸引小颗粒的静电。另外晶圆包装要在洁净室内进行。

7. 晶圆外延

尽管生产出的晶圆的质量已经很高，但对于形成互补金属氧化物半导体（CMOS）器件而言，还是不够的，因为这些器件需要一层外延层。现在许多大晶圆供应商都有能力在供货前对晶圆进行外延。

3.2.4 晶体的缺陷

半导体器件需要高度完美的晶体，但是，即使使用了最成熟的技术，完美的晶体还是得不到的，这是因为在晶体中一些局部区域的原子规则排列被破坏。这种情况统称为晶体缺陷。这些缺陷的存在对晶体的性能有很大的影响。

晶体可以是天然的，也可以由人工培养出来。晶体物质在适当的条件下能自然地发展成为一个凸多面体的单晶体。通过前面章节的学习我们知道，发育良好的单晶体外形上最显著的特征是晶面有规则的配置。晶面本身的大小形状是受结晶生长时外界条件影响的，并不是晶体品种的特征因素，而晶面间的夹角却是晶体结构的特征因素。

理论和实践证明，晶体中的原子、离子、分子等质点在空间是有规则地做周期性的无限分布的。这些质点的总体称为空间点阵。点阵中的质点所在的位置称为结点。通过点阵中结点可以做许多平行的直线族和平行的晶面族，这样，点阵就成为一些网格，称为晶格。晶格是原子的规则排列，具有周期可重复性。这种周期重复性的单元称为晶胞。从晶胞的角度看，由无数个晶胞互相平行紧密地结合成的晶体叫作单晶体。由无数个小单晶体做无规则排列组成的晶体称为多晶体。

硅、锗等元素半导体属于金刚石结构，砷化镓等化合物属于闪锌矿结构，两者的几何结构相同，所不同的是闪锌矿由两种不同的原子组成。

晶格中的结点在各个不同方向都是严格按照平行直线排列，我们可画一个平面图描绘结点的规则排列，如图 3-20 所示。从图 3-20 可以看出，结点沿两个不同方向（实线和虚线）都是按平行直线成行排列，这些平行的直线把所有的结点包括无遗。在一个平面中，相邻直线之间的距离相等，此外，通过每一个结点可以有无限多族的平行直线。当然，晶格中的结点并不是在一个平面上，而是规则地排列在立体空间中，可利用晶向指数来区分它们在空间的不同方向。

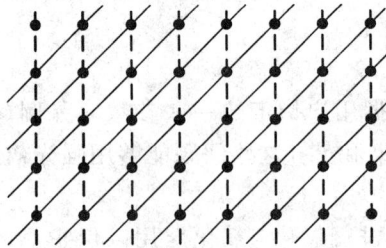

图 3-20 晶格中结点的规则排列

按照缺陷在空间分布的情况，可以把晶体结构中存在的缺陷分为点缺陷、线缺陷、面缺陷和体缺陷。在制作完成的器件中，晶体缺陷会导致器件在正常电压下不工作。重要的晶体缺陷分为点缺陷、位错、原生缺陷 3 类。

1. 点缺陷

空位、间隙原子、外来杂质原子在晶体中都能引起晶格结点附近发生畸变，破坏完整性，是一种约占一个原子尺度范围的缺陷，因此称为点缺陷。

点缺陷的来源有两类：一类是来源于空位和间隙原子，另一类来自于杂质缺陷。

1）空位和间隙原子

（1）空位。晶体的原子离开其正常点阵位置后，在晶格中形成的空格点称为空位。离位原子转移到晶体表面的正常位置后，在晶格内部留下的空格点称为肖特基空位，如图 3-21（a）所示；离位原子转移到晶格的间隙位置留下的空位称为弗仑克尔空位，如图 3-21(b) 所示。形成弗仑克尔空位时，间隙原子和空位总是成对出现的，故称弗仑克尔对。空位可以由热激发产生，它的浓度取决于温度（在一定的温度下，晶体内存在一定的平衡浓度）。这类点缺陷称为热缺陷。空位也可以由高能粒子轰出产生，并同时出现间隙原子。

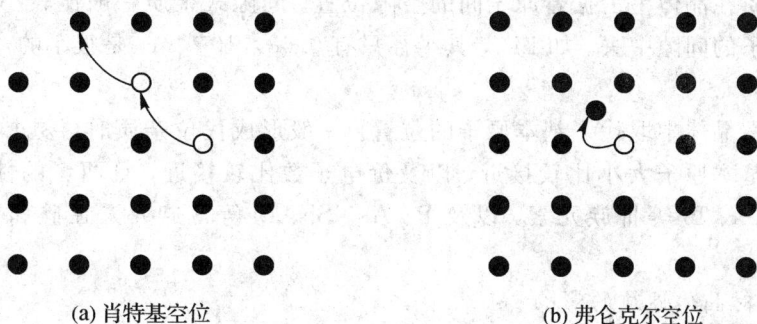

(a) 肖特基空位　　　　　　　　　(b) 弗仑克尔空位

图 3-21　晶体中空位示意图

在平衡时，空位浓度由下式决定，即

$$\frac{N_v}{N} = e^{-E_v/(KT)}$$

式中：N_v——单位体积的空位浓度；

N——单位体积晶体中格点数；

E_v——形成一个空位的内能增量；

K——玻尔兹曼常数；

T——绝对温度。

E_v 的典型值约为几千电子伏，在温度为 1000K 时 N_v/N 约为 10^{-5}。

（2）间隙原子。处于点阵间隙位置的原子称为间隙原子。当其为晶格本身的原子时，则称为自间隙原子，它可以由热激发产生。在形成弗仑克尔空位的同时，也形成自间隙原子，二者浓度相等。在化合物半导体中，形成间隙原子的概率与组成化合物的原子半径密切相关，离子半径越大，形成间隙原子的概率就越小。间隙原子也可以由外来杂质形成，可以是受主型的，也可以是施主型的。

2）杂质缺陷

晶体中因杂质存在，使杂质原子周围受到张力，张力使晶格发生畸变而造成的缺陷，称为杂质缺陷。

半导体中的杂质有的是由于制备半导体的原材料纯度不够带来的，有的是在半导体晶体制备过程中沾污的，有的是在器件制造过程中沾污的，有的是为了控制半导体的物理性质而人为掺入的。根据这些杂质在晶体中所处的位置，可分成间隙式杂质和代位式杂质两类，如图 3-22 所示。

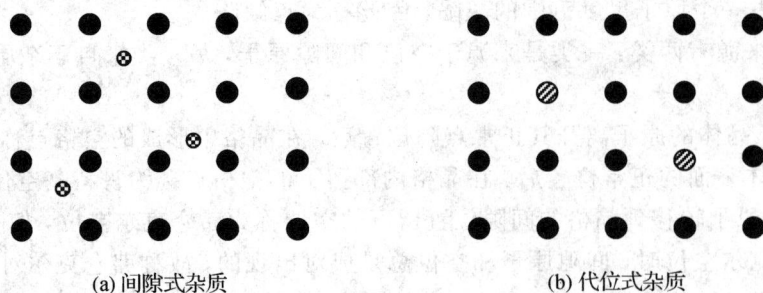

(a) 间隙式杂质   (b) 代位式杂质

图 3 - 22   晶体中杂质原子示意图

间隙式杂质在晶体中占据着原子间的空隙位置。间隙式杂质一般比较小,因为只有这样才能挤到原子的间隙中去。如 Li^+,其半径只有 0.68×10^{-10} m,是很小的,所以,锂在硅中是间隙杂质。

代位杂质在晶体中取代了基本原子的位置。一般形成代位杂质时,要求代位杂质的大小与被取代的基本原子大小比较接近,以及价电子数比较接近,且两者的性质相差不多。所以 B、AL、Ga、In 等Ⅲ族元素,以及 P、As、Sb、Bi 等Ⅴ族元素在硅和锗中都是代位杂质。

3) 点缺陷对晶体性质的影响

空位、间隙原子、杂质原子等点缺陷存在于晶体中会引起晶格的规则结构遭到不同程度的破坏,直接影响微观粒子电子或空穴在晶体中的运动状态,所以,对晶体材料的制备提出了无缺陷、高纯度的要求。

下面我们着重介绍点缺陷尤其是杂质缺陷对晶体性质的影响。

在高温下,晶体中存在较高浓度的空位。当温度降低后,如果这些空位来不及扩散到晶体表面或与间隙原子相复合而消失,则会聚集成团。这些空位团的线度很小(约为 10^{-4} cm),可形成"微缺陷"。杂质碳就是形成微缺陷的因素之一。这些有关"微缺陷"对晶体性质和对器件的影响我们将在微缺陷一节中再进行介绍。

杂质缺陷存在于晶体中能形成杂质散射、杂质补偿、杂质电离复合中心,可改变晶体的性质及使半导体中载流子的迁移率下降。

杂质能够引起晶体内出现局部的附加电势。杂质电离后形成正电中心或负电中心,当载流子运动到电中心附近时,就会受到它们的静电作用。这个静电作用力将改变载流子原有运动速度的方向和大小,这就是杂质散射。总之,杂质缺陷的存在能影响晶体的电阻率、少子的寿命以及在某种条件下能形成微缺陷和位错(晶体生长过程中由杂质分凝可产生位错)。

2. 位错

位错是晶体中的线缺陷,即在一维方向具有宏观尺寸的缺陷。

晶体中的一部分相对于另一部分,在一定的晶面上沿一定方向产生部分滑移,滑移面边界的畸变区称为位错线,简称位错,也就是晶体中已滑移和未滑移面上的分界线。晶体在晶面上局部发生滑移,在分界线周围的原子的相互位置就会发生畸变,便形成了位错线。

关于位错的起源要追溯到晶体最初形成与晶体生长过程的情况。硅晶体生长过程中产生位错的因素有很多,主要有以下几方面:

（1）籽晶体内原有位错。拉制单晶时所用的籽晶内原来就存在位错，在晶体生长时原来存在的位错不断延伸，使新生长的晶体产生位错。

（2）籽晶表面损伤。如机械磨损、裂痕等使表面晶格被破坏，高温时，在热应力作用下，这种不规则的晶格向体内传播而造成大量位错产生。

（3）位错倍增。外界的振动、外加应力、热起伏等可使籽晶或单晶中位错倍增。这些倍增的位错与原有位错具有同样性质，并在固-液交界面处不断延伸，使新生长的晶体产生位错。

（4）晶体的不良取向。在晶体生长过程中，固-液交界面附近温度太低时，会使新凝固的晶体不完全按籽晶轴方向排列，使局部地区产生一些孪晶面，这称为晶体的不良取向。这些不良取向实际上是大密度的位错，会向以后生长的晶体内传播。若熔体表面悬浮着杂质或熔体中存在一些固态微粒，也可产生不良取向，使位错在晶体中传播。

（5）杂质分凝。杂质分凝也可产生位错。如果杂质在锗、硅中的含量在最大溶解度范围内，则杂质分凝对位错是没有影响的。但往往在拉晶快终了时，熔体中的杂质愈来愈多，超出了最大溶解度，在凝结或冷却时产生应力而使位错倍增。

位错有很多种类型。位错线与滑动方向（即柏氏矢量）垂直的位错称为刃形位错，如图 3-23 所示。从晶格的排列情况看，就如在滑移面上部插进了一片原子，位错的位置正好在插入的一片原子的刃上。这种位错，使在位错线之上的晶格受到压缩，在位错线之下的晶格则是伸长的。

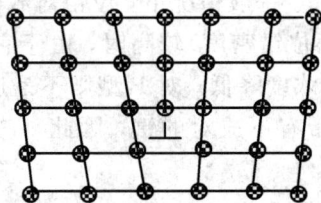

图 3-23　刃形位错示意图

位错线与滑动方向平行的位错称为螺型位错。这种位错的特点是垂直于位错的晶面被扭成螺旋面。晶体表面本来是平面的，而形成螺型位错后，如果围绕位错的回路旋转一周，则晶面就升高一层，形成一个螺旋面的特点。螺旋位错的名称就是由此而来的。

如果位错线与滑动方向既不平行又不垂直的位错称为混合型位错。此时柏氏矢量可以分解为刃型分量和螺型分量。

此外，根据位错线排列形式的不同，常见的还有位错排、星形结构、小角晶界和系属结构等位错。

位错在晶圆里的发生可能是由于晶体生长条件和晶体内的晶格应力所致，也可能是由于制造过程中的物理损坏，即碎片或崩边成为晶格应力的交会点，产生一条位错线，使缺陷随着高温工艺扩散到晶圆内部。

在应力的作用下，位错会发生运动。运动可分为滑移运动和攀移运动。位错在一个滑移面内的运动称之为滑移运动；若在应力的作用下位错能够从一个滑移面上移到另一个滑移面上去，则称之为攀移运动。这种位错的运动会引起位错线附近产生空位，造成杂质沿位错线增强扩散，在晶体管中形成管道（杂质管道）型击穿。实践证明这种 E-C 管道（发射区到集电区)击穿严重影响双极型大规模集成电路成品率和集成度的提高。

从以上的内容可以看出：位错是一种线缺陷，但这里的"线"不是几何学上定义的线，而是有一定宽度的管道：位错在晶体中可以形成封闭的环形，或终止在晶体的表面，或终止在晶粒间界上(不能终止在晶体内部)；在位错处形成一个应力场，因为位错处原子的平均能量比其他区域的原子大得多，所以位错应力场与点缺陷引起的晶格畸变的应力场相互作用，使位错能有效地吸除点缺陷。位错具有的这些性质会对半导体材料主要性能产生重要影响。

我们经常用位错密度(每平方厘米的位错数)来描述晶体内位错线的多少，以反映晶体的性质。测量位错的方法有多种，常用的方法是把晶体表面经过抛光腐蚀后，数腐蚀坑的数目。由于晶格不完整，位错与晶体表面交界处特别容易被腐蚀。实际上，位错密度未必等于每平方厘米的腐蚀坑数，因为并非在每个位错线上都能腐蚀出一个腐蚀坑。但是，一般来说，用合适的腐蚀液进行适当的腐蚀后，我们可以认为腐蚀坑密度反映了位错密度。

1) 位错对载流子迁移率的影响

以金刚石结构类型的硅单晶为例。如果存在棱位错，在位错线附近的原子与完整晶体中的原子就会不同，只有三个原子与之构成共价键，剩下一个"悬挂键"，因此，位错线附近的原子往往成为受主能级。有人曾经将 N 型锗单晶弯曲，发现 N 型锗变为 P 型锗。因此可知，棱位错对 N 型半导体的影响较 P 型更为严重。位错线的存在，既然能形成受主能级，因此在 N 型半导体中，位错线将俘获电子而带负电。这样对载流子的散射加强，使迁移率降低，从而影响单晶材料的电阻率。一般情况下，位错对载流子浓度影响不大，只有当位错密度(单位面积上的位错数称为面位错密度)较高时，由于它们与杂质间的补偿作用能使含有浅施主杂质的 N 型硅的载流子浓度降低。对 P 型则不是这样的。

在通常情况下，螺型位错不带有不成对的键，因此，它们对晶体电学特性方面的影响是不重要的。

2) 位错对非平衡少子寿命的影响

位错对非平衡少子寿命的影响有两方面的原因：一方面，因为在位错的周围晶格会发生伸张或压缩(棱位错周围一边是压缩，一边是伸张)，因此在晶格收缩区域禁带宽度增大而在伸张区域内禁带宽度减小；另一方面，由于电子有处在导带最小能量位置的趋势，因此在晶体的伸张区域中有最大的复合率，使寿命减小。

位错的受主能级还起着复合中心的作用。因位错使占据受主能级的电子俘获过剩空穴，对高纯度半导体材料的载流子寿命有很大影响。但也有人认为，位错对少子寿命不起作用，能对少子寿命起作用的是有杂质重金属沉淀在那里的缘故。

位错除了对材料的基本电特性有较大影响外，对器件性能和成品率也有较大的影响。主要有两个方面：一是杂质沿位错沉积形成杂质管道，破坏 PN 结特性；二是杂质沿位错线的扩散增强，发射区的磷原子沿着位错线增强扩散，以致穿通基区，形成连通发射区和集电区的 N^+ 管道(简称 E-C 管道)，这也会严重影响到器件的成品率。

位错能通过表面的一种特殊腐蚀显示出来，腐蚀出的位错出现在晶圆的表面上，形状代表了它们的晶向。〈111〉晶圆腐蚀出三角形的位错，〈100〉的晶圆腐蚀出方形的腐蚀坑。

3. 层错

由原子型层排列错乱引起的一种大范围的缺陷叫作层错。层错是一种面缺陷，也是一种二维缺陷。

晶体中常形成许多具有一定结晶学取向差异的微小区域。当这些区域的直径很小，约为 500～5000 单位晶胞，且取向差异小于 10°时，则称此晶体具有晶粒镶嵌间界（小角晶界）。这种晶界可以看成是由一系列等距离的刃型位错陈列构成的。

由于原子层的正常堆垛次序发生差错而产生的缺陷称为堆垛层错。

在晶体生长中，一定的条件会导致结构缺陷，有一种叫滑移（沿着晶体平面产生的晶体滑移），另一种叫孪晶（从同一界面生长出两种不同方向晶体）。这两种缺陷是晶体报废的主要原因。

4. 微缺陷

位错和有害杂质是影响器件性能和成品率的重要原因，但随着高纯无位错单晶硅的问世与应用，实践证明采用高纯无位错单晶硅制作器件，其性能和成品率不像预期的那样好。经过进一步分析研究，1965 年 Plaskett 等人最先在硅中发现了另一种称之为"微缺陷"的晶格缺陷。现在给微缺陷下确切的定义尚有困难，但多数人认为，微缺陷是指择优化学腐蚀后硅表面出现的高密度浅底小坑（浅腐蚀坑）或以小丘为其腐蚀特征的一类缺陷。这些"浅腐蚀坑"又称为"蝶坑""平底坑"。腐蚀坑（丘）可能呈随机分布，也可能呈旋涡分布。

已经发现的微缺陷有以下 3 类：

（1）生长微缺陷：是指晶体在生长过程中而不是其后的热处理中产生的微缺陷。

（2）热诱生微缺陷：是指高温热处理后，硅单晶中氧的沉淀物及其造成的晶格畸变所诱生的微缺陷。

（3）雾缺陷：是指热处理硅片后或外延片择优腐蚀后表面上出现的密集而均匀分布的雾状缺陷，这种缺陷在一些文献中也被称为微缺陷。

微缺陷对大规模集成电路、大结面的大功率器件和高灵敏度的光电器件等性能的影响是十分显著的，因此，微缺陷的研究成为材料研究也是器件研究中的重大课题。

要控制和消除微缺陷的影响，可以降低晶体中氧和碳的含量，以减少凝集成团的核化中心，也可以控制晶体生长时的冷却速率（或控制拉速），因为微缺陷的密度决定于晶体生长时的冷却速度，此外还可以利用位错吸除微缺陷。

微缺陷对器件性能的影响可归纳为两个方面。一方面它在外延、氧化等工艺过程中会转化为层错。实验证实，有微缺陷的单晶片使用二氧化硅抛光剂抛光，在热生长二氧化硅过程中也会产生热氧化层错，它的宏观分布图形与原始硅单晶片上的微缺陷花纹相同，这说明不仅晶体表面机械损伤会转化成氧化层错，微缺陷也会转化成氧化层错。另一方面微缺陷（或已转化成氧化层错）有吸收其他杂质的作用，尤其是由于重金属杂质而使层错成为电活性中心，导致 PN 结漏电流增加，同时使载流子迁移率降低。例如，在制造开关晶体管时，发现有些热氧化层错的硅片在层错处极易引起重金属沉积，而使开关管的掺金量增加 3～4 倍。这种沉积有重金属杂质的氧化层错如果穿过 PN 结区，会导致结特性变软；另外实验还发现，有金属沾污的氧化层错是一个高复合区，在此区域内少子寿命很短，使 PN 结反向漏电流显著增加，使硅器件成品率降低。

总之，硅单晶中的微缺陷已越来越受到人们的重视，微缺陷对硅器件的影响，有时甚至比硅单晶的一般常规参数（导电类型、电阻率、少子寿命、位错密度等）的要求还要重要。微缺陷是影响器件成品率的一个重要因素，显然对大规模集成电路其危害性还会更大，必须引起高度的重视。

　　微缺陷在锗中也同样存在，可能是由于过剩空位凝聚所形成的。锗中微缺陷也呈条纹状分布，密度在 $3\times10^6\sim5\times10^7\,cm^{-3}$ 之间。化合物半导体晶体中也有微缺陷，例如有位错的砷化镓晶体中已观察到棱柱位错环，简单的、双重和三重不全位错和各种形状的沉淀物等微缺陷。磷化镓中的微缺陷浓度高达 $10^{11}\sim10^{12}\,cm^{-3}$，这些情况也必须引起高度的重视。

　　必须指出，微缺陷并非总是有害的，当它出现在硅片表面时是有害的，但若设法使之只在硅片内部产生，那么微缺陷不但无害反起着积极的作用，即它们能吸除硅片表面有害杂质和缺陷，这就是 IG 效应。这二者兼顾，则可以对大规模集成电路器件成品率起着决定性的作用。

复习思考题

1. 常用作衬底材料的半导体有哪些？
2. 衬底材料的选用需要考虑哪些方面？
3. 硅、锗和砷化镓材料属于什么晶体结构？各有何特点？
4. 晶体缺陷主要有几种？各有何特点？
5. 什么是位错？位错对半导体材料有何影响？
6. 什么是晶体生长？晶体生长的主要方法有哪些？
7. 单晶硅制备方法有哪几种？
8. 画出直拉法拉制单晶的工艺流程并进行简单描述。
9. 什么是搭桥？什么是硅跳？各有何危害？应如何处理？
10. 为什么要用液体掩盖直拉法制备砷化镓？为什么选用 B_2O_3 作为掩盖液体？
11. 简述晶圆制备基本工艺流程。
12. 简述由沙子转变成晶体及晶圆和用于芯片制造的抛光片的生产步骤。

第4章 集成电路芯片制造工艺概述

4.1 集成电路芯片设计简介

集成电路芯片设计是指根据电子系统的要求，按照集成电路制造工艺的设计规则来设计电路，从而使集成电路生产线能制造出符合要求的芯片，实现电子系统所要求的功能。随着电子系统规模越来越大，功能越来越强，现代集成电路制造工艺尺寸越来越小，多层次的"集成"将成为未来设计的主题，系统级的设计方法学将是未来设计技术发展的助力器，可测性设计(Design for Testability，DFT)、可制造性设计(Design for Manufacturing，DFM)和可靠性设计(Design for Reliability，DFR)在芯片设计中所占的比重将越来越大，因此我们需要付出巨大的努力研究新的设计方法和开发新的电子设计自动化(EDA)设计工具，以提高芯片设计的产出率。

集成电路设计包括逻辑(功能)设计、电路设计、版图设计和工艺设计，其级别示意图如图 4-1 所示。逻辑设计和电路设计又称为前端设计，包括划分功能模块、系统级仿真、电路图原理设计，最终完成晶体管级电路设计与仿真。前端设计之后进行后端设计，即首先通过版图设计，并按照工艺条件进行寄生参数后仿真，得到版图数据，然后依据版图数据制得掩膜版，最后用掩膜版制造出集成电路芯片。

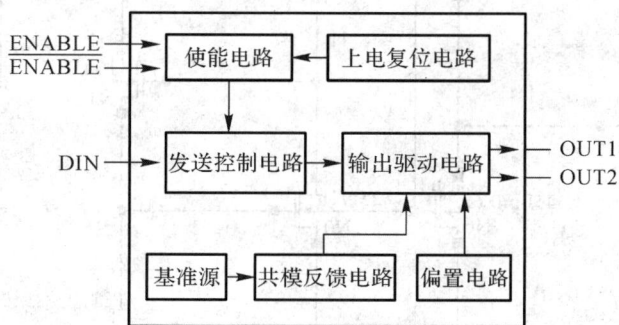

(a) 系统级

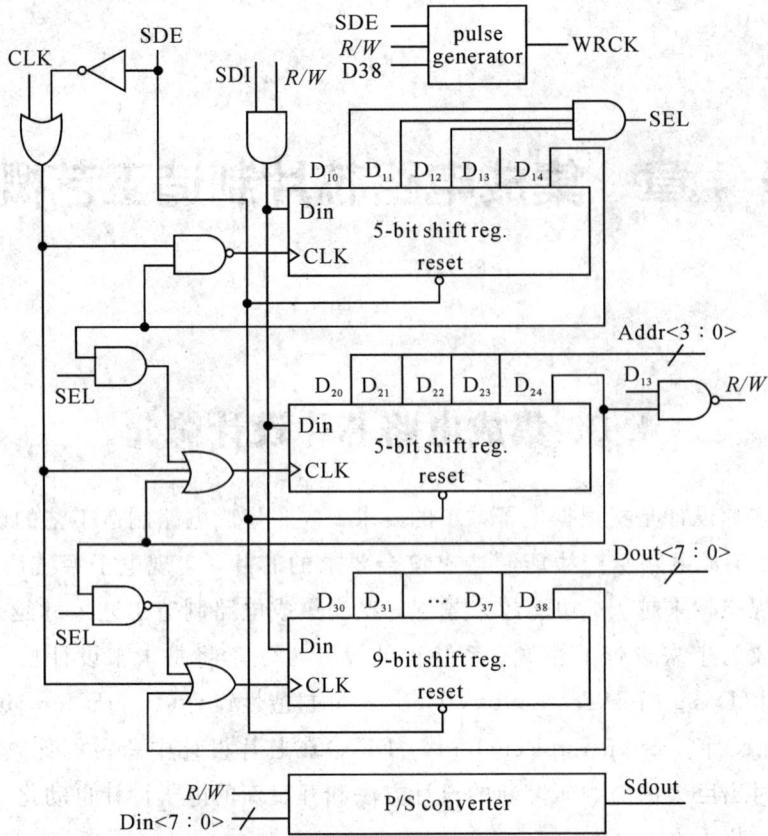

(b) 寄存器级

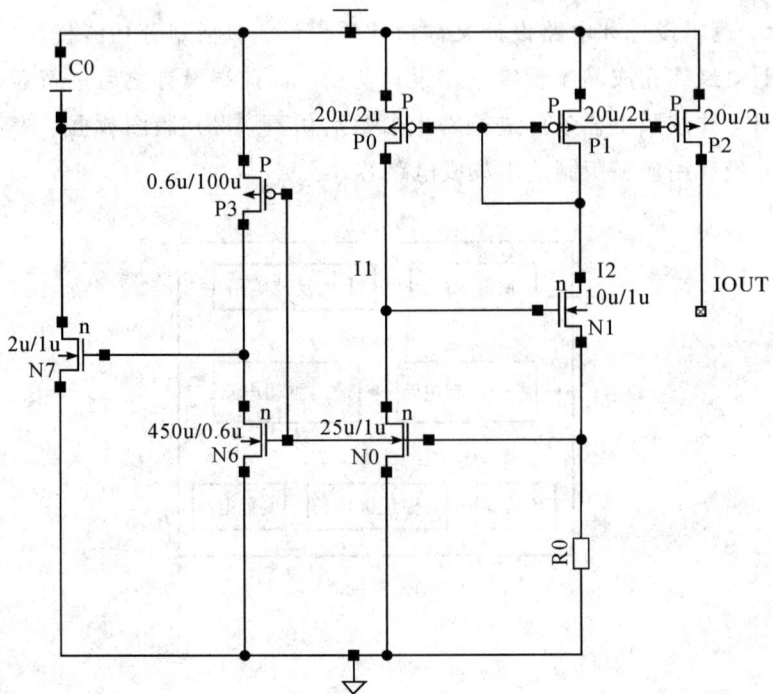

(c) 晶体管级

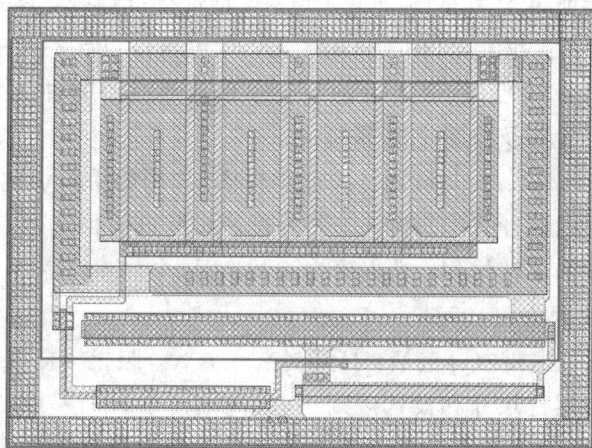

(d) 版图级

图 4-1 集成电路设计级别

集成电路设计各环节密切相关。在对电路进行版图设计之前，必须通过电路的逻辑关系详细地分析电路的工作原理，了解其特性和参数，掌握电路在各种工作状态下的特性以及各种影响因素（如元件参数变化、温度变化等对电路参数的影响）。必要时，可以对电路进行模拟实验或模拟分析，以获取电路的实际资料，同时，应全面熟悉工艺过程和步骤，掌握各工艺参数。

工艺设计首先是根据超精细加工水平以及扩散、离子注入等半导体工艺来确定晶体管的尺寸，例如，设计双极型晶体管的射极宽度、面积、基极面积、杂质浓度等，或 MOS 管的沟道长、宽、栅极厚度、杂质浓度等。其次是确定布线的宽度和线间距等设计规则，并根据功率损耗、开关特性等电气指标和制造工艺方面的限制条件来设计器件。工艺设计要求设计者要全面熟悉工艺过程和步骤，掌握各种工艺参数。

版图设计是根据逻辑功能和电路结构要求以及工艺制造约束条件来设计集成电路版图。进行版图设计，首先必须掌握一整套具体工艺参数，这些参数包括材料特性参数、氧化扩散工艺参数、工艺水平参数等。在版图设计中，要遵守版图设计规则。所谓版图设计规则，是指为了保证电路的功能和一定的成品率而提出的一组最小尺寸，如最小线宽、最小可开孔、线条间的最小间距、最小套刻间距等。在版图设计时，只要遵守版图设计规则，所设计出的版图就能保证生产出具有一定成品率的合格产品。另外，设计规则是设计者和电路生产厂之间的接口。由于各厂家的设备和工艺水平不同，因此各厂家所提供给设计者的设计规则也是不同的。设计者只有根据厂家所提供的设计规则进行版图设计，所设计出的版图才能在该厂生产出具有一定成品率的合格产品。

集成电路设计通常有正向设计和逆向设计两种途径。

正向设计是指首先由电路指标、功能出发进行逻辑设计（子系统设计），再由逻辑图进行电路设计，最后由电路进行版图设计，同时还要进行工艺设计。

正向设计的设计流程为：根据功能要求画出系统框图→划分成子系统（功能块）进行逻辑设计→由逻辑图或功能块功能要求进行电路设计→由电路图设计版图，并根据电路及现有工艺条件，经模拟验证再绘制总图→工艺设计（如原材料选择，设计工艺参数、工艺方案，确定工艺条件、工艺流程）。如有成熟的工艺，就可根据电路的性能要求选择合适的工艺加以修改、补充或组合即可。这里所说的工艺条件包含晶源的种类、温度、时间、流量、注入剂量和能量、工艺参数及检测手段等内容。

逆向设计又称解剖分析、反向设计。其通过拍照、提图等手段仿制原产品，获取先进的集成电路设计思想、版图设计技术、制造工艺等设计和制造的秘密，综合各家优点，确定工艺参数，制订工艺条件和工艺流程，推出更先进的产品。

逆向设计的设计流程为：

（1）提取横向尺寸。主要内容包括：打开封装→放大、照相→提取复合版图→拼复合版图→提取电路图、确定器件尺寸和设计规则→电路模拟、验证所提取的电路→画版图。

（2）提取纵向尺寸。即用扫描电镜与扩展电阻仪等提取氧化层厚度、金属膜厚度、多晶硅厚度、结深、基区宽度等纵向尺寸和纵向杂质分布。

（3）测试产品的电学参数。电学参数包括开启电压、薄膜电阻、放大倍数、特征频率等。

逆向设计在提取纵向尺寸和测试产品的电学参数的基础上确定工艺参数、制订工艺条件和工艺流程，进行流片验证。

集成电路设计一般极少使用 Windows 操作系统，而是使用 Unix、Linux 操作系统，工作平台大多是工作站，主流 EDA（Electronic Design Automation）软件是 Cadence、Synopsys、Mentor graphics，工艺仿真软件 TCAD 主要是 Silvaco。国产软件中市场占有率稍高一点的主要是华大九天（Zeni），近年来发展较快。

4.2　集成电路芯片制造 4 项基础工艺

集成电路晶圆的生产是指在晶圆表面上和表面内制造出半导体器件的一系列生产过程。整个制造过程从硅单晶抛光片开始，到晶圆上包含了数以千计的集成电路芯片结束。

集成电路芯片有成千上万的种类和功用，它们都是由为数不多的基本结构（主要是双极结构和 MOS 结构）和生产工艺制造出来的，类似于汽车工业。汽车工业的产品范围很广，从轿车到推土机，但是，金属成型、焊接、油漆等工艺对所有汽车厂都是通用的，在汽车厂内部，无非是以不同的方式应用这些基本的工艺制造出客户希望的产品。芯片制造也是一样，制造企业使用 4 种最基本的工艺，通过大量的工艺顺序和工艺变化制造特定的芯片。这些基本工艺主要是指薄膜制备、光刻与刻蚀、掺杂和热处理。

4.2.1　薄膜制备

制作集成电路最典型的方法是在硅片表面生长一层致密的氧化膜作为掺杂阻挡层，然后用光刻和刻蚀的办法开出窗口，通过二氧化硅的窗口向硅片内部进行掺杂，然后在半导体表面蒸镀金属膜，再用光刻和刻蚀的办法去掉不需要的金属，留下各器件间的连接导线，构成具有一定功能的集成电路。

薄膜制备是指在晶圆表面形成薄膜的加工工艺。这些薄膜可以是绝缘体、半导体或导体，它们由不同材料组成，是使用多种工艺生产或淀积而成的。

在半导体器件中需要广泛使用各种薄膜，例如作为器件工作区的外延薄膜，实现定域工艺的掩蔽膜，起表面保护、钝化和隔离作用的绝缘介质薄膜，作为电极引线和栅电极的金属及多晶硅薄膜等。芯片剖面示意图如图 4-2 所示。

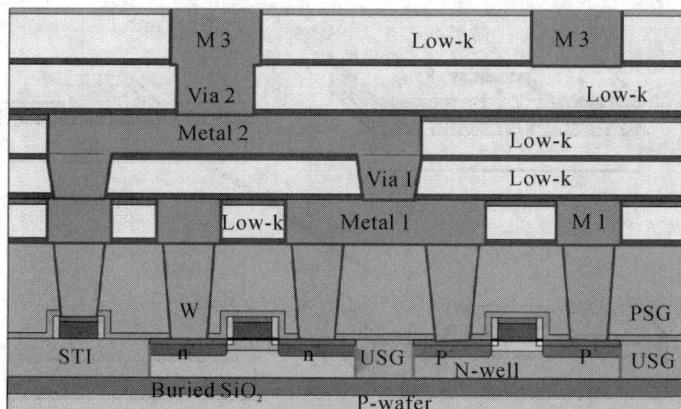

M/Metal—金属层；Low-k—低 k 介质；Via—通孔；W—钨；USG/PSG/STI 氧化膜；
P-Well—P 阱；N-Well—N 阱；Buried SiO₂—埋层氧化硅；P-wafer—P 晶圆

图 4-2　芯片剖面示意图

制作薄膜的材料很多：半导体材料如硅和砷化镓；金属材料有金和铝；无机绝缘材料有二氧化硅、磷硅玻璃、氮化硅、三氧化二铝；半绝缘材料有多晶硅和非晶硅等。此外，还有目前已用于生产并有着广泛前途的聚酰亚胺类有机绝缘树脂材料等。

制备这些薄膜的方法很多，概括起来可分为间接生长和直接生长两类。

（1）间接生长法：制备薄膜所需要的原子或分子是由含其组元的化合物通过氧化、还原或热分解等化学反应而得到的，如气相外延、热生长氧化和化学气相淀积等。这种方法由于设备简单，容易控制，重复性较好，适于大批量生产，因而在工业生产上得到广泛应用。

（2）直接生长法：它不经过化学反应，而是将源直接转移到衬底上形成薄膜，如液相外延、分子束外延、真空蒸发、溅射和涂敷等。

外延是指在一定的条件下，在一片表面经过细致加工的单晶衬底上，沿其原来的结晶轴方向生长一层导电类型、电阻率、厚度和晶格结构完整性都符合要求的新单晶层的过程。

在有氧化剂及逐步升温条件下，经过特定方法，在光洁的硅表面上生成高纯度二氧化硅的工艺过程称为热氧化工艺。

淀积薄膜的方法有些主要是化学过程，有些是纯物理过程，另外一些是基于物理-化学原理的淀积法。在集成电路领域中，淀积薄膜的主要方法是化学气相淀积工艺。化学气相淀积是利用化学反应的方式，在反应室内将反应物（通常是气体）生成固态生成物，并淀积在硅片表面上的一种薄膜淀积技术。因为它涉及化学反应，所以称为化学气相淀积（CVD，Chemical Vapour Deposition）。化学气相淀积的方法很多，最常用的是常压化学淀积（APCVD）法、低压化学气相淀积（LPCVD）法和等离子体化学气相淀积（PCVD）法。

4.2.2 光刻与刻蚀

集成电路中的光刻与刻蚀是指把掩膜版上的图形转换到硅片表面上的一种工艺。完整的光刻工艺应包括光刻和刻蚀(如图 4-3 所示),随着集成电路生产在微细加工的进一步细分,把刻蚀分出去另成一个工序。在这里,为了讲解方便,我们统一称光刻和刻蚀为基本光刻工艺。

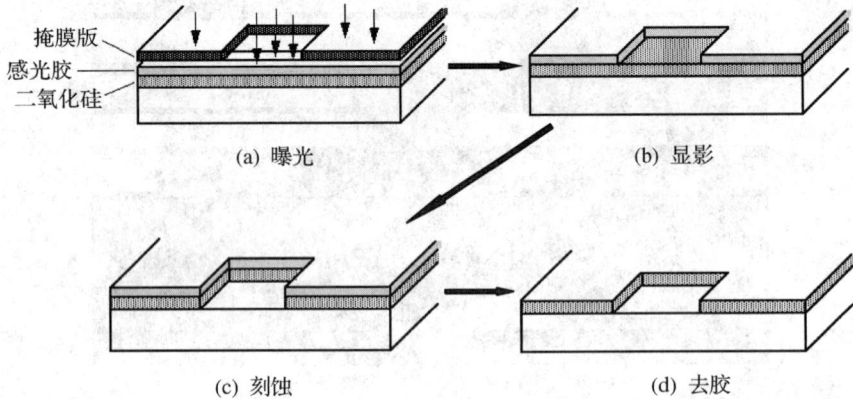

(a) 曝光　　　　　　　　　　　　　(b) 显影

(c) 刻蚀　　　　　　　　　　　　　(d) 去胶

图 4-3　光刻与刻蚀

光刻工艺的第一步是制备掩膜版。光刻掩膜版(又称光罩,简称掩膜版(Mask 或 Reticle),是微纳米加工技术常用的光刻工艺所使用的图形母版,由不透明的遮光薄膜在透明基板上形成掩膜图形结构,再通过曝光过程将图形信息转移到产品基片上。这些掩膜版上的图形是集成电路的一个组成部分,例如栅电极、接触窗口、金属互连等。生产上为了节约成本,有时会制作复合版,如图 4-4 所示。

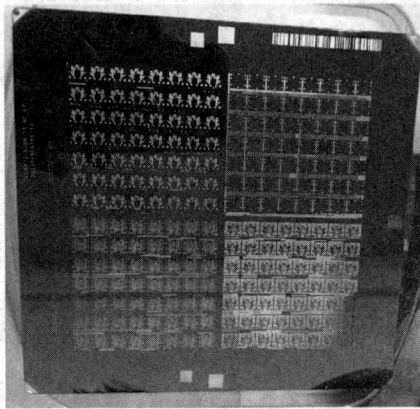

图 4-4　四合一复合版

制造集成电路掩膜版是在完成电路小样试验和计算模拟以后进行的。首先要绘制总图,然后把各道工序的分图分开,例如把栅电极、接触孔等分别刻制在各自的掩蔽纸上,再通过图像显示和把几何图形用数字转换的方法转换成数字,再用它来驱动计算机控制的图形发生器,最后图形发生器将设计特性直接转换到硅片上。通常用图形发生器来制版,再利用制出来的版进行光刻。光刻就是通过一系列生产步骤将晶圆表面薄膜的特定部分除去的工艺。

光刻版制好后，通过连续的转换，把每一块光刻版上的图形都一一套准到硅片表面，如图 4-5，然后进行刻蚀。

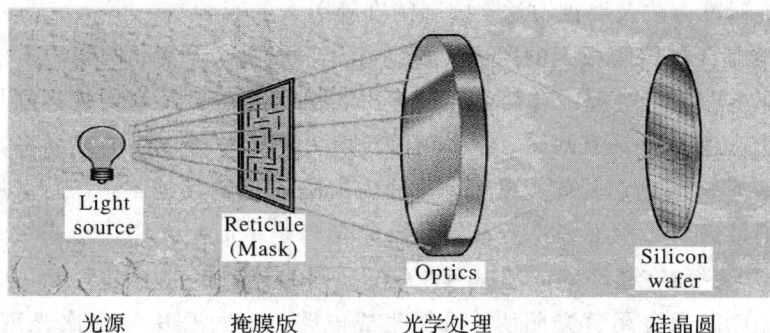

图 4-5   光刻示意图

光刻工艺首先要把光敏聚合物涂到硅片上进行前烘（因为这种聚合物材料是阻止腐蚀工艺，所以它们被称为抗蚀剂）。再用具有一定图形的光刻版作为掩蔽，用紫外光或其他辐照技术进行曝光。然后在显影液中进行显影，得到光敏聚合物材料的图像。光刻后的晶圆表面会留下带有微图形结构的薄膜，随所使用的光刻胶是正胶还是负胶，被除去的部分形状可能是薄膜内的孔或是残留的岛状部分。显影液中去掉的是曝光部分还是非曝光部分由所用的光敏聚合物的性质决定。如果使抗蚀剂进行物理或化学作用的是光能，则这种抗蚀剂叫作光致抗蚀剂（此外还有对电子束、X 射线和离子束敏感的抗蚀剂）。显影之后进行腐蚀，然后进行掺杂、氧化和金属化等工作，最终形成电路。

曝光机要完成以下两项工作：

（1）要把硅片和掩膜版严密夹紧，并且要使掩膜版上的图形与硅片上原有的图形严格对准。在对准过程中必须进行必要的机械运动，所以曝光机有时也叫作直线对准器。

（2）要提供一个对抗蚀剂进行曝光的光源。曝光可以通过掩膜版进行，也可以直接扫描。例如电子束曝光机就能直接扫描曝光。

曝光机的特性常用分辨率、套准和生产率 3 个参量描述。分辨率用重复曝光、显影以及最后得到的抗蚀剂的特征尺寸来定义；套准是指测量紧靠的两块掩膜版图形的覆盖情况；生产率是指每小时曝光的硅片数目。

在集成电路生产中使用的主要曝光设备是利用紫外线的光学系统，它能得到 1 μm 的分辨率、± 0.5 μm 的套准精度和每小时曝光 100 片的生产率。电子束曝光系统的分辨率小于 0.5 μm，套准精度为 ± 0.2 μm。X 射线光刻系统有 0.5 μm 的分辨率和 ± 0.5 μm 的套准精度。

我们把光刻和制版称为图形加工技术，主要是指在半导体基片表面用图形复印和腐蚀的办法制备出合乎要求的薄膜图形，以实现选择扩散（或注入）、金属膜布线或表面钝化等目的。因为它决定了管芯的横向结构图形和尺寸，是影响分辨率以及半导器件成品率和质量的重要环节之一，所以在微细加工技术中被认为是核心的问题。

集成电路的集成度越来越高，特征尺寸越来越小，晶圆圆片面积越来越大，给光刻技术带来了很高的难度。通常人们用特征尺寸来评价集成电路生产线的技术水平，如 $0.18~\mu m$、$0.13~\mu m$、$0.1~\mu m$ 集成电路等。随着特征尺寸越来越小，对光刻的要求也更加精细。

图形加工的精度主要受光掩膜的质量和精度、光致抗蚀剂的性能、图形的形成方法及装置精度、位置对准方法及腐蚀方法、控制精度等因素的影响。

光刻的目的是要把掩膜板上的图形转换到硅片表面上去，不同的曝光方法其工艺过程也不同。在集成电路制造过程中芯片要经过多次光刻，完整的光刻工艺必须尽可能做到无缺陷，如果芯片位置的 10% 有缺陷，那么每道转换工艺将得到 90% 的成品率，经过 11 道光刻工艺后，只剩下 31% 的芯片能正常工作。因为缺陷能影响其他各道工序，所以如果不采取补救措施，则最后成品率很容易变成零。因此光刻是平面工艺中十分重要的一步，对清洁度要求特别高，一般在超净间或超净台中进行。因为光致抗蚀剂对大于 5000Å 波长的光不敏感，因此光刻间通常用黄光照明。虽然集成电路生产过程中的多次光刻各次的目的、要求和工艺条件有所差别，但其工艺过程基本上是一样的，即光刻工艺都需经过涂胶、前烘、曝光、显影、坚膜、腐蚀和去胶 7 个步骤的工艺流程。

涂胶前的硅片表面必须是清洁干燥的，最好在硅片氧化或蒸发后立即涂胶，防止硅片表面沾污。如果硅片搁置太久，或光刻处理不良返工，都要重新清洁处理后再涂胶。

涂胶就是在晶圆（SiO_2）薄膜或金属薄膜表面涂一层黏附良好，厚度约 $1~\mu m$ 的均匀光刻胶膜。涂胶一般采用旋涂法，即利用光刻胶的表面张力和旋转产生的离心力的共同作用，将光刻胶在晶圆表面铺展成厚度均匀的胶膜。对胶膜厚度的工艺要求是胶膜厚度适当，膜层均匀，黏附良好。胶膜太厚或太薄都不好，太厚则分辨率下降（一般分辨率为膜厚的 5～8 倍），太薄则针孔多，抗蚀能力差。

前烘又称预烘、软烘焙，是指在一定温度下使胶膜里的溶剂蒸发掉一部分，使胶膜稍干燥，成"软"的状态，以增加与晶圆圆片的黏附性和耐蚀性。前烘的温度和时间要求要适当：温度过高或时间过长，光刻胶产生热交联，会在显影时留下底膜，或者光刻胶中的增感剂挥发造成灵敏度下降；温度过低，前烘不足，抗蚀剂中有机溶剂不能充分逸出，残留的溶剂分子会妨碍交联反应，造成针孔密度增加、浮胶或图形变形等现象；时间过短，光刻胶骤热，会引起表面发泡或浮胶。前烘的温度和时间一般通过实验确定，随胶的种类和膜厚而有所不同。通常前烘在 80°C 恒温干燥箱中烘 10～15 min，也有用红外灯烘焙的，胶膜里外干燥，效果较好。

曝光是指对涂有光刻胶的晶片进行选择性的光化学反应，使曝光部分的光刻胶在显影液中的溶解性改变，经显影后在光刻胶膜上得到和掩膜版相对应的图形。曝光常采用紫外线接触曝光方法，其基本步骤是定位对准和曝光。定位对准是使掩膜版上的图形与晶片上原有的图形精确套合，因此要求光刻机有精密的微调和压紧机构，并有合适的光学观察系统。曝光量的选择决定于光刻胶的吸收光谱、配比、膜厚、光源的光谱成分等因素。另外还要考虑到衬底的光反射特性。在生产实践中，一般通过实验来确定最佳曝光时间。

显影有湿法显影和干法显影两种。湿法显影是指把曝光以后的晶片放在显影液里，把应去除的光刻胶膜溶解去除干净，以获得腐蚀时所需的被抗蚀剂保护的图形。显影液的选择要求为：对需要去除的胶膜溶解度要大和溶解得要快，对需要保留的胶膜溶解度极小，并要求显影液里有害杂质少，毒性小。对于不同的光刻胶，要求选用不同的显影液。

湿法显影存在图形膨胀、收缩之类的变形问题，随着超大规模集成电路图形的微细化，提出了干法显影工艺。其基本原理是利用抗蚀剂的曝光部分和非曝光部分在特定的气体等离子体中有不同的反应，没有曝光的部位坚膜中抗蚀剂聚合物蒸发而厚度减少 40%～45%，而曝光部位不蒸发，厚度也不变。在其后的显影中，未曝光部分比曝光部位腐蚀速率快很多，这样使未曝光部位的抗蚀剂很快全部去除，而曝光部位尚有 85% 以上厚度的抗蚀剂留下（称为留膜率），以达到了显影的目的。

显影时间过长会使胶膜软化膨胀，图形边缘发生钻蚀而影响分辨率，甚至出现浮胶。显影不足可能在应去除光刻胶的区域残留有抗蚀剂底膜，造成腐蚀不彻底，产生花斑状氧化层小岛，还会使图形边缘出现过渡区，从而影响分辨率。因此，显影时间一般由实验确定，随抗蚀剂的种类、膜厚、显影液种类、显影温度和操作方法不同而不同。

显影后，一般应在显微镜下认真检查图形是否套准，边缘是否整齐，有无残胶、皱胶、浮胶和划伤等。如有不合格的片子，应进行返工。

坚膜又称后烘、硬烘焙，是指在一定温度下将显影后的片子进行烘焙，除去显影时胶膜所吸收的显影液和残留水分，改善胶膜与晶片间的黏附性，增强胶膜的抗蚀能力。

坚膜的温度和时间要适当，若坚膜不足，膜的强度低，腐蚀时容易产生浮胶。如果坚膜过度，则抗蚀剂膜会因热膨胀而翘曲或剥离，腐蚀时产生钻蚀或浮胶。坚膜温度过高还可能引起聚合物发生分解，降低黏附性和抗蚀能力。

腐蚀就是用适当的方法对未被胶膜覆盖的 SiO_2 或其他薄膜进行腐蚀，形成与胶膜相对应的图形，以便进行选择性扩散或金属布线等工序。

去胶就是去除光刻胶。在光刻图形腐蚀出来后，把覆盖在图形表面上的光刻胶膜去除干净。其主要方法有溶剂去胶、氧化去胶和等离子去胶。

综上所述，整个光刻工艺过程的目标主要有两个：

（1）在晶圆表面建立尽量能接近设计规律中所要求尺寸的图形。

（2）在晶圆表面正确定位图形。

整个电路图形必须被正确地定位于晶圆表面，电路图形上单独的每一部分之间的相对位置也必须是正确的。光刻生产工艺应根据电路设计的要求生成尺寸精确的特征图形，且在晶圆表面的位置要正确，而且与其他部件的关联也要正确。

基本光刻工艺是半导体工艺过程中非常重要的一道工序。在 4 个基本工艺中光刻是最关键的工艺，光刻确定了器件的关键尺寸。光刻过程中的错误可造成图形歪曲或套准不好，最终可转化为对器件的电特性产生影响，图形的错位也会导致类似的不良结果。光刻工艺中的另一个问题是缺陷。光刻是在极微小尺寸下完成的，在制造过程中的污染物会造成缺陷。由于光刻在晶圆中要完成 5～20 层或更多层，所以污染问题将会被放大。由于最终的图形是用多个掩膜版按照特定的顺序在晶圆表面一层一层叠加建立起来的，所以对图形定位的要求很高，而光刻蚀工艺过程的变异在每一步都有可能发生，因此对特征图形尺寸和缺陷水平的控制非常重要也非常困难。光刻工艺也因此成为半导体过程中的一个主要的缺陷来源。

4.2.3 掺杂

掺杂就是用人为的方法,将所需要的杂质以一定的方式掺入到半导体基片规定的区域内,并达到规定的数量和符合要求的分布。掺杂是将特定量的杂质通过薄膜开口引入晶圆表层的工艺过程。通过掺杂,可以改变半导体基片或薄膜中局部或整体的导电性能,或者通过调节器件或薄膜的参数以改善其性能,形成具有一定功能的器件结构。

一种较为古老的掺杂方法是合金法,至今还在某些器件生产中使用。此外,常用的掺杂方法还有热扩散法和离子注入法。

1. 合金法

合金法制作 PN 结是利用合金过程中溶解度随温度变化的可逆性,通过再结晶的方法,使再结晶层具有相反的导电类型,从而在再结晶层与衬底交界面处形成所要求的 PN 结。

2. 热扩散法

热扩散法是在 1000℃ 左右的高温下发生的化学反应过程。晶圆暴露在一定掺杂元素气态下,气态下的掺杂原子通过扩散化学反应迁移到暴露的晶圆表面,形成一层薄膜。在芯片应用中,因为晶圆材料是固态的,热扩散又被称为固态扩散。

3. 离子注入法

离子注入法是一个物理反应过程。晶圆被放在离子注入机的一端,气态掺杂离子源在另一端。掺杂离子被电场加速到超高速后穿过晶圆表层,就好像一粒子弹从枪内射入墙中。掺杂工艺的目的是在晶圆表层建立兜形区,或是富含电子(N 型)或富含孔穴(P 型),这些兜形区形成电性活跃区和 PN 结,电路中的晶体管、二极管、电容器、电阻器都依靠它工作。

掺杂技术能起到改变半导体基片某些区域中器件的导电性能等作用,是实现半导体器件和集成电路纵向结构的重要手段。并且,它与光刻技术相结合,能获得满足各种需要的横向和纵向结构图形。半导体工业利用这种技术制作 PN 结、集成电路中的电阻器、互连线等。

4.2.4 热处理

热处理是指简单地将晶圆加热和冷却来达到特定结果的工艺过程。热处理过程中晶圆上没有增加或减去任何物质,另外,会有一些污染物和水汽从晶圆上蒸发。

热处理主要用途有 3 个:

(1)退火:指在离子注入制程后进行的热处理,温度在 1000℃ 左右,以修复掺杂原子的注入所造成的晶圆损伤。

(2)金属导线在晶圆上制成后对其进行热处理:为确保良好的导电性,金属会在 450℃ 热处理后与晶圆表面紧密熔合。

(3)去除光刻胶:通过加热将晶圆表面的光刻胶溶剂蒸发掉,从而得到准确的图形。

复习思考题

1. 集成电路的电路设计主要内容是什么？
2. 集成电路的工艺设计主要内容是什么？
3. 集成电路的版图设计主要内容是什么？
4. 简要描述集成电路的正向设计和逆向设计流程。
5. 集成电路制造基本工艺主要有哪些？哪种工艺用到光刻胶？
6. 简要介绍光刻和刻蚀基本工艺流程。
7. 热处理的作用是什么？
8. 半导体制造中常用薄膜有哪些？它们通常包含哪几种工艺方法？
9. 为什么说光刻（含刻蚀）是加工集成电路微图形结构的关键工艺技术？
10. 图形转移工序由哪些步骤组成？

第5章 薄膜制备

半导体器件制备过程中要使用多种薄膜，例如：起表面保护、钝化和隔离作用的绝缘介质膜；作为器件工作区的外延膜；实现定域工艺的掩蔽膜；作为电极引线和栅电极的金属膜及多晶硅膜等。

制作薄膜的材料很多，例如：半导体材料有硅和砷化镓；金属材料有金和铝；无机绝缘材料有二氧化硅、磷硅玻璃、氮化硅、三氧化二铝；半绝缘材料有多晶硅和非晶硅等。此外，还有目前广泛应用于生产的聚酰亚胺类有机绝缘树脂材料等。

5.1 CVD 和 PVD

制备薄膜的方法概括起来可分为间接生长法和直接生长法两大类。

间接生长法是指制备薄膜所需要的原子或分子是由含其组元的化合物通过氧化、还原或热分解等化学反应而得到的。这种方法设备简单，容易控制，重复性好，适宜大批量生产，工业上应用广泛，如气相外延、热生长氧化和化学气相淀积等。

直接生长法是指将源直接转移到衬底上形成薄膜，不经过中间化学反应，如液相外延、分子束外延、真空蒸发、溅射和涂敷等。

不论是间接生长法还是直接生长法，集成电路薄膜材料大部分都是由淀积(Deposition)工艺制备形成的。而薄膜制备的源通常都是气态(Vapour)的，因此这些淀积工艺常被称为化学气相淀积 CVD(Chemical Vapour Deposition)或者物理气相淀积 PVD(Physical Vapour Deposition)。从字面上就可以看出，凡是发生化学反应，产生化学变化的淀积，都属于 CVD，大多数薄膜都可以采用 CVD 方法制备，比如多晶硅淀积、氮化硅介质膜淀积、难熔金属膜淀积等；只发生了物理变化而没有化学反应的淀积，属于 PVD，比如蒸金、蒸铝或者溅射工艺等。

5.1.1 CVD

化学气相淀积 CVD(Chemical Vapour Deposition)又称化学气相沉积，是指通过化学反应的方式，利用加热、等离子激励或光辐射等各种能源，在反应器内使气态或蒸汽状态的化学物质在气相或气-固界面上经化学反应形成固态沉积物的技术。简单来说就是将两种或两种以上的气态原材料导入到一个反应室内，然后使它们相互之间发生化学反应，形成一种新的材料，沉积到基片表面上。

CVD 反应式可以写成

$$aA(g) + bB(g) \rightleftharpoons cC(s) + dD(g)$$

即由一个固相(s)和几个气相(g)组成反应式。这些反应往往是可逆的，控制反应条件，正反应进行薄膜生长，逆反应可以对材料表面进行抛光腐蚀，以生长出高质量的薄膜。

CVD 方法有以下优点：

(1) 可以用于各种高纯晶态和非晶态的金属、半导体、化合物薄膜的制备。

(2) 可以有效地控制薄膜的化学成分。

(3) 设备和运转成本低。

(4) 与其他相关工艺具有较好的相容性等。

1. CVD 技术的反应类型

CVD 是建立在化学反应基础上的，用 CVD 法制备特定性能材料薄膜，首先要选定一个合理的沉积反应。用于 CVD 技术的反应类型通常有如下所述 6 种：

(1) 热解反应(Thermal decomposition/dissociation)。

热分解反应是最简单的沉积反应，它利用热分解反应沉积材料，一般在简单的单温区炉中进行。其过程通常是：首先在真空或惰性气氛下将衬底加热到一定温度，然后导入反应气态源物质使之发生热分解，最后在衬底上沉积出所需的固态材料。热解反应可应用于制备金属、半导体以及绝缘材料等薄膜。

如，SiH_4 热解反应沉积多晶硅和非晶硅的反应式为

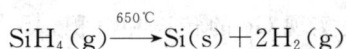

$$SiH_4(g) \xrightarrow{650℃} Si(s) + 2H_2(g)$$

(2) 还原(Reduction)反应。

许多元素的卤化物、羟基化合物、卤氧化物等虽然也可以气态存在，但它们具有相当的热稳定性，需要用适当的还原剂才能将其置换出来。适用于作为还原剂的气态物质 H_2 最容易得到，因而 H_2 是利用得最多的。

如利用 H_2 还原 $SiCl_4$ 制备单晶硅外延层的反应式为

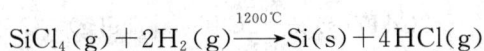

$$SiCl_4(g) + 2H_2(g) \xrightarrow{1200℃} Si(s) + 4HCl(g)$$

各种难熔金属如 W、Mo 等薄膜的制备反应也会用还原反应，即

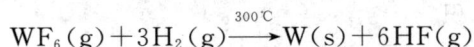

$$WF_6(g) + 3H_2(g) \xrightarrow{300℃} W(s) + 6HF(g)$$

(3) 热氧化(Oxidation)反应。

半导体材料表面的二氧化硅有很多种作用，也有很多种制备方法，可以用淀积法制备，但最常用的是热氧化反应。热氧化反应就是直接在硅片表面通氧气或者含氧原子气体(比如水汽)，消耗体硅以生成氧化膜。后面章节里我们会详细分析。化学气相淀积(CVD)法和热氧化法制备氧化膜示意图如图5-1所示，从图可以看出，利用化学气相淀积工艺生长氧化膜的最大好处是不需要消耗体硅，反应速度也令人满意。

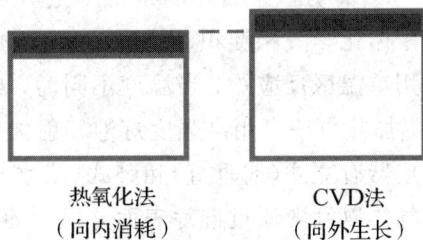

热氧化法（向内消耗）　　CVD法（向外生长）

图 5-1　同样体硅条件下不同方法制备氧化膜示意图

与还原反应相反，利用 O_2 作为氧化剂对 SiH_4 进行的氧化反应式为

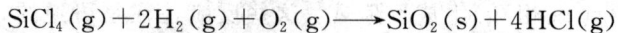

$$SiH_4(g) + O_2(g) \longrightarrow SiO_2(s) + 2H_2(g)$$

$$SiCl_4(g) + 2H_2(g) + O_2(g) \longrightarrow SiO_2(s) + 4HCl(g)$$

这两种方法实现 SiO_2 的沉积，各应用于半导体绝缘层和光导纤维原料的沉积。前者要求低的沉积温度，而后者的沉积温度可以很高，但沉积速度要求较快。

（4）置换（Combination）反应。

只要所需物质的反应先驱物可以气态存在并且具有反应活性，就可以利用化学气相沉积（置换反应）的方法沉积其化合物。如各种碳、氮、硼化物的沉积化学反应式为

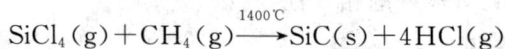

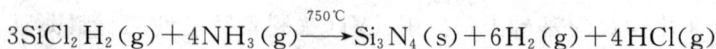

$$SiCl_4(g) + CH_4(g) \xrightarrow{1400℃} SiC(s) + 4HCl(g)$$

$$3SiCl_2H_2(g) + 4NH_3(g) \xrightarrow{750℃} Si_3N_4(s) + 6H_2(g) + 4HCl(g)$$

（5）歧化（Deviation）反应。

某些元素具有多种气态化合物，其稳定性各不相同，外界条件的变化往往可促使一种化合物转变为稳定性较高的另一种化合物。可利用歧化反应实现薄膜的沉积，其化学反应式为

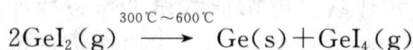

$$2GeI_2(g) \xrightarrow{300℃\sim600℃} Ge(s) + GeI_4(g)$$

在该反应式中，GeI_2 和 GeI_4 中的 Ge 分别是以 +2 价和 +4 价存在的，提高温度有利于 GeI_2 的生成。

可以通过调整反应室的温度实现 Ge 的转移和沉积，具体做法是：在高温（600℃）时让 GeI_4 气体通过 Ge 而形成 GeI_2；在低温（300℃）时让 GeI_2 在衬底上歧化反应生成 Ge。可以形成上述变价卤化物的元素包括 Al、B、Ga、In、Si、Ti、Zr、Be 和 Cr 等。

（6）气相运输（Vapour transportation）。

当某一物质的升华温度不高时，可以利用其升华和冷凝的可逆过程实现其气相沉积，其化学反应式为

$$2CdTe(s) \longrightarrow 2Cd(g) + Te(g)$$

在沉积装置中，处于较高温度 T_1 的 CdTe 发生升华，并被气体夹带输运到处于较低温度 T_2 的衬底上发生冷凝沉积。

2. CVD 常用方法和设备

CVD 方法最常用的是常压化学淀积（APCVD）法、低压化学气相淀积（LPCVD）法和等离子体化学气相淀积（PCVD）法。当淀积过程中气相反应温度与淀积所需温度大致相同时，可用单温区反应炉；当温度不同时，或为提高淀积薄膜均匀性，可用双温区或三温区反应炉。加热方法可用高强度灯泡辐射加热、射频感应加热（冷壁加热）或电阻加热（热壁加热）。反应器有立式（或垂直）和卧式（或水平）两种。在水平反应器中，硅片放在加热基座上，反应气体以高速通过硅片表面并发生淀积反应过程。垂直反应器由垂直放置的钟罩反应室和可以旋转的样品架组成。

不同工作温度条件下所用的反应器也不相同。常压工作的低温（低于 500℃）反应器包括卧式水平气流反应器、旋转垂直气流反应器和适合于大量生产的带有传送带的连续反应器。中等温度（500℃～900℃）和高温（900℃～1300℃）工作的反应器有热壁式反应器和冷

壁式反应器。热壁式反应器通常是管道型的，用于放热淀积过程，避免高温下淀积到反应器壁上；冷壁式反应器通常是钟罩型的，用于吸热淀积过程。目前在 VLSI 工艺中，用得最多的是 LPCVD 法中用的热壁反应器和等离子体淀积工艺中用的热壁反应器及平板反应器。

CVD 反应必须满足 3 个挥发性标准：

(1) 在淀积温度下，反应剂必须具备足够高的蒸汽压，使反应剂以合理的速度引入反应室。如果反应剂在室温下都是气体，则反应装置可以简化；如果在室温下反应剂挥发性很低，则需要用携带气体将反应剂引入反应室，在这种情况下，接反应器的气体管路需要加热，以免反应剂凝聚。

(2) 除淀积物质外，反应产物必须是挥发性的。

(3) 淀积物本身必须具有足够低的蒸汽压，使反应过程中的淀积物留在加热基片上。

表 5-1 列出了几种在器件晶片上淀积薄膜用的典型反应剂及其淀积温度。由表 5-1 可以看出 CVD 淀积的主要反应形式。例如在 VLSI 电路芯片上淀积氧化硅膜的反应可以是热分解有机硅酯，尤其是四乙氧基硅烷 $Si(OC_2H_5)_4$（即熟知的正硅酸乙酯，简称为 TEOS）这种液态化合物在 650℃～750℃ 的温度下受热分解出 SiO_2，或者由硅烷和氧气在 400℃～450℃ 温度下氧化生成 SiO_2，也可以用二氯甲硅烷（$SiCl_2H_2$）和一氧化二氮（N_2O）在 850℃～900℃ 温度下反应生成 SiO_2。

表 5-1　在器件晶片上淀积薄膜用的典型反应剂及其淀积温度

薄膜	反应气体	淀积温度/℃
氧化硅	$SiH_4 + CO_2 + H_2$	850～950
	$SiCl_2H_2 + N_2O$	850～900
	$SiH_4 + N_2O$	750～850
	$SiH_4 + NO$	650～750
	$Si(OC_2H_5)_4$	650～750
	$SiH_4 + O_2$	400～450
氮化硅	$SiH_4 + NH_3$	700～900
	$SiCl_2H_2 + NH_3$	650～750
等离子体氮化硅	$SiH_4 + NH_3$	200～350
	$SiH_4 + N_2$	200～350
等离子体氧化硅	$SiH_4 + N_2O$	200～350
多晶硅	SiH_4	600～650

化学气相淀积的基本过程是：

(1) 反应剂被携带气体引入反应器后，在衬底表面附近形成"边界层"，然后，主气流中的反应剂越过边界层扩散到硅片表面。

(2) 反应剂被吸附在硅片表面，并进行化学反应。

(3) 化学反应生成的固态物质，即所需要的淀积物，在硅片表面成核，生长成薄膜。

(4) 反应后的气相产物离开衬底表面，扩散进边界层，并随输运气体排出反应室。

两个基本因素控制着 CVD 生长膜的淀积速率和均匀性，它们分别是反应气体在晶片表面的质量输运速率和反应气体在晶片表面的反应速率。

当温度较低时，淀积速率由晶片表面的反应速度决定，激活能约为十到数十千卡/克分子，因此，淀积速率随温度的升高而呈指数倍增大。当温度高于某一数值后，淀积速率随温度的升高而几乎不变，激活能在数千卡/克分子以下，可以认为，这时气体中反应剂的质量输运限制着生长速率。薄膜淀积速率也与反应气体压力有关，降低气体压力，气体分子的自由程加长，气相反应中容易生成亚稳态的中间产物，从而降低了反应激活能。因此，在不改变淀积速率的情况下，淀积温度就可以低于常压 CVD 的淀积温度。也由于分子自由程变长，反应气体的质量迁移速率相对于表面反应速率大大增加，这就克服了质量迁移的限制，使淀积薄膜的厚度均匀性提高，也便于采用直插密集方法装片。这样，不仅提高了薄膜的淀积质量，而且提高了生产效率，这就是 LPCVD 技术广泛被人们所接受的原因。

CVD 装置往往包括以下 3 个基本组成部分：一是反应气体和载气的供给和计量装置；二是必要的加热和冷却系统；三是反应产物气体的排出装置。CVD 设备的心脏为其用以进行反应沉积的"反应器"。而 CVD 反应器的种类依其不同的应用与设计难以尽数。按 CVD 的操作压力来分类，CVD 反应器可分为常压 APCVD 与低压 LPCVD；若以反应器的结构来分类，则可以分为水平式、直立式、直桶式、管状式、烘盘式及连续式等；若以反应器器壁的温度控制来分，又可以分为热壁式（Hot wall）与冷壁式（Cold wall）两种；若考虑 CVD 的能量来源及所使用的反应气体种类，可以将 CVD 反应器划分为等离子增强 CVD（Plasma enhanced CVD，或 PECVD），及有机金属 CVD（Metal-organic CVD，MOCVD）等。

采用 CVD 法所得到的薄膜的质量常因生长条件和所用设备的不同而有很大的差别。由于目的不同，有许多结构形式不同的反应器，如图 5-2 所示是最简单的常压 CVD （APCVD）反应器，它实际上是原来的硅外延生长装置。在这种反应器中，为保证薄膜的均匀性，所用输运气体的流量很大，并使晶片基座倾斜，或使炉温分布具有一定的梯度。这样的反应器也可作为硅烷（SiH_4）与氨（NH_3）热分解淀积 Si_3N_4 的装置。如图 5-3 所示是用于淀积 SiO_2 的可连续生产的常压 CVD 反应器。在这种反应器中，样品由传送带送入反应室，反应气体由反应器中心流入，经两股流速很快的氮气稀释后，在样品表面进行反应，且样品通过对流加热。这种反应器的优点是产量高，均匀性好，具有处理大直径晶片的能力。主要缺点是需要大流量的气体，反应器必须经常清洗，以避免晶片受到杂质和尘粒的沾污。

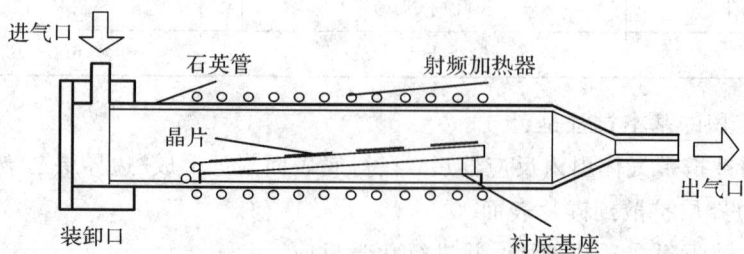

图 5-2　最简单的常压 CVD 反应器

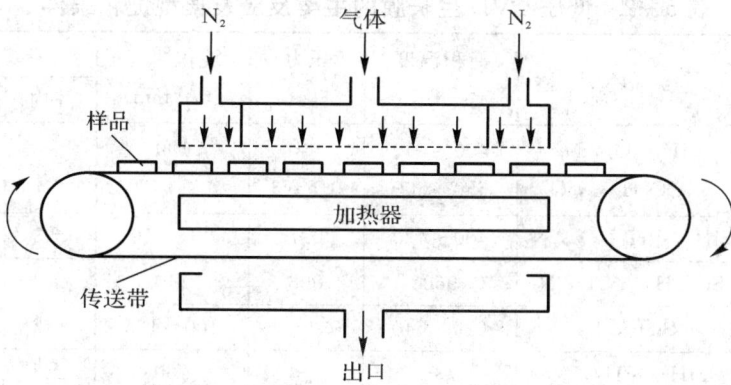

图 5-3 可连续生产的常压 CVD 反应器

低压 CVD(LPCVD)是 1973 年开始发展起来的一种很有前途的 CVD 技术。LPCVD 法的主要特点是：薄膜厚度均匀性好；台阶覆盖性好；可以精确控制薄膜的成分和结构；淀积过程要求为低温；淀积速率快；生产效率高；生产成本低。LPCVD 法的这些优点正好弥补了常压 CVD 法生产效率低、厚度均匀性差(一般不优于±10%)的不足。因此 LPCVD 在 VLSI 制造中得到广泛应用。如图 5-4 所示是 LPCVD 系统简图。

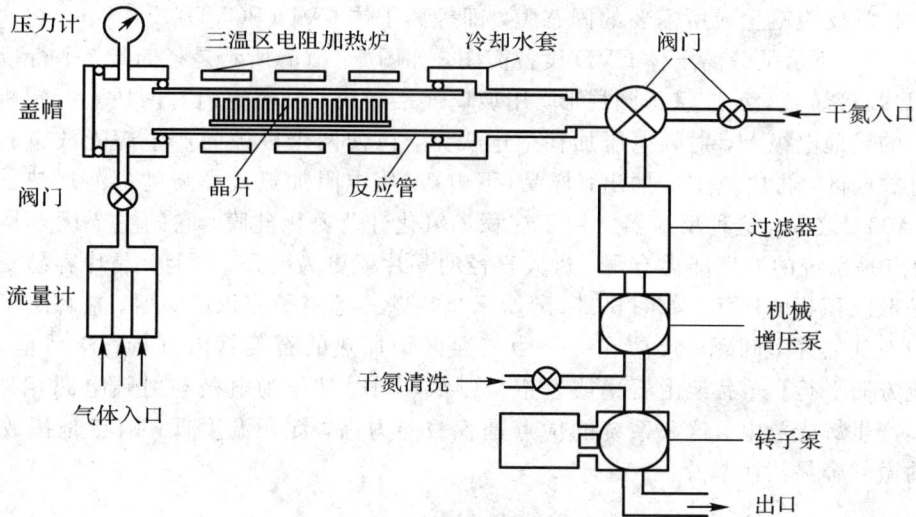

图 5-4 LPCVD 系统简图

LPCVD 使用的是电阻加热的热壁反应器。在 LPCVD 反应器中，因降低反应器压力(典型值为 0.25～2Torr)而增加了反应气体分子的自由程，改善了薄膜的均匀性，而且，硅片可以密集排列(硅片间空隙为 3～5 mm)，这样，每炉的装片量可达 100～200 片，并能装载大直径硅片，因而大大地提高了生产率，降低了生产成本。此外，由于反应室内没有携带气体，减少了微粒沾污。

用 LPCVD 技术淀积且已用于 VLSI 工艺的薄膜材料有多晶硅、外延单晶硅、氮化硅、氧化硅、PSG、氧化铝以及某些金属膜。如表 5-2 所示是低压 CVD 生长膜的主要反应及典型淀积条件，由表可以看出 LPCVD 的优点。但是在低温(400℃以下)下，用 LPCVD 淀积的 SiO_2 及其掺杂膜的均匀性及针孔密度很难做得比常压 CVD 好，这是 LPCVD 技术的最大弱点。

表 5 - 2　低压 CVD 生长膜的主要反应及典型淀积条件

薄膜	气体	淀积温度 /℃	压力 /Torr	淀积速度 /(Å/min)	厚度均匀性(%)		
					片内	片间	批间
未掺杂 SiO_2	SiH_4，O_2，N_2 $Si(OC_3H_5)_4$，O_2	400～430 650～800	1 0.5～3	100	—	—	—
掺杂 SiO_2(PSG)	SiH_4，PH_3，O_2，N_2	400～430	0.7	90～110	±3	±5	±7
高温未掺杂 SiO_2	$SiCl_2H_2$，N_2O，N_2	960	0.8	140	±3	±4	±4
未掺杂多晶硅	SiH_4，N_2	610～640	0.1～1	100～125	±2	±3	±3
掺杂多晶硅	SiH_4，PH_3，N_2	730	—	200	±3	±5	±7
氮化硅	$SiCl_2H_2$，NH_3，N_2	740～800	0.5	40～65	±2	±3	±3

　　给低压系统中的气体加上高频电场，则气体中存在的少量电子很容易得到 $10～20eV$ 的能量，这种加速的电子与原子或分子碰撞时，就能将原子轨道或分子轨道撞断，产生新的电子、离子、游离基等不稳定的化学活性物质，它们再受到电场的加速，又能离解其他的原子或分子，这样，系统中的气体就立即处于高度电离状态，即形成所谓等离子体，并产生辉光。在等离子体反应器中，反应气体被加速电子撞击而离化，形成不同的活性基团，它们之间发生化学反应就生成所需要的固态膜，即等离子体 CVD(PCVD)。

　　如图 5-5 所示是等离子体 CVD 设备简图，如图 5-5(a) 所示是径向流、平行板式等离子体 CVD 反应装置，反应室为圆柱形，用玻璃或铝制成，反应室内有两块平行铝板，样品放在下面的接地电极上，射频电压加在上电极上，以使两个极板间产生辉光放电；气体径向地通过放电区，再由真空泵抽出；样品（下电极）用电阻加热或高强度灯泡加热，温度在 $100℃～400℃$ 之间。这种反应器常用于淀积二氧化硅及氮化硅膜。它的主要优点是淀积温度低；缺点是系统的处理能力有限，对大直径的晶片就更为明显，而且，晶片容易受到反应器壁的松散沉积物的沾污。如图 5-5(b) 所示是热壁式等离子淀积反应器，它解决了径向流反应器中遇到的许多问题。反应在一个由三温区炉加热的石英管内进行；样品垂直排列，且与气流方向平行；样品架由石墨或者铝板制成，同时又作为电极与射频电源相连，以在电极之间产生辉光放电。这一系统的优点是容载能力高，淀积温度低；缺点是按放电极时所造成的微粒容易沾污晶片。

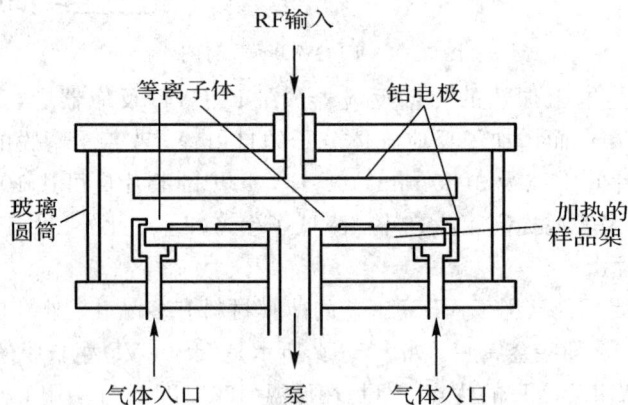

(a) 径向流、平行板式等离子体CVD反应装置

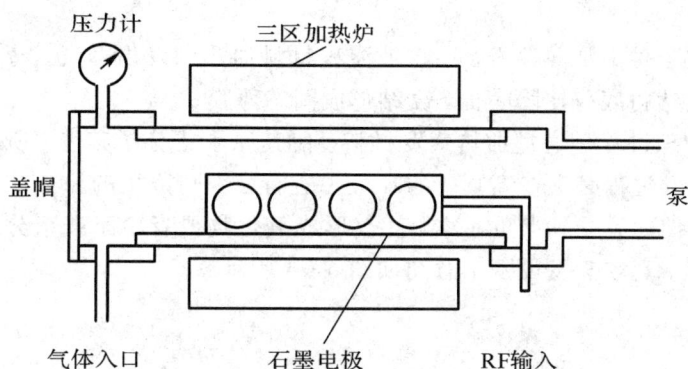

(b) 热壁式等离子淀积反应器

图 5-5 等离子体 CVD 设备简图

等离子 CVD 最重要的特征是能在更低的温度(100℃~350℃)下淀积出高性能的薄膜,例如用 SiH_4 和 N_2 或 NH_3 反应生成的 $Si_xN_yH_z$。此外,等离子体 CVD 还可以淀积多种薄膜,其中包括氧化硅,氮氧化硅,氧化铝和非晶硅。

由以上讨论可知,低压 CVD 法比常压 CVD 法有更多的优点,但在低温条件下,必须用等离子体 CVD 技术,以获得器件的最终钝化膜。如表 5-3 所示是几种方法的淀积条件,淀积能力,薄膜性能及其应用的比较。

表 5-3 几种 CVD 方法的比较

性能	淀积方法			
	APCVD	低温 LPCVD	中温 LPCVD	PCVD
淀积温度/℃	300~500	300~500	500~900	100~350
压力/Torr	760	0.2~2	0.2~2	0.1~2
淀积膜	SiO_2、PSG	SiO_2、PSG	多晶硅、SiO_2、PSG、Si_3N_4	Si_3N_4、SiO_2
薄膜性能	好	好	很好	差
台阶覆盖性	差	差	保角	差
低温性	低温	低温	中温	低温
生产效率	高	高	高	低
主要应用	钝化、绝缘	钝化、绝缘	栅材料、绝缘、钝化	钝化、绝缘

5.1.2 PVD

PVD 即物理气相淀积(Physics Vapour Deposition),指的是利用某种物理过程实现物质的转移,即原子或分子由源转移到衬底(硅)表面上,并淀积形成薄膜。PVD 过程没有化学反应发生。

PVD 利用金属材料的物理变化在半导体表面淀积成膜,一般用于淀积普通金属膜,铝、金和熔断丝金属也都通过这个技术来淀积。常用的 PVD 方法包括蒸发和溅射。

1. 蒸发

蒸发是指真空条件下加热蒸发源，将被淀积材料加热到发出蒸气，蒸气原子以直线运动方式通过腔体到达衬底（硅片）表面，凝结形成固态薄膜。

蒸发的主要物理过程是通过加热蒸发材料，使其原子或分子蒸发，所以又称真空蒸发或热蒸发。真空蒸发过程必须在高真空的环境中进行，否则蒸发的原子或分子与大量残余气体分子碰撞，将使薄膜受到严重污染，甚至形成氧化物或者由于残余分子的阻挡难以形成均匀连续的薄膜。真空蒸发设备示意图如图5-6所示。

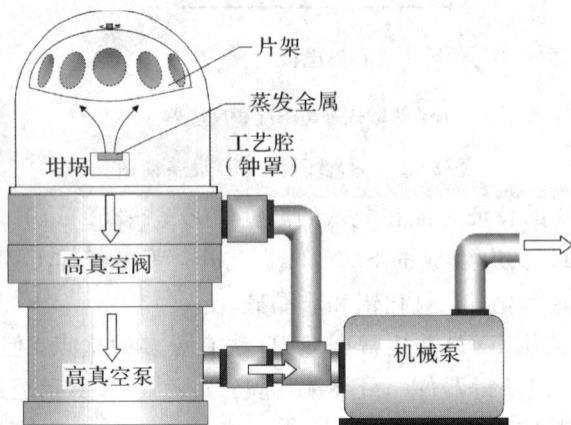

图5-6　真空蒸发设备示意图

真空反应室是一个钟形的石英容器或不锈钢密封容器。在反应室内部有金属蒸发装置、晶片夹持装置、遮挡板、淀积厚度与速率监控器和加热器等，示意图如图5-7所示。反应室与真空泵相连。

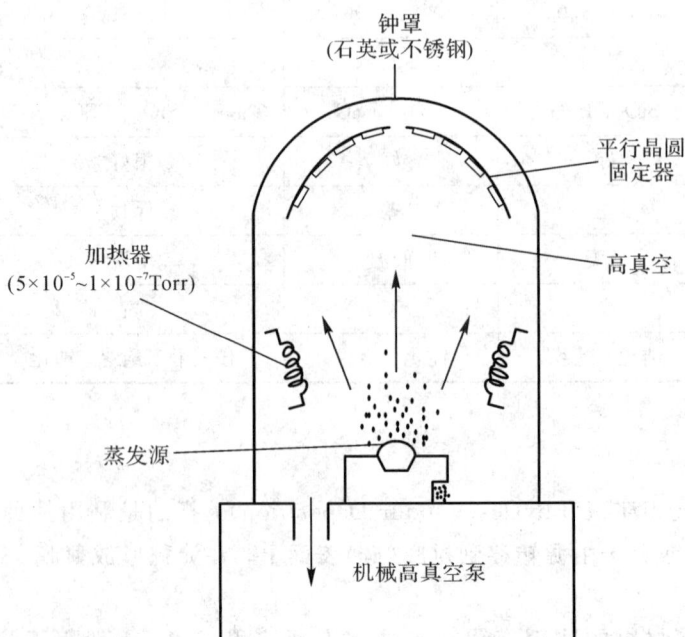

图5-7　真空反应室

　　真空环境是由一套真空系统实现的，主要包括前级泵和高真空泵。前级泵主要是机械泵和罗茨泵等，用来对真空室进行粗抽；高真空泵主要有涡轮分子泵和冷泵等，用来实现真空室的高真空状态。

　　片架用来放置硅片，一般可以放置数十片，所以蒸发工艺可以对硅片进行批量加工。片架的旋转方式主要是片架的"公转"加硅片的"自转"，两种方式同时工作，在硅片上形成厚度均匀的金属薄膜，并改善其台阶覆盖能力。片架及腔室内部如图 5-8 所示。

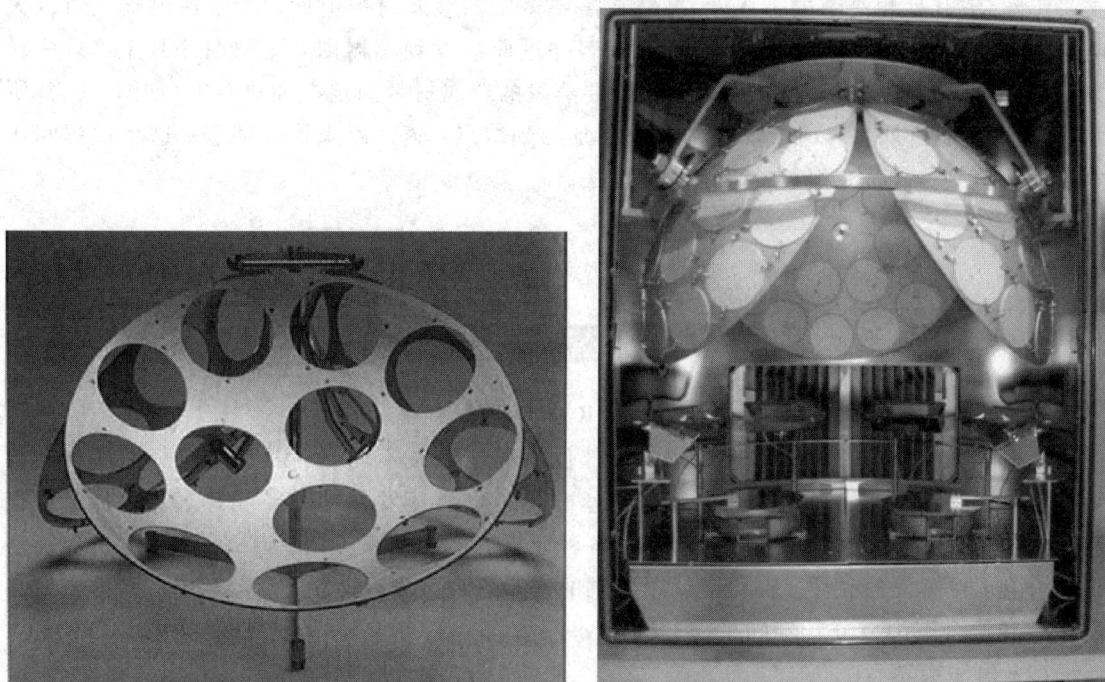

图 5-8　片架及腔室内部

　　加热蒸发系统（如图 5-9 所示）包括放置蒸发源的装置，以及加热和测温装置。

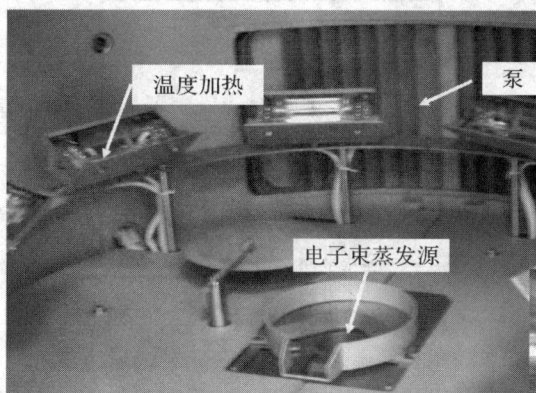

图 5-9　加热蒸发系统

　　在介绍各种金属蒸发的工艺之前，先来系统地介绍一下蒸发的基本原理。我们都很熟悉液体从烧杯中蒸发的情况，这种情况之所以会发生是因为在液体中有足够热能使液体分子能够逸入空气中，一段时间之后，它们中的一部分就停留在空气中，我们就称这种情况为蒸发。对固体金属来说，这样相同的蒸发过程也能够实现。这就需要将金属加热到液体状态以便于金属分子或原子蒸发进入周围的空气中。目前有3种利用真空系统进行金属蒸发的方法，它们分别是灯丝蒸发、电子束蒸发和快速电炉蒸发。

（1）灯丝蒸发。

灯丝蒸发也即电阻加热蒸发，主要用于某些易熔化、气化材料的蒸镀。具体方法为：首先将钨丝（或其他耐高温的金属丝）缠绕在需要蒸发的金属材料上面，然后在钨丝上通以大电流，最后钨丝发热将淀积金属加热到液态并进而蒸发到容器内，淀积在晶片上。另一种方式是将难熔金属（如钨）制成舟状，将需要蒸发的金属材料固定在加热舟上（如图5-10所示），当电流通过加热舟时金属材料被不断加热到熔点，蒸发出来形成薄膜。这个过程叫作电阻加热蒸发。背面淀积金就采用这种方法。

图5-10　灯丝蒸发

灯丝蒸发的缺点在于：由于灯丝各个部位的温度分布不均匀，因此灯丝蒸发很难做到精确控制，而且源金属材料的污染物或灯丝的元素也会蒸发并淀积在晶片表面。合金就很难用这个方法淀积，因为在给定温度时，各种元素的蒸发速率不同。当一种合金，例如镍铬耐热合金，在蒸发的时候，镍和铬就以不同的速率各自蒸发，这样的话，淀积在晶片上的膜层成分和源金属的成分就不同了。

（2）电子束蒸发。

电子束蒸发装置由发射高速电子束的电子枪和使电子轨道弯曲的磁场所组成，如图5-11所示。

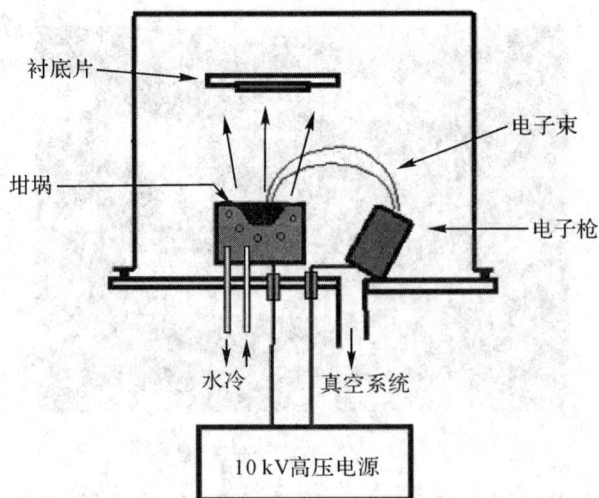

图5-11　电子束蒸发

灯丝为电子束提供大约 1A 数量级的电流。电子束通过 10 kV 的电压（典型值）加速，再经磁场作用偏转后，射向待蒸衬底表面，用磁场使电子束轨道弯曲，可使来自灯丝的杂质受到屏蔽，不致正向衬底表面，示意图如图 5-12 所示。电子束应扫描熔融源的表面，使淀积薄膜均匀，否则，由于熔融源里会形成空洞，可能发生不均匀淀积。

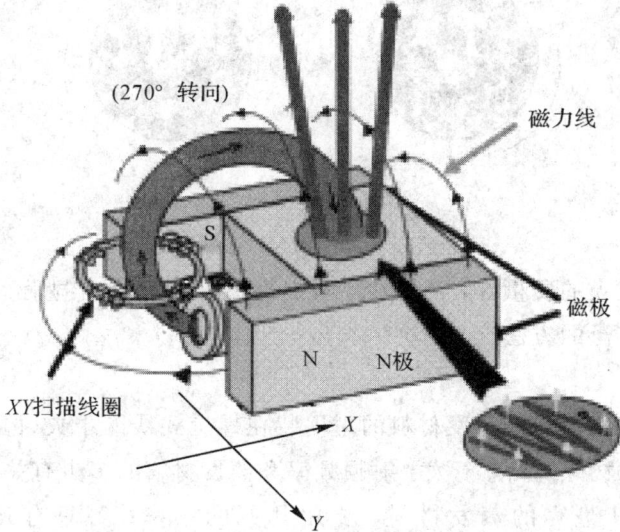

图 5-12 电子束蒸发示意图

使用较多的源可在不打开真空室重新加料的情况下淀积较厚的薄膜。若真空室有多个源，可在不打开真空室的情况下连续淀积多种薄膜，或者使用多个蒸发源同时蒸发，形成合金薄膜。

电子束蒸发可用于蒸发 Al 及其合金，还可用于其他元素，如 Si、Pd、Au、Ti、Mo、Pt、W 等，以及 Al_2O_3 之类的介质层。

电子束蒸发产生的电离辐射将导致衬底表面损伤，影响器件性能，因此蒸发后需要进行退火处理。并且，使用功率过高时，金属蒸气微滴可能会沉积在衬底上。

电子束蒸发的优点是：

① 可在蒸发料上直接加热，而盛蒸发料的容器是冷的，避免了容器材料与蒸发料之间的反应和容器材料不必要的蒸发，可实现高纯度薄膜的淀积。

② 可以蒸发难熔金属。电子束蒸发可以使熔点高达 3000 ℃ 以上的材料蒸发。

③ 热效率高。由于加热的只是蒸发料，因此蒸发时的热辐射减少了。

对于任何一种金属淀积系统来说，其中的一个主要目的都是为了要获得良好的阶梯覆盖。这对真空蒸发来说是一个挑战，因为本质上来说它们所用的蒸发源都是点蒸发源。这样一个不可避免的问题就产生了：从点蒸发源蒸发上来的蒸发材料会被晶片表面的阶梯遮蔽，造成晶片表面氧化物上凹孔的一个侧面淀积的金属很薄，甚至形成孔洞。因此有人使用行星状的晶片夹持装置夹持晶片"圆顶"使之在反应室中旋转来保证均匀的膜厚（如图 5-13所示）。容器内的石英加热器通过保持晶片表面的原子活动性来增加阶梯覆盖度，同时通过蒸发材料的毛细活动填充阶梯的各个角落。

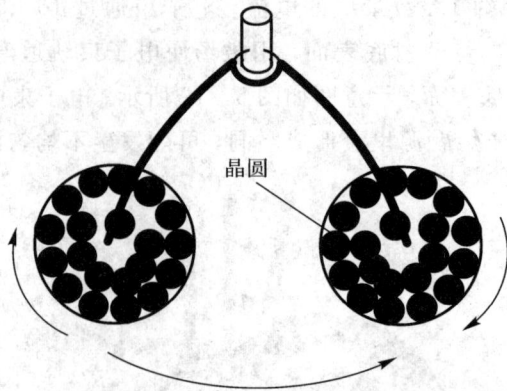

图 5-13　行星状的晶片夹持装置

由于电子束蒸发膜的质量好，沾污少，对提高器件可靠性有显著效果，因此它是真空蒸发镀膜中使用最广泛的方法。

（3）感应加热蒸发。

感应加热蒸发是指将装有蒸发材料的坩埚装在螺旋式线圈中央（但不接触），在线圈中通以高频电流，使蒸发材料加热蒸发。射频频率和蒸发材料的多少有关，蒸发材料少，则频率要高。一块只有几毫克的蒸发材料，要用几兆的频率；若只有几克重，则用 10 ～ 500 kHz 频率即可。

该方法可以淀积低铝合金以及其他适合于用坩埚的金属，还可以蒸发非金属材料。同电子束相比，感应加热源的优点是没有离子辐射损伤，低温烧结可使 Al 膜与衬底形成欧姆接触。其缺点同电子束蒸发一样，过多的加热材料也可能引起熔融态的液滴溅在衬底上。

感应加热蒸发的基本步骤和过程为：

① 装片抽真空。将清洗干净的硅片装入反应室，前级泵先对真空反应室进行粗抽，再由高真空泵继续抽真空直到反应室达到预期的真空度。

② 烘烤。对衬底进行加热，去除表面水汽等。

③ 蒸发镀膜。

④ 降温后取片。

通常用石英晶体速率指示仪测量蒸发膜的淀积速率。此指示仪是一个谐振器板，当晶体顶部有材料蒸发淀积，所外加的质量将使石英晶体谐振频率偏移，由测得的频率偏移量即可得出淀积速率。

2. 溅射

在超大规模集成电路（VLSI）中，金属薄膜要能填充一定高深宽比的孔，并且要能产生等角的台阶覆盖。然而由于蒸发最大的缺点就是不能产生均匀的台阶覆盖，因此在现代 VLSI 生产中，蒸发逐渐被溅射淘汰。

溅射是指具有一定能量的入射粒子在对固体表面进行轰击时，入射粒子在与固体表面原子的碰撞过程中将发生能量和动量的转移，并可能将固体表面的原子溅射出来的一种现象。其工作原理示意图如图 5-14 所示。1852 年 William Robert Grove 爵士第一次阐明了溅射工艺。溅射几乎可以在任何衬底上淀积任何材料，广泛应用在人造珠宝涂层以及镜头和眼镜的光学涂层的制造。溅射与蒸发一样都在真空下进行。溅射也是一个物理过程，但是它对工作时的真空度不像蒸发要求那么高，通入氩气前后反应室压力分别是 10^{-7} Torr 和 10^{-3} Torr（1 Torr＝133 Pa）。

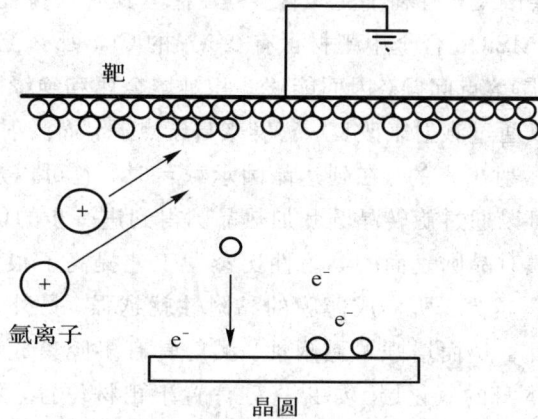

图 5-14　溅射工艺的原理示意图

在真空反应室中，由镀膜所需的金属构成的固态厚板被称为靶材（Target），它是电接地的。高纯靶材料（纯度在 99.999％以上）平板接地极称为阴极，衬底（硅片）具有正电势，称为阳极。首先将氩气充入室内，在高压电场作用下，真空腔内的氩气经过辉光放电后产生高密度的阳离子（Ar^+），然后 Ar^+ 被强烈吸引到靶材的阴极并以高速轰击靶材，使靶原子溅射出来，在靶材上就会出现动量转移现象（Momentum transfer）。正如桌球的球杆把能量传递到桌球使它们分散一样，氩离子轰击靶材引起其上的原子分散。被氩离子从靶材上轰击出的原子和分子进入反应室，被轰击出的原子或分子散布在反应室中，其中一部分渐渐地停落在晶圆上，这就是溅射过程。典型溅射工艺设备结构如图 5-15 所示。

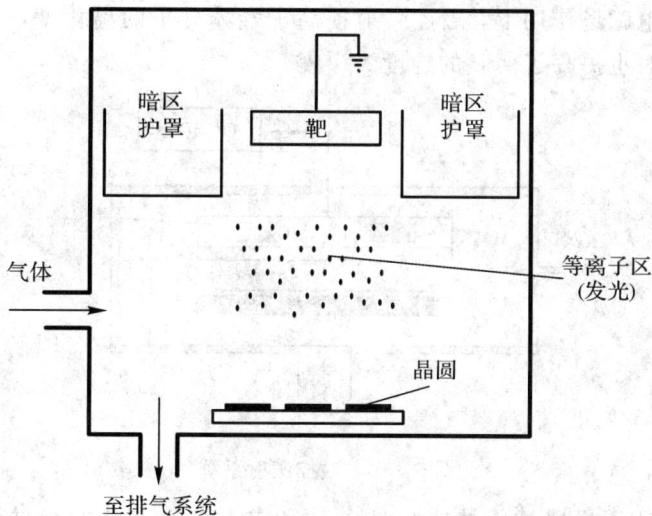

图 5-15　典型溅射工艺设备结构

氩被用作溅射离子，是因为它相对较重而且化学上是惰性气体，这避免了它和生长的薄膜或靶材发生化学反应。溅射工艺的主要特征是淀积在晶圆上的靶材不发生化学或合成变化。

溅射相对于真空蒸发优点很多，具体有：

（1）靶材的成分不会改变，有利于淀积合金膜，甚至具有保持复杂合金原组分的能力。比如我们最常用的溅射 AlSiCu 合金中靶材含有 0.5% 的 Cu，那么淀积的薄膜也含有 0.5% 的 Cu。溅射不需考虑金属熔点问题，因而能够淀积难熔金属和绝缘膜。

（2）阶梯覆盖度可以通过溅射来改良。蒸发来自于点源，而溅射来自平面源。溅射时金属微粒是从靶材各个点溅射出来的，在到达晶圆承载台时，它可以从各个角度覆盖晶圆表面。另外阶梯覆盖度还可以通过旋转晶圆和加热晶圆得到进一步的优化。

（3）溅射形成的薄膜对晶圆表面的黏附性比蒸发工艺提高了很多。溅射轰击出的原子在到达晶圆表面时的能量越高，所形成薄膜的黏附性就越强。另外，反应室中的等离子环境有清洁晶圆表面的作用，从而增强了黏附性。溅射具有多腔集成设备，能够在淀积金属前清除硅片表面沾污和本身的氧化层。如果将硅片置于靶材位置，那么溅射系统就可起到清洗和刻蚀的作用。在淀积薄膜之前，将晶圆承载台停止运动，对晶圆表面溅射一小段时间，可以提高黏附性和表面洁净度。

（4）通过调节溅射参数（压力、薄膜淀积速率和靶材）可控制薄膜特性。通过多种靶材的排列，一种工艺就可以溅射出像三明治一样的多层结构。

溅射方式有直流溅射、射频溅射、磁控溅射、反应溅射、离子束溅射和偏压溅射等。其中磁控溅射是现在使用最广泛的溅射方法。磁控溅射（如图 5-16 所示）就是在靶材后面安装磁体，以俘获并限制电子在靶前面的活动。将磁铁装在靶后，由于阴极表面存在极强的磁场，电子受洛伦兹力的作用而被限制在阴极面上一个较窄的阴影区内进行螺旋运动，提高了与气体分子的碰撞次数，增加了等离子体的密度，从而提高了溅射速率。磁控溅射时从阴极表面反射的二次电子由于受到磁场的束缚而不再轰击硅片，避免了硅片的升温及器件特性的退化。在电磁场作用下，磁控溅射提高了气体分子的离化度，所以其在较低的气压下就可工作，同时也提高了薄膜的纯度。

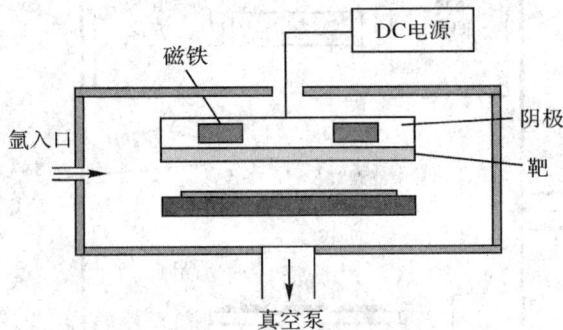

图 5-16   磁控溅射系统

靶材因离子轰击而慢慢被侵蚀，当大约 50% 或再多一点儿的靶材被侵蚀掉时就应换靶材。

5.2 氧化工艺

5.2.1 氧化层的用途

集成电路制造工艺常常需要在硅或其他衬底上生长一层二氧化硅膜。硅是半导体材料，二氧化硅却是绝缘材料，因此可以用二氧化硅来处理硅表面，即用二氧化硅作为表面钝化层、掺杂阻挡层、表面绝缘层，以及器件中的绝缘部分。

在有氧化剂及逐步升温条件下，经过特定方法，在光洁的硅表面上生成高纯度二氧化硅的工艺过程称为氧化工艺或热氧化工艺。

硅暴露在空气中，即使在室温条件下，表面也能长成一层 40Å 左右的氧化膜（二氧化硅膜）。这一层氧化膜相当致密，同时又能阻止硅表面继续被氧原子所氧化，而且还具有极稳定的化学性和绝缘性。经研究表明，硅氧化膜除具有上述特点之外，还能对某些杂质起到掩蔽作用（即杂质在二氧化硅中的扩散系数非常小），从而可以实现选择性扩散。二氧化硅的制备与光刻、扩散的结合，推动了硅平面工艺及集成电路的发展。

1. 表面钝化层

SiO_2 膜硬度高，密度高，可防止表面划伤，并且对环境中的污染物起到了很好的屏障作用，一些可移动离子污染物也可被禁锢在 SiO_2 膜中。但是，钝化的前提是膜层的质量要好，如果二氧化硅膜中含有大量钠离子或针孔，非但不能起钝化作用，反而会造成器件不稳定。

2. 掺杂阻挡层

在掺杂工艺中，在 SiO_2 膜被蚀掉的特定区域内，特定的掺杂物会进入绝缘表面，而覆盖 SiO_2 膜的硅表面却得不到掺杂物，这是因为掺杂物在 SiO_2 里的运行速度低于在 Si 中的运行速度。当掺杂物在硅中穿行达到所要求的深度时，其实它在 SiO_2 里只走了很短的路径。所以，只要有一层相对薄的 SiO_2 就可以阻挡掺杂物进入 Si 表面。

以硼扩散为例，一定浓度的 B_2O_3 向硅体扩散的同时，也向二氧化硅表面进行扩散。B_2O_3 进入二氧化硅以后，被电离并将氧离子释放到二氧化硅网格体中，硼原子则占据网格体中的硅原子位置，使二氧化硅表面形成硼硅玻璃层。但是，由于硼在二氧化硅中的扩散系数远远小于在硅中的扩散系数，所以当硼在硅中已经形成 PN 结时，硼在二氧化硅中的扩散深度却很小（无法穿透二氧化硅膜层）。这样，二氧化硅膜就保护了硼杂质的扩散，起到了掩蔽作用。

但是，这种掩蔽作用是有条件限制的。随着温度的升高和扩散时间的延长，杂质也有可能会扩散穿透二氧化硅膜层，使掩蔽作用失效。因此，二氧化硅膜起掩蔽作用有两个先决条件：一是二氧化硅膜要有足够厚度，以确保其在扩散时能达到预想效果；二是所选杂质在二氧化硅中的扩散系数要比在硅中的扩散系数小得多。

3. 表面绝缘层

SiO_2 不导电，电阻率高达 $10^{15}\Omega \cdot cm$，是很好的绝缘体，而它的热膨胀系数与硅相近，在加热或冷却时，晶圆不会弯曲，使硅片在热处理过程中产生的翘曲最小，所以 SiO_2 膜也常用作为场氧化层或绝缘材料。

SiO_2 是一种坚硬无孔的材料，可用来有效隔离硅表面的有源器件。通常在晶体管与晶体管之间的区域热生长一层厚厚的 SiO_2 隔离层，称为硅局部氧化隔离 LOCOS（Local

Oxidation of Silicon)技术。用 SiO_2 做隔离层还有一种浅槽隔离工艺 STI(Shallow Trench Insulation)(如图 5-17 所示),通过器件之间淀积氧化膜形成介质层。STI 方法应用于较为先进的 CMOS 工艺制程中,在有源器件的周围形成绝缘侧壁隔离。浅槽隔离利用高度各向异性反应离子刻蚀在表面切出了一个几乎垂直的凹槽,该凹槽的侧壁被氧化,然后淀积多晶硅填满凹槽的剩余部分。

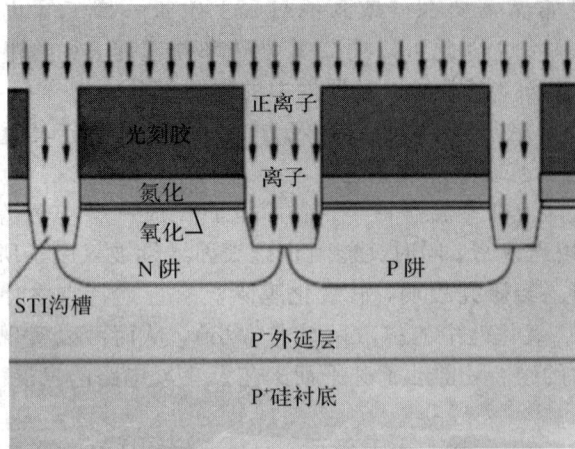

图 5-17　浅槽隔离工艺

4. 器件中的绝缘材料

在 MOS 晶体管中,常常以二氧化硅膜作为绝缘材料,比如栅氧和场氧(如图 5-18 所示)。二氧化硅层的电阻率高,介电强度大,几乎不存在漏电流。但要作为绝缘栅极则要求极高,因为 Si-SiO_2 界面十分敏感(指电学性能)。如果二氧化硅层质量不好,则这样的绝缘栅极就不是良好的半导体器件。

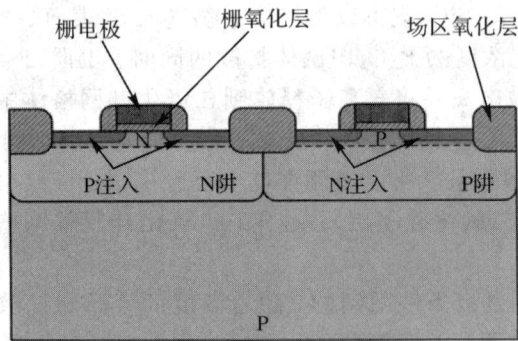

图 5-18　栅氧和场氧

集成电路中的电容器是以二氧化硅作为介质的,因为二氧化硅的介电常数为 3~4,击穿耐压较高,电容温度系数小,这些性能决定了二氧化硅是一种优质的电容器介质材料。另外,生长二氧化硅方法很简单,集成电路中的电容器都是以二氧化硅来制备的。如二氧化硅厚度为 800~1000Å 时,电容量可达到 3000~4000 $\mu F/cm^2$。

5.2.2　氧化的机理和特点

二氧化硅的制备方法有许多种,如热氧化、CVD、热分解、溅射、真空蒸发、阳极氧化和等离子体氧化等。各种制备方法各有特点，不过，热氧化是这些方法中应用最为广泛的。这是由于它具有工艺简单、操作方便、氧化膜质量最佳、膜的稳定性和可靠性好等优点，另外它还能降低表面悬挂键，从而使表面态势密度减小，可很好地控制界面陷阱和固定电荷。

硅的热氧化是指在高温下，硅经氧化生成二氧化硅的过程。硅的热氧化的温度一般在 750℃～1100℃。

硅与氧发生反应的方程式为

$$Si + O_2 \xrightarrow{\triangle} SiO_2$$

硅的氧化反应发生在 Si-SiO₂ 界面。因此，热氧化反应生成一定厚度的氧化膜过程分为线性阶段和抛物线阶段两个阶段，如图 5-19 所示。

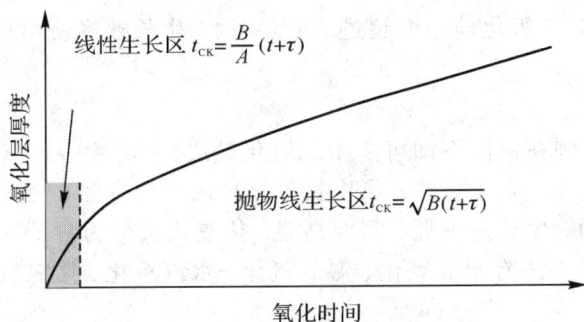

B/A—线性速率系数；B—抛物线速率系数

图 5-19　热氧化生长的两个阶段

1. 线性阶段

晶圆表面纯净的硅材料暴露在氧气环境中，氧原子与硅原子结合生成 SiO₂，这一阶段是线性的。在这个阶段的每个单位时间里，SiO₂ 生长量是一定的，大约长到 500Å 以后，线性生长率达到极限，进入抛物线生长阶段。

2. 抛物线阶段

硅表面形成的 SiO₂ 膜层阻挡了氧与硅原子的接触，为了继续生长，必须使氧通过现存的氧化层进入硅表面（称为扩散），即 SiO₂ 从硅表面消耗硅原子，从氧化层进入硅表面。随着膜层加厚，扩散的氧必须移动更多路程才能到达晶圆，生长速率变慢，于是氧化膜厚度、生长率及时间的数学关系呈现出抛物线关系。

线性数学表达式为

$$X = \frac{B}{At}$$

抛物线数学表达式为

$$X = \sqrt{Bt}$$

其中：B/A——线性速率系数；B——抛物线速率系数；t——氧化时间。

通常来说，小于 1000Å 的氧化受控于线性机制，这是 MOS 栅极氧化的范围。

抛物线关系反应生长出厚氧化层比生长出薄氧化层需要更多的时间。例如在 1200Å 的干氧反应中，生长 2000Å 厚的膜需 6 min，而生长 4000Å 厚的膜则需要 220 min，这实在太漫长了。加速氧化的方法是用 H₂O（水蒸气）来代替氧作为氧化剂，化学反应式为

$$Si + 2H_2O \xrightarrow{\triangle} SiO_2 + 2H_2 \uparrow$$

　　水在氧化反应的温度时是以水蒸气的形态存在的，因此这种氧化称为蒸汽氧化或水汽氧化。而把只有氧气参与的氧化称为干氧氧化。湿氧氧化则既有干氧氧化又有水汽氧化两种氧化模式。由于湿氧氧化还产生 H_2，当 H_2 陷在 SiO_2 膜里时，SiO_2 膜的密度比干氧氧化时低，但经过在惰性气体中进行加热后，两者在结构和性能上就非常相似了。

　　不管哪种热氧化方法，其生长机理是相同的。硅与氧经化学反应后形成具有 4 个 Si–O 键的 Si–O 四面体，它们是硅热氧化的基础。硅表面上如果没有氧化层，则氧或水汽可以直接与硅生成二氧化硅。生长速率由表面化学反应的快慢来决定。当硅表面已经生长了一层氧化层以后，氧或水汽必须以扩散的方式运动到 Si–SiO_2 界面，再与硅反应生成二氧化硅。因此，随着二氧化硅层的增厚，其生长速率就下降了。在这种情况下，生长速率将由氧化及通过二氧化硅层的扩散速率来决定。经实验表明，对于干氧氧化，当二氧化硅厚度超过 40Å（对于湿氧氧化，二氧化硅厚度超过 1000Å）时，生长速率就由扩散速率来决定了。

5.2.3　氧化工艺

　　硅暴露在空气中，则在室温下即可产生二氧化硅层，厚度约为 250Å。如果需要得到更厚的氧化层，必须在氧气气氛中加热。热生长氧化法优点为致密、纯度高、膜厚均匀等；缺点为需要暴露的硅表面、生长速率低、需要高温。热氧化又分为常压氧化和高压氧化。

　　热氧化工艺常用的方法有干氧氧化、湿氧氧化、水汽氧化、掺氯氧化和氢氧合成法等。

1. 干氧氧化

干氧氧化是指在高温下，氧与硅反应生成二氧化硅，其反应式为

$$Si + O_2 \xrightarrow{\text{高温}} SiO_2$$

　　干氧氧化的氧化温度为 900℃～1200℃，氧气流量为 1 ml/s 左右。为了防止氧化炉外部气体对氧化的影响，一般要求氧化炉内气体压力稍高于炉外气压。

　　干氧氧化温度很高，而且时间又长。氧化层厚度与时间的关系是抛物线规律，如图 5–20 所示。

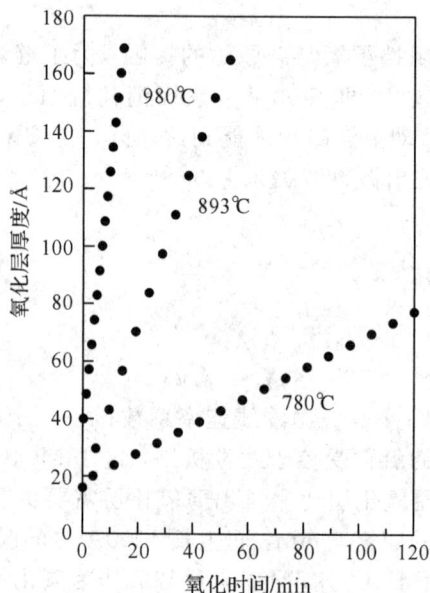

图 5–20　硅干氧氧化层厚度与时间的关系

从图 5-20 可以看出：在同一温度下，二氧化硅层厚度随时间增加而增大；在同一时间下，温度越高，二氧化硅层越厚。

例如，当氧化温度为 1200 Å，氧化时间为 60 min 时，氧化层厚度约为 1930 Å，可以计算出 $C=6.2\times10^{-4}\mu m^2/min$，$C$ 为氧化速率常数。

由此可以看出，氧化速率主要受氧原子在二氧化硅中扩散系数影响。温度越高，氧原子在二氧化硅中的扩散也越快，氧化速率常数 C 也就越大，二氧化硅层也越厚。当温度低于 700℃ 时，氧原子和硅原子的反应速率十分低，这时的生长速率主要取决于反应速率。所以，二氧化硅层长得很慢，其厚度与时间为线性关系。

2. 水汽氧化

水汽氧化是指在高温下，硅与高纯水产生的蒸汽反应生成二氧化硅，反应式为

$$Si+2H_2O \xrightarrow{\text{高温}} SiO_2+2H_2\uparrow$$

从反应式可以看出，每生成一个二氧化硅分子，需要两个水分子，同时产生两个氢气分子。产生的氢气分子沿 SiO_2-Si 界面（或者以扩散方式）通过 SiO_2 薄层。

实际上，水汽氧化的过程是十分复杂的，一般认为是按下面方式进行的，即

$$H_2O+Si-O-Si \longrightarrow Si-OH+HO-Si$$

因为部分桥联氧转化为非桥联羟基，所以使得二氧化硅结构变化很大。生成的羟基再通过二氧化硅层扩散到 SiO_2-Si 界面处，并和硅反应生成 Si-O 四面体和氢气，这个反应过程为

$$2(Si-OH)+2(Si-Si) \longrightarrow 2(Si-O-Si)+H_2\uparrow$$

随后生成的氢气以扩散方式通过二氧化硅层离开时，其中一部分氢同二氧化硅网格中的桥联氧反应生成羟基，反应式为

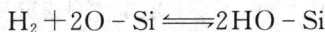

$$H_2+2O-Si \Longleftrightarrow 2HO-Si$$

这一过程使得二氧化硅结构强度减弱。在水汽氧化过程中，二氧化硅网格不断受到削弱，致使水分子在二氧化硅中的扩散加快。在 1200℃ 条件下，水分子的扩散速度比干氧氧化的扩散速度增加几十倍。正因为这样，水汽氧化生成的二氧化硅质量不如干氧氧化生成的二氧化硅质量。

3. 湿氧氧化

湿氧氧化的氧化剂是通过高纯水的氧气，高纯水需加热到 95℃ 以上。通过高纯水的氧气，携带一定的水汽，所以，湿氧氧化的氧化剂既含有氧气，又含有水汽，二氧化硅的生长速率介于干氧氧化和水汽氧化之间。当然，具体情况还要视氧气的流量、水汽的含量（水汽含量与水温和氧气流量有关）。氧气流量越大，水温越高，则水汽含量越大。如果水汽含量很小，二氧化硅的生长速率和质量越接近于干氧氧化的情况；反之，就越接近于水汽氧化。

4. 掺氯氧化

掺氯氧化的作用是减少钠离子的沾污，抑制氧化堆垛层错，提高少子寿命，也就是提

高器件的电性能和可靠性。此法在生产中得到广泛应用。

由于 SiO_2-Si 界面处有些价键未饱和，这些未饱和价键很有可能被杂质原子的价键所占据，造成沾污。如果有氯离子存在，则氯离子就和这些未饱和价键结合成氯—硅—氧复合体结构。

同时，当钠离子移动到 SiO_2-Si 界面 $Cl-Si-O$ 复合体附近时，钠离子将被束缚在氯离子周围，而且被中性化，从而减少了 SiO_2 中可动钠离子的数目。

热氧化堆垛层错是在热氧化过程中，硅晶体靠近 SiO_2-Si 界面附近形成的一种非本征堆垛层错，它将造成 PN 结反向漏电流增加，击穿电压降低。界面处氯的存在可以形成大量硅空位，这些硅空位可吸收堆垛层错中过多的硅原子，使堆垛层错减少直至消失。

在半导体材料中，经常存在一些重金属杂质，如铜、金等。另外，在氧化过程中，也很容易引入这些重金属杂质。这些重金属杂质可在半导体中形成复合中心，使少子寿命变短。如界面处有氯存在，它能与这些重金属杂质发生作用，生成易挥发的氯化物而被排除，从而减少了复合中心。

掺氯试剂往往为氯化氢（HCl）、三氯乙烯（C_2HCl_3）、四氯化碳（CCl_4）及氯化铵（NH_4Cl）等。HCl 较易获得，但吸水后有很强的腐蚀性，对氧化管道和仪器设备都有破坏性，而且 HCl 易挥发，容易影响环境，损害人体健康，所以使用较少。三氯乙烯既具有 HCl 的作用，又没有 HCl 的缺点，因此使用得较广泛。但它具有毒性，使用时要当心。

三氯乙烯氧化是在干氧中加入适量的二氯乙烯，在高温下和氧发生反应生成氯，参与二氧化硅膜的生长，其反应式为

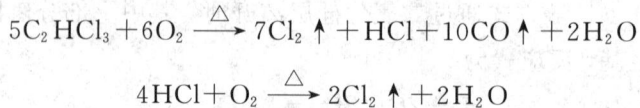

$$5C_2HCl_3+6O_2 \xrightarrow{\triangle} 7Cl_2\uparrow+HCl+10CO\uparrow+2H_2O$$

$$4HCl+O_2 \xrightarrow{\triangle} 2Cl_2\uparrow+2H_2O$$

在此反应过程中，氯在 SiO_2-Si 界面附近与硅发生反应，生成氯化硅，然后再与氧生成二氧化硅，氯起着催化剂的作用。

5. 氢氧合成法

在湿氧氧化和水汽氧化时，都有大量水进入石英管道，这样会带来许多质量问题，如水的纯度不高时会引入杂质。在生产中常用一种叫氢氧合成的氧化方法，即在高温下将高纯氢气和氧气合成后通入石英管道内，使其合成水，水随之汽化，与硅反应生成二氧化硅。其中的 $H_2:O_2=2:1$。但实际中，通入氧气过量一些，这样可以保证安全。这种氧化近似于湿氧氧化。

氧化系统最早使用并一直延续至今的是水平炉管反应炉。整个系统包含反应室、温度控制系统、反应炉、气体柜、清洗站、装片站等。水平炉管反应炉不仅可以用在氧化工艺中，还可以用在扩散、热处理及各种淀积工艺中，是一种比较常见的炉管。

水平炉管反应炉内部结构由源区、中央区和装载区组成，其结构示意图如图 5-21 所示。

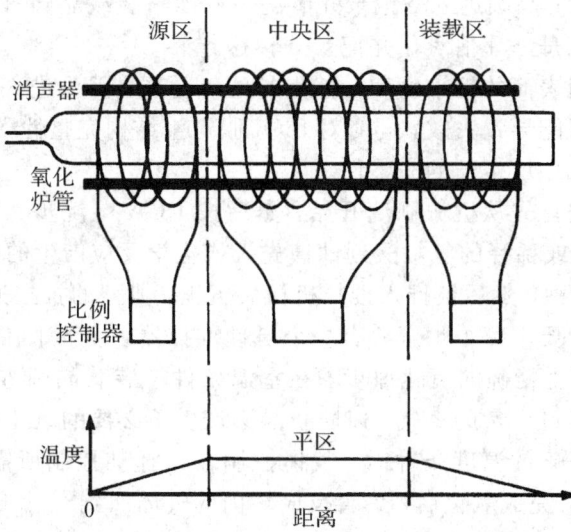

图 5-21 水平炉管反应炉内部结构示意图

　　某厂家氧化炉设备如图 5-22 所示。晶圆用石英舟送入炉管进行氧化，经过氧化后，硅片颜色变深，氧化前后晶圆表面对比如图 5-23 所示。

图 5-22 氧化炉

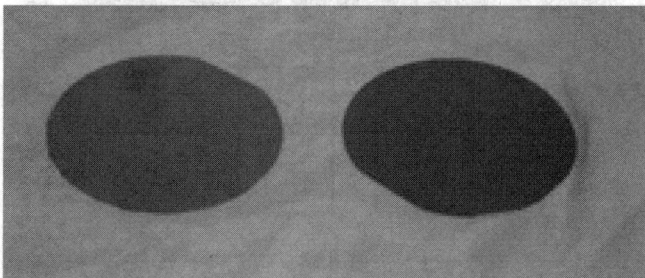

图 5-23 氧化前后硅片对比

氧化工艺步骤包括：晶圆进入→记录并清洗→刻蚀→装载晶圆舟→校准反应炉→装载舟循环氧化→卸载氧化舟→评估氧化并记录→转移。

氧化前需去除晶圆表面的污染物和自然生长的氧化层，因为进入晶圆的污染物会对器件电特性产生影响并可能导致失效，同时对 SiO_2 膜产生结构完整性影响。自然生长的薄氧化层也能改变厚度和氧化层生长的完整性。

氧化前晶圆的清洗首先从机械刷洗开始，然后按 RCA 湿洗步骤去掉有机物和非有机物污染，最后用 HF 酸或稀释的氢氟酸刻蚀掉先天或化学反应产生的氧化层。

晶圆经预清洗、刻蚀，然后被推入推拉机械装置里，典型的推拉速率是每分钟 1 英寸。一个标准的四层反应炉要求每个炉管要有一个自动推拉器。接下来在炉管反应炉中进行氧化。为了在晶圆表面产生精确的氧化厚度，在室温条件下装载晶圆进入反应炉过程中，流入反应炉的是干燥的经过计量的氮气，以防止晶圆产生不必要的氧化反应。

一旦晶圆稳定在正确的温度条件时，气体控制器选择和控制所需气体（1200Å 以下用干氧）进入炉管反应炉。完成氧化后，炉管反应炉内的气体回到充满干燥氮气的状态，以保护晶圆在退出步骤时不被氧化。

晶圆从石英舟卸下后，要进行检测和评估。检测的内容除了氧化层厚度，还包括晶圆表面检测，如表面颗粒、不规则度等。此外，还需要在氧化舟中放置一些测试晶圆，用来进行氧化工艺评估。

随着晶圆尺寸越来越大，升温和降温时间会增加，成本也就越来越高。解决这个问题的方法就是确保最大批量，但这又会减慢流程。为了解决这个问题，引进了快速升温、小批量生产的反应炉，即大功率加热的小型水平炉。通常反应炉每分钟升温几度，而快速升温反应炉（如图 5-24 所示）每分钟升温十几度。小容量的低效率缺陷由快速的反应时间来补偿。这种快速升温炉被称为 RTP(Rapid Thermal Processing)工艺。

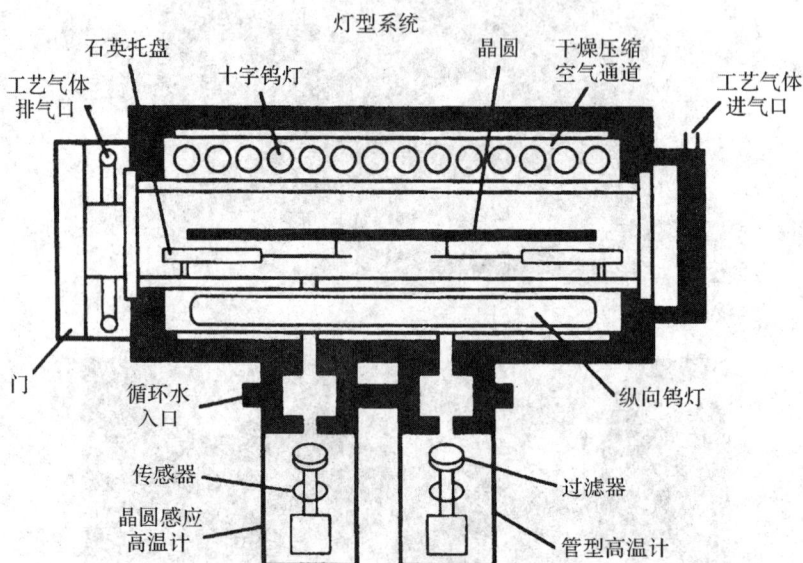

图 5-24　快速升温反应炉结构图

加热源（十字钨灯）在晶圆的上面，这样晶圆就可被快速加热。热辐射耦合进入晶圆表面并快速达到工艺温度，由于加热时间很短，晶圆体内温度并未升温，这在传统的反应炉内是不可能实现的。对于 MOS 栅极中薄的氧化层的生长，RTP 工艺是自然而然的选择。由于要求器件尺寸越来越小，因此使加在晶圆上的每层的厚度越来越薄。厚度减少最显著的是栅极氧化层。先进的器件要求栅极厚度小于 $0.01~\mu m$。如此薄的氧化层对于普通的反应炉来说，是难以实现的，而 RTP 系统快速升温、降温可以提供所需的控制能力。此外，RTP 工艺还广泛应用于离子注入后的退火工艺，以保证损坏的晶格被修复而掺入杂质的分布没有改变。

5.2.4 鸟嘴效应

在局部氧化(LOCOS)中还会产生"鸟嘴"效应问题，如图 5 - 25 所示。其产生原因是：在氧化时，当 O_2 扩散并穿越已生长的氧化物时，它是在各个方向上扩散的，即纵向扩散的同时也横向扩散，这意味着在氮化物掩膜下有着轻微的侧面氧化生长。由于氧化层比消耗的硅更厚，所以在氮化物掩膜下的氧化生长将抬高氮化物的边沿。我们称这种现象为"鸟嘴"效应。高压氧化工艺可以解决"鸟嘴"效应问题。高压氧化是 MOS 栅极氧化的优选工艺之一，因为高压氧化中生成的栅极氧化层比常压下生成的绝缘性要强。

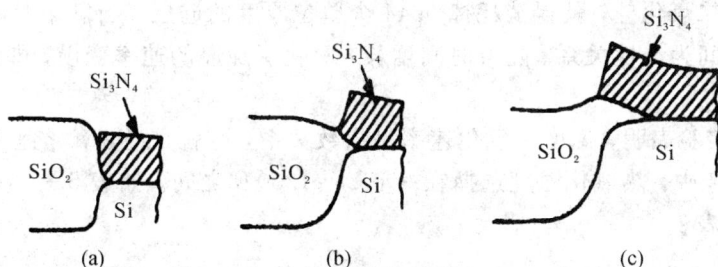

图 5 - 25 鸟嘴效应

温度越高，时间越长，越会引起其他负面影响，比如晶圆表面层中"错位"和温度及高温下的时间密切相关，而这种错位对器件特性是很不利的。在实际的工艺过程中通过增加氧化剂分压来提高氧化速率，或者降低氧化温度而保持同样的氧化速率都是经常采用方法。

高压氧化炉和普通水平反应炉大致相似，不同的是高压氧化炉炉管是密封的，氧化剂被用 $10 \sim 25$ 倍大气压的压力泵入炉管。在这种压力下，氧化温度可降到 $300\,^\circ\text{C} \sim 700\,^\circ\text{C}$ 而又能保证正常的氧化速率。在这种温度下晶圆的错位生长可降到最小。

5.2.5 影响氧化率的因素

影响氧化膜生成的因素很多，大致来说，有以下几个方面。

(1) 晶格方向。实验表明，对于短时间薄层氧化时，硅〈111〉晶向的氧化速率要比〈100〉晶向大。这种不同在低温时的线性阶段更突出。对于长时间厚层氧化时，晶向对氧化速率影响不大。

(2) 晶圆掺杂物的再分配。N 型掺杂物如 P、As、Sb，在硅中溶解度更高，表现为在 Si 和 SiO_2 交界处形成堆积。P 型掺杂物如 B，正好相反，会进入 SiO_2 膜，造成交界处的 Si 原子被消耗尽。同时，掺杂浓度对氧化率也有显著影响，高掺杂区与低掺杂区氧化得更快，在线性阶段表现更明显。

（3）特定的杂质。如 HCl 中的 Cl 对生长率有影响，在掺氯氧化或有 HCl 情况下，氯元素的存在可以使氧化速率明显增加，生长率可提高 1%～5%。Ⅲ-Ⅴ族元素是常用的掺杂元素。对于掺硼氧化，硼可以使氧化剂在二氧化硅中扩散加快，从而提高了氧化速率。

（4）多晶硅氧化。与单晶硅相比，多晶硅氧化更快。

（5）溶解度。SiO_2 中水的溶解度比 O_2 几乎大 600 倍，在界面处的 SiO_2 中水分子与氧分子浓度高得多。

（6）压强。增加氧化剂气体的压强会使反应加快。实验表明，氧化速率与压力为线性关系，在 2533 kPa 以内，氧化时间与压强的乘积为常数，即 $C=$ 时间×压强。即当压力增大时，氧化速率也增大，这样就可以用增大压力的方法实现快速氧化。也可以用减小压力的方法来进行特殊的缓慢氧化。

（7）时间。热氧化生长的二氧化硅中的硅来源于硅表面，也就是说，只有硅表面处的硅才能与氧化剂起化学反应生成二氧化硅层。随着反应继续进行，硅表面位置不断向硅体内方向移动。因此，硅的热氧化使硅将有一个洁净的界面，氧化剂中沾污物将留在二氧化硅表面。根据生产实践，生成的二氧化硅分子数与消耗掉的硅原子数是相等的，所以，要生长一个单位厚度的二氧化硅，就得消耗掉 0.44 个单位厚度的硅层。当氧化时间很短时，二氧化硅的厚度与时间为线性关系。随着时间增长，氧化层加厚的速率变慢，即氧化速率（x）下降，即 $x \propto t^{1/2}$。

（8）温度。实验表明，温度与氧化速率呈指数关系，也就是说，氧化速率随温度增加而增大。在实际生产中，热氧化温度选择在 900℃～1200℃ 之间。如表 5-4 所示为硅的热氧化速率常数比较表。

表 5-4　硅热氧化速率常数比较表

形式	温度/℃	$A/\mu m$	$B/(\mu m^2/min)$	$B/A/(\mu m/min)$	τ/min
干氧氧化	1200	0.040	7.5×10^{-4}	1.87×10^{-2}	1.62
	1100	0.090	4.5×10^{-4}	0.50×10^{-2}	4.56
	1000	0.165	1.95×10^{-4}	0.118×10^{-2}	22.2
	920	0.235	0.82×10^{-4}	0.0347×10^{-2}	84
湿氧氧化	1200	0.050	1.2×10^{-2}	2.40×10^{-1}	0
	1100	0.11	0.85×10^{-2}	0.773×10^{-1}	0
	1000	0.226	0.48×10^{-2}	0.211×10^{-1}	0
	920	0.50	0.34×10^{-2}	0.068×10^{-1}	0
水汽氧化	1200	0.017	1.457×10^{-2}	8.7×10^{-1}	0
	1094	0.083	0.909×10^{-2}	1.09×10^{-1}	0
	973	0.355	0.52×10^{-2}	0.148×10^{-1}	0

注：表中 A、B 为常数，τ 为修正系数

　　由于上述各种因素的影响，在晶圆表面不同区域的氧化速度不同，形成氧化层的厚度也不同，将造成一个个台阶，称为不均匀氧化。

5.3　外延工艺

5.3.1　外延的机理和作用

　　外延是指在一定的条件下，在一片表面经过细致加工的单晶衬底上，沿其原来的结晶轴方向，生长一层导电类型、电阻率、厚度和晶格结构完整性都符合要求的新单晶层的过程。可见，外延是一种制备单晶薄膜的技术。

　　新生长的单晶层称为外延层。若外延层与衬底材料相同，则称为同质外延。例如：在硅衬底上外延硅；在 GaAs 衬底上外延 GaAs 等。若外延层在结构、性质上与衬底材料不同，则称为异质外延。例如在蓝宝石或尖晶石单晶绝缘衬底上外延硅单晶薄膜等。

　　大多数外延生长方法采用化学气相淀积法，此外还有液相外延法、固相外延法及分子束外延法等。外延工艺已成为半导体器件制造工艺的一个重要组成部分，它的发展推动了器件的发展，不仅提高了器件的性能，而且也增加了工艺的灵活性。硅外延反应器也分为垂直型和水平型两种，其示意图如图 5 - 26 所示。

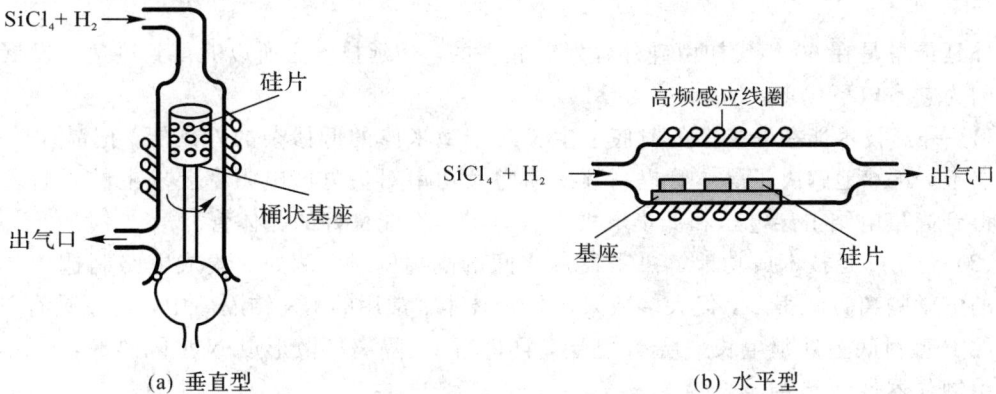

(a) 垂直型　　　　　　　　　　　　　　　　(b) 水平型

图 5 - 26　硅外延反应器示意图

　　外延的名称比较多，采用不同的方法分类就有不同的名称。

　　从化学组成来分类，外延可分为同质外延和异质外延。

　　从外延层在器件制造中的作用来分类，外延可分为正外延和反外延。如果器件做在外延层上，则称为正外延。如果器件制造在衬底上，外延层仅仅起支撑作用，那么这种外延就称为反外延，例如介质隔离中所用的外延。

　　从生长过程分类，外延可分为直接外延和间接外延。直接外延是指使硅原子在超高真空条件下直接淀积在清洁的硅衬底表面上。它是一种物理过程，包括蒸发、溅射、分子束外延等方法。直接外延要求的设备比较复杂，成本也高，但它具有外延生长温度低、杂质分布和外延层厚度可精确控制的优点。随着设备的改进，它的应用将会越来越广泛。间接外延是指将含硅化合物通过化学反应把硅原子淀积到硅衬底上。化学气相外延是间接外延的一种，是目前外延的主流方法。化学气相外延还可以分为常压外延和低压外延两种方法。常压外延设备简单、操作方便。低压外延生长速率主要受混合气氛中各组分在样品表面的吸附及其表面化学反应的控制。本书中如无特殊说明，均是指常压外延。

外延生长是在化学反应受到固体表面控制的情况下，一个包括下列连续步骤的多相过程。

(1) 反应剂质量从气相转移到生长层表面。

(2) 反应剂分子被吸附在生长层表面。

(3) 在生长层表面进行化学反应，得到 Si 原子和其他副产物。

(4) 副产物分子脱离生长层表面的吸附（即解吸）。

(5) 解吸的副产物从生长层表面转移到气相，随主气流逸出反应室。

(6) Si 原子加接到晶格点阵上。

整个过程中步骤(1)和步骤(5)两个步骤是物理扩散过程，步骤(2)和步骤(4)是吸附及解吸过程，步骤(3)是表面化学反应过程，而化学反应与吸(脱)附往往是交错进行的。因此，外延层的生长速率既涉及固体表面的化学反应动力学，又与吸(脱)附和扩散动力学有关，其中较慢者控制着外延生长速率。

在开管外延中，系统维持在较高的常压(0.1 MPa)状态，与气相扩散速率和化学反应速率相比，吸附和解吸的速率又相当快。因此，混合气氛中各组分在样品表面的吸附状况可以看作是一定的。这时，外延层的生长速率将主要取决于质量传输和表面化学反应。

外延最早是在 60 年代初由硅外延发展起来的。外延技术之所以能得到迅速的发展，主要是因为它有以下优点：

(1) 外延技术能在高掺杂的衬底上生长几个微米厚的低掺杂的外延层，把晶体管做在外延层上，巧妙地解决了晶体管提高频率和增大功率对集电区电阻率要求上的矛盾。另外可以得到高集电结击穿电压和低集电极串联电阻的性能良好的晶体管。

(2) 利用外延技术成功地解决了器件之间的隔离问题。例如在集成电路制造中，器件之间的电学隔离方法很多，但大多数采用外延技术。常用的 PN 结隔离中，是在具有 N^+ 隐埋层的 P 型衬底上外延生长一层 N 型层，再进行 P^+ 隔离扩散形成 N 型隔离岛，然后在隔离岛中制作器件和元件。

(3) 外延增大了工艺设计的灵活性。外延过程中可以方便地控制外延层的电阻率、导电类型、杂质分布和厚度等参数，也可以进行多层外延，所以外延工艺能在许多场合提供一些特殊杂质分布的材料。例如微波器件中所需要的具有不同电阻率和导电类型以及具有陡峭杂质分布的多层结构材料。

当然，外延也存在着隐埋层畸变、含氧等杂质而使其物理性能不如体硅的缺点。

外延工艺的出现，推动了硅平面工艺及集成电路的发展。反过来，器件的发展又对外延工艺提出了更高的要求。例如在超高频器件和超大规模集成电路制造中要求低自掺杂、高均匀性、低缺陷密度的薄外延层，促使硅外延工艺需要不断发展，以满足器件的要求。

随着外延工艺和设备的不断改进，外延层质量不断提高，成本也不断降低，因此它的应用领域不断扩大，例如在 JFET、VMOS 电路、动态随机存贮器和 CMOS 集成电路等制造中都已采用外延工艺。可见，不仅双极型器件工艺离不开外延，单极型集成电路也采用外延工艺以提高性能。外延给器件设计带来了灵活性。

随着集成电路的迅速发展，外延工艺技术越来越被人们所关注，许多新型的外延工艺和设备都相继出现，这为发展集成电路产业创造了十分有利的条件。

5.3.2　外延方法

外延的方法很多，硅器件大多采用硅的气相外延，而砷化镓器件则有时采用液相外延。还有真空蒸发、溅射等方法直接在衬底上形成外延层，这些方法生长速率很低，外延层质量不好，现在很少采用。20世纪70年代，人们发明了分子束外延技术，其特点是能生长薄至几纳米的外延层，而且可精确地控制膜厚、组分和掺杂浓度，所以十分适合于一些特种器件及科学研究工作。

1. 气相外延

所谓硅气相外延，就是指利用硅的气态化合物，如 $SiCl_4$ 或 SiH_4，在加热的硅衬底表面与氢气发生化学反应或自身发生热分解，还原生成硅，并以单晶形式淀积在硅衬底表面。在气相外延中使用的化学反应主要是歧化反应、分解反应和还原反应。歧化反应大多用于闭管外延，但也适用于开管外延，特别适用于Ⅲ-Ⅴ族和Ⅱ-Ⅵ族化合物的外延生长。而对于硅外延层大多采用后两种反应。下面以 $SiCl_4$ 氢还原外延生长为例进行讨论，当然也适用于其他卤化物源。

外延硅时温度必须在1000℃以上。只有足够高的温度，才有足够的动能，才能使淀积硅原子在衬底表面运动，并找到合适的位置固定下来形成单晶层。其化学反应式为

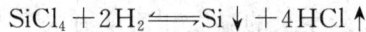

$$SiCl_4 + 2H_2 \rightleftharpoons Si\downarrow + 4HCl\uparrow$$

这个反应是可逆反应。我们不仅要研究正反应，还要研究逆反应，因为反应物 HCl 气体对硅有腐蚀作用，这样有可能变成逆反应。外延前以气相抛光除去衬底表面残损层就是利用这个逆反应。与此同时，还会产生下列反应，即

$$SiCl_4 + Si \longrightarrow 2SiCl_2$$

1) 外延生长的微观过程

在电子显微镜下，对外延过程进行拍摄，可观察到在衬底上形成了许多大小约数十纳米的分立岛状物，随着外延时间的增加，这些岛状物逐渐长大，最后连成一片，发展成新的层面。因此，可认为在外延的起始阶段，化学反应产生的硅原子在生长层表面上移动，在适当的位置上被结合进了硅晶格中。一般在完整晶面上成核比较困难，然而晶核一旦形成，原子就能以此为基础，沿着某些方向，单个地或成对地加接到晶格点阵上，于是晶面便迅速地扩展开来。但由于晶核弯折处晶核对原子的有效吸附和成核困难，所以横向扩散速度大于垂直方向的生长速度，因此生长一般是层状的。

由外延生长机理我们知道，外延生长速率与扩散、吸附/解吸、化学反应三者的速率有关，并受速率最慢者控制。对于常压外延来说，吸附/解吸速率相对于扩散与化学反应速率要快得多，因而，生长速率主要取决于扩散和化学反应速度。

如图5-27所示为外延生长速率 v 与 $SiCl_4$ 浓度 Y 的关系。从图5-27可以看出：当 $SiCl_4$ 浓度较低时，外延反应正方向起主导作用，外延层厚度变厚；随着 $SiCl_4$ 浓度达到最高值时，逆反应起主导作用，此时，外延反应停止，同时其衬底发生腐蚀反应。

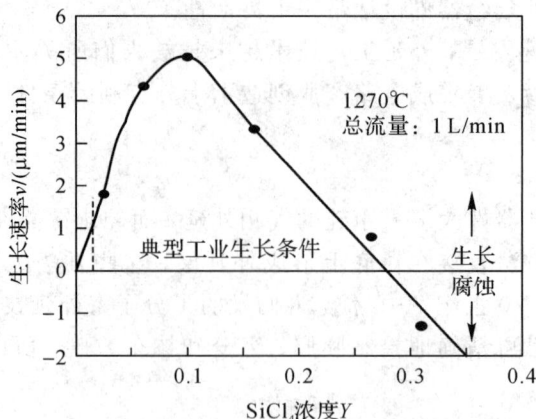

图 5-27 外延生长速率 v 与 SiCl$_4$ 浓度 Y 的关系

图 5-27 是实际测量的外延生长速率与浓度的关系曲线。图中横坐标 Y 定义为 SiCl$_4$ 气体分子数与气体总分子数之比。由图可见：在 $0<Y<0.1$ 时，v 随 Y 的增加而增加，即在起始部分两者基本成正比，腐蚀作用可以忽略；在 $0.1<Y<0.28$ 时，v 随 Y 的增加反而减小，说明腐蚀作用越来越明显了；当 $Y=0.28$ 时，v 为零，说明生长与腐蚀作用正好相消；当 $Y>0.28$ 时，硅衬底腐蚀强烈。实际生产中典型的生长条件是 Y 为 0.06～0.01，相应地，v 为 0.5～1 μm/min，在此范围内，v 和 Y 基本上是线性关系。

除了受浓度影响之外，外延层的晶体结构与多种因素有关。

（1）外延层的晶体结构与外延生长的温度和速度有关。因为温度会影响反应产生的硅原子的能量，所以如果硅原子的能量太低，则在生长层表面上还未到达适当位置就停下来了，从而影响晶体结构；如果生长速度过快，则硅原子在表面上没有充分的移动时间，结果形成多晶。

（2）外延层的晶体结构与衬底的晶向有关。由于生长速度和台阶的移动都与晶向有关，因此为了获得厚度均匀、埋层图形畸变和漂移小，常选择偏离〈111〉晶向 3°～4°。

（3）外延层的晶体结构与其他杂质有关。虽然生长层表面吸附的硅原子与掺杂原子、氢、氯和其他杂质原子相互竞争，使一般掺杂原子的浓度很低，低到可以忽略的程度，但其他杂质原子例如碳原子会影响硅的结合和成核，使外延层产生堆垛层错或角锥体，因此外延对环境清洁度、材料纯度等有较高的要求。

2）外延生长工艺

半导体器件制造对外延层提出了很高的要求，希望能得到晶体结构完整、厚度和电阻率符合器件设计要求，而且均匀性好的外延层。不同的半导体器件和集成电路外延生长工艺是不同的，如图 5-28 所示为一般外延工艺流程图。

衬底是外延生长的籽晶，它的质量直接影响外延层质量，因此必须认真处理，以去除硅片表面有机物和残余金属。硅片常用有机溶剂进行超声清洗，也可用其他化学药品进行清洗，还可用蘸水的刷子冲刷或用高压喷射水流进行冲洗。除此以外，外延还要在适当的工艺条件下用 HBr、SF$_6$、无水 HCl、水汽等就地进行气相抛光。

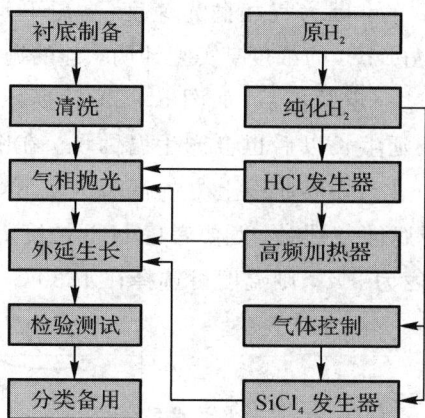

图 5-28 外延工艺流程图

半导体器件往往都在外延层上加工的,外延层的质量好坏会直接影响半导体器件的质量。通常对外延层的质量要求很高,具体要求包括晶格结构完整,电阻率和厚度符合要求,均匀性、重复性好,表面杂质沾污少等。

外延层的层错、小丘、细小亮点多来自于衬底表面,也可以说,衬底表面有微小的杂质沾污和晶格缺陷都会反映到外延层上。因此,外延层质量的好坏不仅取决于生长时各种条件的控制,而且还与衬底表面的质量好坏有直接关系。一般情况下,硅片经过严格的切、磨、抛工序以后,仍会有一层小于 $1~\mu m$ 厚的晶格损伤层,同时还有一层 $80\sim200$Å 左右的氧化层。这些在进行外延之前都必须完全清除掉,让晶格完整地在衬底表面裸露出来,这样生长的外延层的晶格才是完整的。通常采用气相抛光方法完成这个任务。

气相抛光又叫气相腐蚀,是指用化学腐蚀的方法去除掉硅片表面晶格损伤层和氧化层。这种方法的优点是腐蚀可以在外延过程同一系统中进行,有效防止因改换系统而带来的沾污问题,而且方法简单,效果也很明显,适应大批量生产。

气相抛光方法有氯化氢(HCl)气相抛光、水汽抛光和氯气抛光 3 种。生产上常用氯化氢(HCl)气相抛光。

(1) 氯化氢(HCl)气相抛光。

氯化氢(HCl)气相抛光是指用氢气携带无水氯化氢(HCl)气体进入反应室,在高温下氯化氢(HCl)和硅发生反应,进行抛光(腐蚀)。反应式为

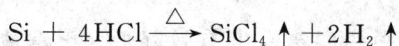

$$Si~+~4HCl~\xrightarrow{\triangle}~SiCl_4\uparrow+2H_2\uparrow$$

HCl 气体可以用硫酸、盐酸脱水制得,最好使用钢瓶 HCl 气体。使用 HCl 气体的主要原因是利用它在一定条件下对硅表面能实现非择优腐蚀,即对硅表面的腐蚀速率基本上是一致的。抛光速度取决于 HCl 的气体浓度(如图 5-29(a)所示)。

腐蚀条件一般选择温度为 1200℃,HCl 在 H_2 气中的浓度为 2‰~3‰,腐蚀速度为零点几微米每分钟数量级,腐蚀深度视具体情况而定。如果衬底没有隐埋层,腐蚀深度可以为 5 μm 左右;如果有隐埋层,那么埋层的方块电阻一定要控制好,不能腐蚀太深,一般为 $0.1\sim0.3~\mu m$。就地抛光的目的是去除衬底表面微小的晶格损伤和原始氧化层。如果采用在 H_2 气中高温烘烤(1200℃,10 min)和就地抛光交替进行,则效果会更好。

气相抛光的温度是不重要的，因为气相抛光速度（高温下）与温度的相关性不强（如图 5-29(b)所示），但是要控制好 HCl 的浓度。实验证明，硅的抛光速度与硅的电阻率、导电类型无关，但当 HCl 浓度超过一定数值后（如图 5-29(c)所示），腐蚀开始变成择优性腐蚀，硅片表面出现腐蚀坑，外延生长以后也会产生腐蚀坑。在图 5-29(c)中，纵坐标代表 HCl 气体与 H_2 气体体积百分比，临界曲线上方的区域为坑区，曲线下方区域为生长中可以采用的抛光区。因此，选择腐蚀条件时，既要考虑 HCl 浓度，又要注意温度，防止越过临界线。例如如果选择 HCl 浓度为 2%，则温度可选择在 1230℃～1250℃之间。

(a) HCl浓度与抛光速度的关系

(b) 抛光速度与温度的关系

(c) HCl浓度的临界线图

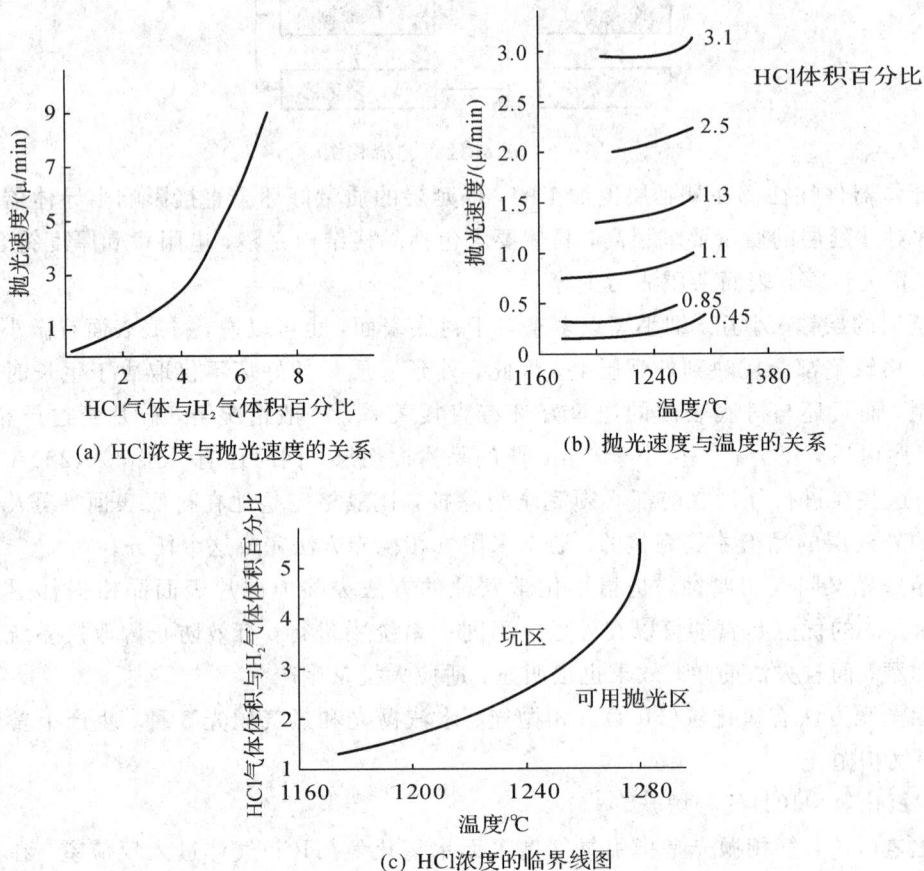

图 5-29 HCl 气相抛光速度曲线

衬底经抛光以后，外延层中的层错密度有效降低，正常情况下可达到每平方厘米 100 个以下，同时表面缺陷大幅度下降。

氯化氢（HCl）气相抛光方法要注意两点：一是由于腐蚀温度通常较高（大于 1200℃），对于已经扩散的硅片，杂质会重新分布；二是对于已扩散过杂质的衬底表面，抛光会使表面杂质浓度减小，而且减小量与抛光量成正比。

实际生产中也使用临时配制的无水 HCl，这样可以保证 HCl 的高纯度。配制方法为：采用高纯度的 HCl 和 H_2SO_4，将 HCl 缓慢加入 H_2SO_4（硫酸起脱水作用）中，脱水产生 HCl 气体，这样产生的 HCl 气体可直接使用。常用的 HCl 发生器如图 5-30 和图 5-31 所示。

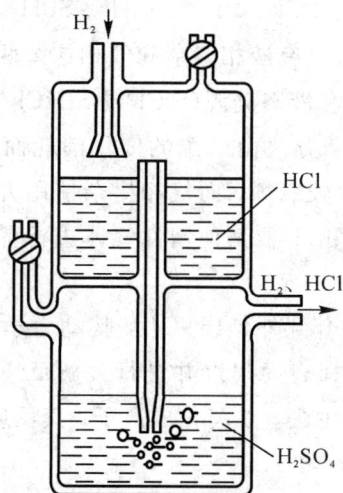

图 5-30 携带式 HCl 发生器　　　图 5-31 无水氯化氢发生器

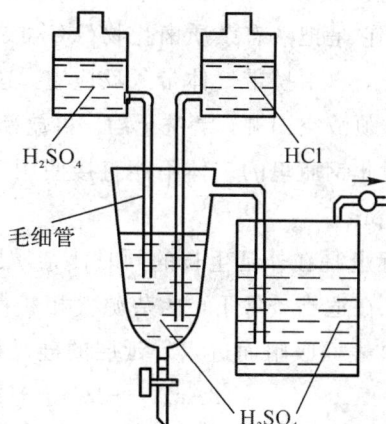

（2）水汽抛光。

水汽抛光是指在高温下，利用氢气携带微量水汽，使硅片表面氢化，生成挥发性的 SiO 并随气体排出系统，从而完成气相抛光的方法。其化学反应式为

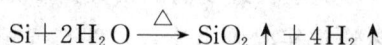

$$Si + 2H_2O \xrightarrow{\triangle} SiO_2 \uparrow + 4H_2 \uparrow$$

该反应式也有部分逆反应。实验证明，在 1270℃，当氢气中含水量为 0.02%～0.1% 时，抛光速度约为 5 μm/h。腐蚀过程应严格控制 H_2 的含水量，如果含水量过大，则硅片不能达到抛光的目的，反而使表面被氢化。生产中通常是让 H_2 通过 0℃的去离子水表面，携带水汽进入反应室。高温下使化学反应顺利进行。水汽含量应控制在 H_2 总流量的 1%～2%。

利用水汽抛光有三个突出的优点：一是高纯水易得到，有利于大规模生产，从而有效降低生产成本；二是这个反应是可逆的，避免因腐蚀带来杂质迁移；三是能把受沾污硅片表面的碳化硅和氮化硅水解，形成挥发性物质而排出。它们的化学反应式为

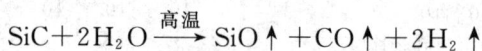

$$SiC + 2H_2O \xrightarrow{高温} SiO \uparrow + CO \uparrow + 2H_2 \uparrow$$

$$Si_3N_4 + 3H_2O \xrightarrow{高温} 3SiO \uparrow + 2N_2 \uparrow + 3H_2 \uparrow$$

水汽抛光的优点是可以减少杂质沾污，降低层错密度，同时没有任何有毒物质侵蚀作用。其缺点是水汽量不易被控制，并且外延层会出现较高的夹层电压，给半导体器件带来不利。

（3）氯气抛光。

氯气抛光原理与 HCl 抛光原理类似。氯气抛光有以下优点：腐蚀剂容易制得，且纯度高；在正常条件下，对硅材料的腐蚀是非择优性腐蚀；腐蚀后生长的外延层缺陷明显降低。

3）外延生长中的掺杂

为满足器件对电阻率的要求，在外延生长过程中必须有控制地进行掺杂。外延层的掺杂浓度一般不超过 $10^{17} cm^{-3}$。当然它还会受到自掺杂的影响，有关自掺杂的问题本章节不讨论。

常用的杂质源有液态和气态两种（N型杂质源有 PCl_3、PH_3、AsH_3、SbH_3、$AsCl_3$ 等），P型杂质源有 BBr_3、BCl_3、B_2H_6 等)，因此掺杂方法也有液相掺杂和气相掺杂两种。液相掺杂使用较早，它是把液态杂质卤化物（BCl_3 或 PCl_3）和液态硅源（$SiCl_4$ 或 $SiHCl_3$）混合，装在源瓶里被气化，再由携带气体带入反应室。这种掺杂方法由于源的气化消耗而需要经常换源，换源时必须清空旧源，清洗干净，再放新源，比较麻烦。而气相掺杂使用方便，因杂质源是气体，因此钢瓶里的气体不能直接使用，需要用 H_2 或其他惰性气体进行稀释，使之达到 $20\sim200$ ppm。

掺杂实际上是在外延生长的同时使杂质原子结合到外延层里去，其动力学原理与外延生长相类似。在适当条件下，掺杂源气相扩散到硅片表面附近并进行分解反应，分解产生的杂质原子被表面吸附而进入外延层的硅晶格点阵中去，并离化成离子。其反应式为

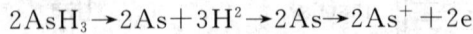

$$2AsH_3 \rightarrow 2As + 3H^2 \rightarrow 2As \rightarrow 2As^+ + 2e$$

掺杂过程和生长过程之间相互影响。掺杂卤化物与含硅的化合物时，它们的化学反应之间会相互竞争，因此掺杂与所使用的源有关。在源和其他条件相同时，掺杂源的分压直接影响掺杂浓度。

外延层中的掺杂还受外延生长速度的影响，在一定的掺杂剂分压下，随着生长速度的增长，掺杂浓度反而降低。当然影响生长速度的因素又是多方面的。

生产上为了控制方便，可以通过实验画出掺杂浓度与气相组成的关系曲线，如图 5-32 所示就表示磷烷和乙硼烷作为掺杂源的掺杂浓度与气相组成的关系。

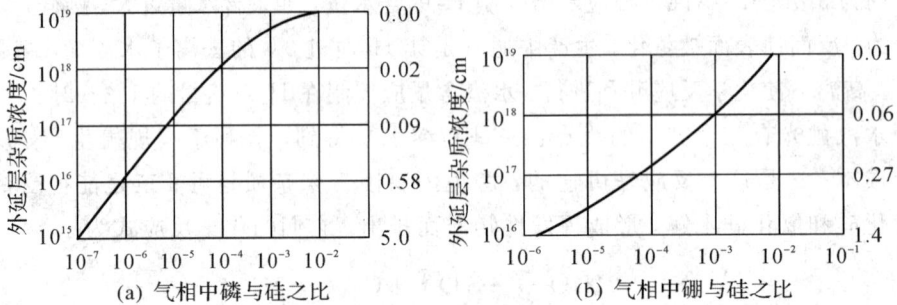

图 5-32　掺杂浓度与气相组成的关系曲线

4) 外延生长的设备

硅外延系统包括氢气纯化与控制装置、反应室（反应器）和加热器等部分。整个系统要求清洁度高、密封性好。硅烷外延对系统密封性要求更高，否则会使硅烷气相分解，这不仅消耗硅源，而且影响外延层质量。此外系统要耐腐蚀，有的还要求能抽真空。工厂多用超净台式或装配式超净间，且使用不锈钢或紫铜管作为连接系统。

反应器一般根据其几何形状命名，常见的有水平式、圆桶式和圆盘式3种。其中水平式最常用，它生产量大，但均匀性不太好。圆盘式能均匀淀积，但设备较复杂。圆桶式反应器淀积膜均匀，因用红外辐射加热，故可避免由基座热传导加热硅片而产生热应力，引起硅片变形和诱生缺陷，但不能在高于1200℃的温度下持续工作。它们各自的结构特点如表5-5所示。

表 5-5 各种外延反应器的特点

结 构		水平式	圆筒式	圆盘式
外延能力 （每炉片数）	φ2in	40	70	24
	φ3in	20	30	20
	φ4in	10	14	8
加热方式		射频感应	红外灯辐射	射频感应
反应管形状		方石英管	石英圆柱形	金属或石英钟罩
基座形状		长方形	圆台（棱台）形	圆盘形
片上膜厚均匀性		<±8%	<±5%	<±4%
片内电阻率均匀性		<±10%	<±5%	<±5%
优缺点		用气量大、结构简单、容易维修	外延成本低、精度高、维修不方便	精度高、可使用 SiH_4、容易维修

外延对基座的要求是坚固，不沾污系统和硅片，不与生产过程中的反应物发生反应，而且对高频感应加热来讲，能与高频电场发生耦合。基座常用的材料是石墨，也有用多晶硅和石英的。但多晶硅会与 HCl 发生反应起腐蚀作用，可以用 CVD 方法包氮化硅来保护。石墨是多孔的，容易在孔隙处吸附有害物质，所以必须用 $50\sim500\ \mu m$ 的碳化硅来保护，也可以包硅做掩蔽。包在基座上的薄膜有时会存在针孔和裂缝，这是由于温度的循环变化产生应力以及镊子等上的金属杂质沾污引起的。于是在裂缝处就会有其他杂质沾污，从而沾污外延片。另外由于石墨和覆盖层之间性能不同而会引起温度的不均匀，从而产生自掺杂和生长速度的变化。

化学反应所需要的能量由加热的基座供给，并通过传导和辐射传输到晶片上。

辐射加热设备由一系列的石英卤灯组成，辐射加热的温度均匀性比感应加热好。

温度的控制一般用微机控制，操作者只需装卸薄片就行，改变温度只需对计算机程序进行一些修改即可。温度测量可以用光测高温计，其焦点在反应室里的外延片上，由于硅的辐射，通常测得的温度比实际的低 50℃～100℃。

气体控制主要由浮子流量计和质量流量计及阀门来完成，常用的是浮子流量计。质量流量计可直接测出进入反应室的反应物克分子数，是监控 $SiCl_4$ 分压的一种比较合理的装置。

外延的加热设备都采用高频感应加热的方式加热衬底。这样的加热方式，受热的只是基座和衬底，整个反应壁是冷的，可避免在外延过程中在壁上沉积，而且这种方式加热非常快，加热区域也容易调整，加热量均匀。外延所用的高频感应加热设备的输出功率一般在 $15\sim30$ W，振荡频率为 $200\sim500$ kHz。

感应加热的原理是：当一个导体通入交流电以后，在它的周围产生一个交变磁场；这时，如果将另一个导体放在它的旁边，则在交变磁场的作用下，可以使这一导体产生感应电流，即涡流；如果交变磁场足够强而且变化又足够快时，产生的感应电流也就越大，从而使导体发热。用感应电流加热导体的方法又称感应加热法。在外延生长时，高频感应炉产生高频电流，流经加热线圈时，在石墨基座上感应出电流，使基座迅速升温，从而达到外延所需的温度。

当高频电流流经加热线圈时，会产生"趋肤"效应，即电流是在加热线圈的表面流过，内部几乎没有电流，因此加热线圈可以是空心的。加热线圈一般用紫铜管烧制而成，紫铜管内部可以通过冷却水冷却，以防止紫铜管因温度过高而变形。

加热线圈上需要通过很强的高频电流，高频感应线路与线圈之间的连接线（高频电流馈电线）也必须能承受较强的高频电流，因此，这些连接线要用细铜丝编织成的软铜带或用多层紫铜片做成的折叠带。另外，高频感应炉要全部屏蔽，因为高频感应所产生的电磁感应不仅使基座加热，而且它也能辐射出电磁波来，特别是功率较大或频率较高时，更会影响周围物体。被加热的石英基座长度应与线圈的长度差不多，而且在石英管允许的情况下，基座应尽量宽一些，这样线圈的输出功率才能得以充分利用。

5）对外延所用材料的要求

外延所用材料有石墨、H_2 和 $SiCl_4$（或 SiH_4），对这些材料都有严格的要求。

（1）石墨加热基座的处理。

石墨加热基座是承放硅片的平面，要求其在高温下不能对硅有所沾污，因而要求石墨加热器的纯度要非常高，气孔要少。因此，在外延生长之前必须对基座进行化学清洗。具体方法是：先将石墨加热器浸在王水中泡 24 h，然后分别用冷、热去离子水冲洗至中性，烘干后放入石英管中加热到 1400℃，通 H_2 或抽真空处理 2 h，使嵌入石墨加热器中的杂质逸出挥发，最后再包一层致密的碳化硅，以防止残存杂质继续逸出。

包碳化硅的方法有高温、低温两种：高温是 1300℃ 以上，采用 H_2 携带 $SiCl_4$ 和甲苯通入反应室进行化学反应生成碳化硅；低温是在 1060℃ 时，用 H_2 携带 $SiCl_4$ 和 CCl_4 通入反应室，适量调节各种源的比例，制备出高致密性、耐用的碳化硅层。

在外延生长过程中，石墨加热器要定期清洗，一般清洗是在 1200℃～1250℃ 时，通入无水 H_2 气体对石墨表面的多晶硅进行腐蚀，使碳化硅显露出来（在外延过程中，石墨加热器表面是通过气相淀积上多晶硅的）。

（2）氢气的纯化。

外延生长中所用的 H_2 必须是高纯度的，要求含水量极低，而且氯、氧及有机物等杂质含量要尽可能低。气体纯化用分子筛吸附法和钯合金扩散法完成。

① 分子筛吸附法。

分子筛吸附法纯化过程为：纯氢→分子筛→105 催化剂（分子筛）→多级分子筛→液氮→高纯氢。

分子筛是一种多孔性铝硅酸盐，为均匀的晶体结构，好像是筛子，它对于气体具有高度的吸附力，如把它放在液氮中，吸附力更强。分子筛吸附是择优性的，它只能吸附体积比自己小的气体分子。因此，不同规格的分子筛，对不同的气体分子含有不同的吸附力。生产上常用 4Å 或 5Å 孔径的分子筛。

105 催化剂也是一种分子筛，它能将 H_2 中的 O_2 生成水，然后被分子筛吸附，使得 H_2 中含氧量大大降低（一般降低到 $0.5×10^{-6}$）。

分子筛的吸附能力不是无限的,一旦吸附了足够的水分,它的吸附能力就会大大下降。因此,必须进行活化处理(脱水)。活化处理采用抽真空加热方法(温度不超过 350℃),也可以通 H_2 或 N_2,但温度不应超过 500℃,否则,会破坏分子筛的晶体结构,使其丧失吸附能力。

② 钯合金扩散法。

钯合金是一种半透膜,在 450℃ 以下时,仅能让氢原子通过,而其他分子或原子不能透过,从而达到纯化的目的。

目前,随着集成电路制造业分工的细化,实际生产中所采用的高纯 H_2 不再是集成电路生产单位自己制备,而是由专门的气体净化公司通过输送管道输送过来的。

(3) $SiCl_4$ 的纯度。

$SiCl_4$(或 SH_4)的纯度高低直接影响外延层质量,因此,对 $SiCl_4$ 纯度要求特别高,一般要求 6 个 9 即(99.9999%)。在生产中可通过光谱分析或在外延层生长以后测量外延层的电阻率大小来估算出 $SiCl_4$ 的纯度。一般要求外延层电阻率大于 10 $\Omega \cdot cm$。

6) 外延层参数测量

外延层参数有电阻率、厚度、层错与位错密度、夹层、少数载流子寿命、迁移率等。在生产中只需测量电阻率、厚度、位错密度这 3 个参数,夹层只是抽测,而在一般情况下不测量少子寿命和迁移率。

(1) 电阻率的测量。

电阻率是外延层的重要参数。常用的测量方法有三探针法、四探针法和电容-电压法。具体测量原理和方法与扩散层块电阻的测量基本相同。

(2) 厚度的测量。

外延层的厚度及其均匀性对外延层质量来说十分重要,也是每次必测的参数之一。测量厚度一般采用磨角法和层错法。这两种方法测量结果是一样的,只是层错法更简单、方便,因此,使用得较多。

在(111)晶面上生长的外延层的层错形状是正四面体,如果层错的起点在衬底的表面,正四面体的高就是外延层的厚度。外延层的厚度同四面体的边长关系为

$$W_L = \sqrt{\frac{2}{3}} L \approx 0.816L$$

式中 W_L 为外延层的厚度(μm),L 为四面体的边长。

测量外延层厚度时,必须先用腐蚀液使层错三角形显示出来(腐蚀液配方为 50 g 三氧化二铬溶于 100 ml 水中即:HF=1:1),腐蚀时间为 20 s,然后在显微镜下测量三角形的边长,并计算出外延层厚度(实际厚度应加上腐蚀的厚度即 0.816 μm + 1 μm)。由于层错可以起源于外延层和衬底的交界面,也可以起源于外延层中,因此在测量时,必须选取外延层和衬底交界面为起点的层错,这样的层错所腐蚀得到的三角形边长最大,即选取最大的图形来测量。

(110)晶面的外延层层错为两个相反的等腰三角形。以一个三角形为例,如果腰长为 L,夹角为 70.53°,则 $W_L = 0.577L$。(100)晶面的外延层层错为正方形,若边长为 L,则 $W_L = 0.707L$。

(3) 位错和层错密度的测量。

测量位错的方法有 X 光衍射、电子显微镜和红外透射等方法。这些方法设备昂贵、工

艺复杂，不适宜生产实践，实际生产中常用化学腐蚀金相法。化学腐蚀金相法是指用化学腐蚀液在硅片表面上腐蚀出位错坑(每一个腐蚀坑对应一条被测表面相交的位错线)，然后在显微镜下测量单位面积的腐蚀坑数，从而得到位错密度。当然，不与表面相交的位错线是测不出来的，这是这种测量法的一个缺陷(外延层的位错大多来自衬底中位错线的延伸，因此不与表面交界的位错很少，可以忽略不计)。

如果样品表面偏离(111)、(110)、(100)晶面时，则腐蚀坑的形状也会发生变化。若偏离角度大于 $10°$，位错就测不出来了。不同的晶面对腐蚀液反映也不完全相同。如(111)、(110)晶面的位错显示用铬酸腐蚀液是十分理想的，而(100)的显示就不理想(用 $HF：HNO_3：$冰醋酸 $= 1：2.5：10$)。腐蚀液温度一般为 $35℃$ 左右。

层错密度的测量法与位错密度相同，不过时间要短些，一般为 $15 \sim 20$ s。

(4) 高阻夹层的检验。

对于 N^+-N 型外延层，用四探针法测量电阻率时，因低阻衬底与外延层并联，测量电压一般都小于 1 mV。但是在生产中，有时候测量的电压都大于 1 mV，甚至达到 1 V 以上，这种现象被认为外延层与衬底之间存在"高阻层"，也称为夹层。如果用这种外延片作为半导体器件，其特性不良，会出现异常击穿问题。

测试夹层的方法是：用四探针法测量，将通过被测样品的电流固定为 0.5 mA；若正向电压小于 0.1 mV，即可认为无夹层存在；当电压大于 0.1 mV，就认为存在夹层；电压越高，表明夹层越严重。

7) 外延层质量讨论

对于外延层的质量主要讨论 3 个方面的问题：电阻率分布、厚度的均匀性、外延层的缺陷。

(1) 电阻率分布。

影响外延层电阻率均匀性的主要因素有 $SiCl_4$ 的纯度和掺杂量两种。所谓电阻率均匀性，就是指同一炉的硅片中，不同的片，甚至同一片上，其电阻率分布是不均匀的(纵向和横向有一定差异)。其原因分别从纵向和横向来讨论。

对于纵向来说，杂质浓度从表面到外延层内总是有一定的梯度。如在低阻衬底上生长高阻外延层时，由于衬底的杂质浓度较高，在高温下，衬底内的杂质要向低杂质浓度的外延层内扩散，这样就会造成外延层内杂质浓度随厚度增加而减小，即电阻率随厚度增加而增加。对于 H_2 还原 $SiCl_4$ 的化学反应，由于其反应是可逆的，因此反应开始时，将使低电阻率的衬底表面的杂质释放一部分进入外延层系统中。另外，在衬底的背面，基底上的杂质都会通过气相传输到生长层中，这将造成外延层电阻率纵向不均匀。

横向分布不均匀的原因很多，主要有以下几个：

① 衬底杂质迁移。高温下，高浓度的衬底起着杂质源的作用，但这种扩散是不均匀的，从而使外延层电阻率边缘低于中心位置。

② 气流影响。衬底中被释放的杂质及化学反应释放出来的杂质将被气流带走，在这过程中造成横向电阻率不均匀(沿着气流方向，有一个杂质浓度梯度)。

③ 系统沾有杂质。系统中(指石英管)的杂质在高温下会挥发出部分进入生长层中，影响横向电阻率分布。

④ 反应室结构。反应室(石英管)结构不同，气流的流动形状也不同，造成电阻率分布

不均匀。

⑤　生长温度和生长速率。在不同的生长温度和生长速率下，各种杂质在一个固定界面处的杂质分配（杂质"分凝"现象）系数是不同的，因此会影响横向电阻率。

从以上分析可以看出，合适的加热温度和气体流量、较好的反应室结构、良好的工艺条件有利于电阻率的均匀性。降低生长温度，在界面处将会得到较陡的杂质分布。但温度不宜过低，否则会影响其晶体结构的完整性。用硅烷法外延时，因为温度较低，能获得较陡的纵向杂质分布，即过渡区窄，也标志着电阻率均匀性更好。

（2）厚度的均匀性。

外延生长对厚度的均匀性要求较高。影响外延层厚度的因素很多，如时间、温度、H_2 流量和 $SiCl_4$ 浓度等。

在加热温度、H_2 流量和 $SiCl_4$ 浓度都固定时，厚度与时间为线性关系。一般在生产中，大多控制加热温度、H_2 流量和 $SiCl_4$ 浓度这 3 个条件不变，调节时间来达到所需的厚度。

当加热温度、时间和 $SiCl_4$ 流量固定时，厚度随 H_2 流量增大而增加。但 H_2 流量不宜过大，否则，生长速率反而下降。

当时间、H_2 流量和 $SiCl_4$ 浓度不变时，厚度随加热温度升高而增加（一般情况下）。当加热温度控制在 1150℃～1250℃范围内时，厚度与加热温度关系不明显。

在加热温度、时间和 H_2 流量固定时，厚度随 $SiCl_4$ 浓度增加而增加。但是，当 $SiCl_4$ 浓度升到某一值后，厚度与 $SiCl_4$ 浓度的关系就不明显了。当 $SiCl_4$ 浓度继续升高，厚度反而不再增加。以上 4 个条件中，$SiCl_4$ 浓度对厚度的影响是最主要的。因此，要控制好 $SiCl_4$ 浓度才能达到所需的厚度。

除了上述 4 个条件以外，反应室内气流对厚度的影响也是不能忽略的。如果气流是垂直于衬底的表面进入反应室，当喷口尺寸设计不当时，会使外延层出现凹或凸形。因此喷口的尺寸和位置应根据反应室的直径大小适当选择。当气流较大时，一定要使石墨基座对气流有 3°～5°的倾斜角度，这样使气流能均匀地掠过硅片表面，从而得到均匀的厚度。也可以在石墨基座上放一阻气架，使流过的气体变成紊流形式，这对改善厚度的均匀性很有好处。

（3）外延层的缺陷。

外延层的缺陷有表面缺陷和腐蚀缺陷。

表面缺陷是人的眼睛或显微镜能观察得到的，常见的有小亮点、星形缺陷、球状体、多晶点、乳突、表面氧化等。

小亮点的外形是乌黑发亮的圆点，大多是由于衬底因切、磨、抛质量不好或表面不干净而引起的。大的亮点是由于系统、反应室及加热基座不清洁或较大的灰尘颗粒造成的。

星形缺陷是由许多角锥体高度集中镶嵌成岛状物（如星形）形成的。其产生的原因是衬底表面上残存的丙酮或其他有机溶剂在高温下碳化成碳粒，在热生长过程中与硅产生出了碳化硅，从而在这些杂质处形成了星形缺陷。

球状体、多晶点为黑色小球，中间有一发亮的小区域，有的还拖着一条尾巴。产生的原因是气体中含有固态细小颗粒，撞击到衬底表面并附在上面，在外延生长时，不断地滚动形成一条发亮的划道，从表面处看像一条尾巴。解决的方法是严格纯化气体，提高系统的清洁度。

乳突(也称角锥体)形如沙丘,中心为制高点,它是一种较大的缺陷。乳突是由于衬底的晶向和外延生长速率的不均匀而造成的。经过切、磨、抛的衬底层尽管表面相当平整了,也很均匀、光亮,但仍存在一些微小的损伤层,这些损伤层区域对整个表面来说其晶向有所偏离。由于不同的晶向外延生长速率是不一样的,在这些不均匀处,生长速率要比其他区域来得快,于是在表面处就有了微小突起,即角锥体。防止这类缺陷的方法是:一方面要提高衬底表面质量,另一方面在切片时,对(111)晶向的硅料有意偏离 $3°\sim5°$,并且使生长速率尽量低一些,更不允许有超过极限的生长速率。

表面氧化缺陷表现为外延层有雾状圆圈或条状物质,产生原因是生长温度过低、H_2 纯度不高、系统有漏气或气相抛光含水量过大等。实践证明,当 H_2 中含水量的露点高于 $-40℃$ 时,外延层就会出现多晶氧化。

腐蚀缺陷必须经过腐蚀才能在显微镜下观察到,常见的有位错和层错。

晶体经酸腐蚀液腐蚀以后,在显微镜下观察时可发现位错。外延层的位错与衬底的位错是一样的,即在(111)晶面上的腐蚀坑为三角形,(110)晶面上是长方形,(100)晶面上是正方形。经过对同一样品在外延层生长前后进行观察,发现在外延后位错密度稍有增加,但数量级是相同的。因此,可以判断外延层上的位错来自于衬底。减少位错密度的方法是加强对衬底的处理。当然,生长温度均匀一些,位错也会减少一些。

在外延生长过程中,晶体某些区域的硅原子逐层排列的次序发生了错乱,这样就形成了层错。层错也会继续延伸,一直延伸到晶体表面,成为区域性缺陷。衬底表面如有划痕、拉丝或其他外来杂质、有机溶剂的沾污等都会使生长的晶体内部产生较大的应力,造成晶格匹配,从而引起层错。另外,生长速度过快,生成的硅原子不能正常地有规则排列,也是产生层错的原因。

2. 分子束外延(MBE)

将薄膜诸组分元素的分子束流直接喷射到衬底表面,在其上可以形成外延层。这样做的突出优点在于能生长极薄的单晶膜层,也能精确控制膜厚、组分和掺杂。

分子束外延是指在高超真空系统中,加热外延层组分元素,使之形成定向分子流(即分子束)射向具有适当温度的衬底,淀积于衬底表面形成薄膜的一种物理淀积方法。它与气相淀积法相比有如下特点:

(1) 它的生长温度低,自掺杂小,对 VLSI 工艺是很有利的。

(2) 能精确控制杂质浓度和组分,而不依赖于衬底,可以得到过渡区小、杂质分布陡的外延层,还可以生长一些特殊杂质分布的薄外延层。

(3) 衬底和分子束源分开,附近的残余气体不影响膜的生长,膜的质量很高,而且随时间的增加可观察到生长表面。

(4) 生长速度慢而可控,厚度控制相当精确,一般可精确到原子级,重复性好。

(5) 外延面积小。

(6) 需要超高真空,设备比较复杂。

3. 异质外延

异质外延是指在不同质的衬底材料上生长出另一种材料的技术。所以要找出这两种材料尽可能多的共同点和相容性,不然会影响外延层的质量甚至会生长不出来。常用的硅异质外延的绝缘衬底材料有蓝宝石(Al_2O_3)、尖晶石($MgAl_2O_4$),分别对应于 SOS 和 SOI 外延技术。SOS 和 SOI 外延技术的特点为:器件结构尺寸小,集成度高;寄生电容小,速度高;SOS 器件抗辐射能力强等。

5.4 金属化工艺

5.4.1 金属膜的用途

集成电路的制造可以分成两个主要的步骤:首先,在晶片表面制造出元器件;其次需要在芯片上用金属系统来连接各个元器件和不同的层。器件内部金属互连如图 5-33 所示。

图 5-33 器件内部金属互连

金属薄膜在半导体技术中最常见和最一般的用途就是表面连线。通过材料、工艺、连线把各个元器件连接到一起的过程一般称为金属化工艺(Metallization)或者金属化工艺流程(Metallization process)。

简单地说,在绝缘介质膜上淀积金属薄膜,然后刻蚀形成金属互连线,或者用金属填充孔,形成层与层之间的插塞(Plug),就是金属化。

除此之外,器件中如电容器的极板和 MOS 栅极也经常采用金属材料。ROM 芯片的存储阵列由大量的存储单元组成,每个单元都通过一个熔断丝和金属系统相连,在高压电流(熔断电流)通过其狭窄部分时,产生的高热可使熔断丝达到熔点断开。通常有两种基本的熔断丝配置:一种是由镍铬耐热合金、钛钨合金或覆盖有两层金属导线的多晶硅组成的熔断丝,它被制成为细"脖子"形状,这样在熔断丝上有一个电流冲就可使之断开;另一种是在连接孔里使用多晶硅或其氧化物薄膜形成熔断丝,当高压电压通过时,产生的热量就会使之断开。

背面蒸金是某些硅器件和集成电路制造工艺中的一道重要工艺环节。金是迄今为止所公认的常温下最好的导体,它既能抗氧化和腐化,同时也是极好的热导体。人们有时会在晶片分检前用蒸发的方法把金淀积在晶片背面。在某些封装工序中,金起一种焊接材料的作用。

满足集成电路互连的金属化系统的主要要求有：低阻互连；与 N 型或 P 型硅及多晶硅形成低阻接触；与下面的氧化层或其他介质层的黏附性好；结构稳定，在正常工作条件下金属化系统不发生电迁移及腐蚀现象，保证系统能可靠工作；容易刻蚀；淀积工艺简单。

由器件对金属化系统的要求可知，几乎没有一种金属能完全满足金属化的需要。现在生产的大多数硅 MOS 及双极型集成电路都是用铝及其铝合金作为金属化层的。因为铝在室温下的电阻率很低，约为 $2.7\ \mu\Omega \cdot cm$，其合金的电阻率也只比 Al 大 30% 左右，因而这些金属满足低电阻的要求。铝与 P 型硅和高浓度 N 型硅（掺杂浓度 $>10^{19}\ cm^{-3}$）均能形成低阻欧姆接触。另外，铝合金与热生长 SiO_2 以及熔解的硅化物玻璃黏附性也很好（Al_2O_3 的生成热比 SiO_2 要高）。此外，铝是一种廉价的金属，熔解也很方便。尽管铝有这些优点，但由于 VLSI 器件的结很浅，常常遇到电迁移和腐蚀带来的问题，使 Al 的应用受到限制。

电迁移（如图 5-34 所示）通常是指在电场作用下，导体内运动的电子将其动能传给金属离子，使金属离子发生迁移的现象。在铝中掺 2%~4% 的铜，可以有效减缓电迁移。合金膜一般需要采用溅射工艺，以确保金属膜成分与靶材一致。

图 5-34　电迁移

固溶在铝（Al）中的硅（Si）对铝引线的电阻率虽然影响不大，但由于硅在铝中的溶解度较大，Si 在 Al 膜的晶粒间界中快速扩散离开接触孔的同时，Al 也会向接触孔内运动，填充因 Si 离开而留下的空间。如果 Si 不均匀地熔解到 Al 中，Al 就会在某些接触点像尖钉一样楔进 Si 衬底中，如果尖楔深度大于结深，就会使 PN 结失效，称为"铝尖楔"现象，如图 5-35所示。

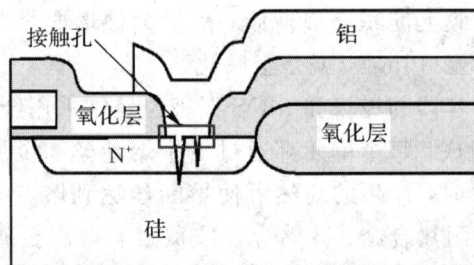

图 5-35　铝尖楔（图片来自网络 CSDN 博客）

解决"铝尖楔"现象有以下 3 种方法：

（1）在 Al 中掺入 1%~2% 的 Si 以满足熔性。但在制备 Al-Si 合金时，在较高的退火温度中硅熔解在 Al 中，冷却过程中又从 Al 中析出，限制了 Al-Si 合金在集成电路中的使用。这种方法是最常用的方法。

（2）在沉积 Al 薄膜之前，先沉积一层重磷或重砷（磷和砷为同列元素）掺杂的多晶硅薄膜，构成铝-重磷(砷)掺杂多晶硅双层结构。这种方法已成功应用在 NMOS 工艺中。

（3）在扩散阻挡层(Diffusion Barrier)（如图 5-36 所示）掺杂 TiN 或 TiW，同时在掺杂硅和阻挡层之间加一层 Ti 或者 $TiSi_2$(Ti 和 $TiSi_2$ 黏附性好，且能和半导体形成良好的欧姆接触)。

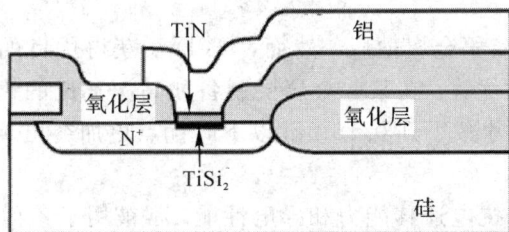

图 5-36　扩散阻挡层示意图(图片来自网络 CSDN 博客)

随着单个器件变得越来越小，集成电路的运行越来越快，在几百兆赫的速度下，信号必须以足够快的速度通过金属系统才能防止信号延误。在这种情况下，铝金属就成了集成电路速度的限制条件。规模更大的芯片需要更长更细的金属导线，这就使金属连线系统的电阻变得更大。随着集成电路元件数目的增加，铝和硅之间的接触电阻已经达到了极限而不能够变得更小，而且铝也很难淀积在有很高纵横比的过孔接线柱中。这样铜导体又受到了关注。

铜的导电性能比铝优良，同时，铜本身就具有抗电迁移的能力，而且能够在低温下进行淀积。铜也能够作为接线柱材料使用。对于多层电极系统，由于铜具有更低的电阻率，已在逐步取代铝成为主要的互连金属材料。但是使用铜也有很多缺点：如铜会很快扩散进氧化硅和硅中；刻蚀困难，干法刻蚀难以形成挥发性物质；低温下，铜很容易被氧化，且不会形成保护层等。

多层金属布线会使金属化系统中出现很多通孔，为了保证两层金属间形成电通路，这些通孔需要用金属塞(也称为栓塞)来填充。用于制作栓塞的材料有很多种，但实用性较高且已被集成电路制造广泛应用的是钨塞和铝塞。金属化技术的变化如图 5-37 所示。

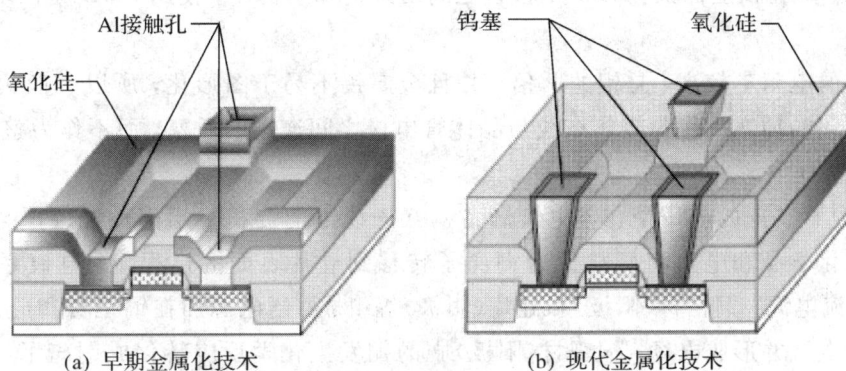

(a) 早期金属化技术　　　　　(b) 现代金属化技术

图 5-37　金属化技术变化

5.4.2　金属 CVD

金属化工艺材料的淀积也经历了一个发展和进化的过程。直到 20 世纪 70 年代，金属淀积的主要方法仍然是真空蒸发。铝、金和熔断丝金属都通过这个技术来淀积。由于淀积多金属系统和合金的需要，以及对金属淀积的阶梯覆盖度的更高要求，使得溅射技术成为了 VLSI 电路制造的标准淀积方法。蒸发和溅射工艺都属于物理气相淀积（PVD）技术，在前面我们已经介绍过了。对于难熔金属的应用，金属化工艺发展出了第三种技术——化学气相淀积（CVD）技术。

PVD 被广泛应用于淀积金属薄膜，然而，CVD 在获得优良的台阶覆盖和高深宽比通孔的填充方面有着明显的优势。在某些金属层制备如高深宽比的钨塞和电镀前的铜层时具有更好的效果。当特征尺寸减小到 $0.15\ \mu m$ 以下时优点更加突出。

1. 钨 CVD

钨（W）因具有良好的抗电迁移能力和导电性能，常被用于各种器件的构造，以及 MOS 管的局部互连和通孔填充。在多层铝互连技术中，单个微芯片中数以亿计的通孔使用金属钨（W）填充，称为钨插塞（如图 5-38 所示），其工作性能稳定，是形成有效的多金属层系统的关键。

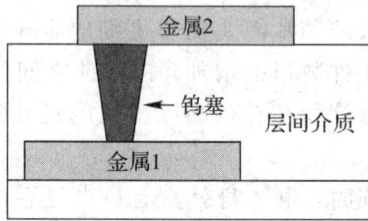

图 5-38　钨插塞

溅射淀积钨的成本较低，但方向控制较差，使得钨淀积在通孔中不均匀，因而 CVD 成为淀积钨的首选方法。钨 CVD 应注意的事项为：W 源选用 WF_6，沸点为 $17^\circ C$，这样易输送和易控制流量；用 H_2、SiH_4 还原出 W，并在整个 Si 片上覆盖式淀积，然后回刻（反刻），去除多余的 W。

淀积钨前需淀积两层薄膜，即钛膜和氧化钛膜。钛膜能有效降低接触电阻，通常使用溅射法淀积；氧化钛能保证钨和下层材料之间良好的黏附性，常使用 CVD 淀积以保证良好的台阶覆盖。

金属钨的电阻率较高，是铝的两倍，并且金属钨不易于图形化，所以一般钨只作为连接两层金属间的插塞或作为金属布线与晶体管电极之间连接的插塞，而不作为整条布线。

2. 铜 CVD

铜 CVD 最普遍的应用是在铜电镀制备铜互连线之前淀积一层薄种子层。铜电镀工艺是采用湿法化学品和电流将靶材上的铜离子转移到硅片表面的过程。铜电镀系统由电镀液、脉冲直流电源、铜靶材（阳极）和硅片（阴极）等组成。当电源加在铜靶材和硅片之间时，溶液中产生电流并形成电场。铜靶材（阳极）中的铜发生化学反应转化成铜离子，并在外加电场的作用下向硅片（阴极）定向移动。到达硅片时，铜离子与阴极的电子反应生成铜原子并镀在硅片表面。铜电镀工艺具有成本低、工艺简单、无需真空支持、增大电流可提高淀积速率等优点，成为现代铜互连薄膜淀积的主要工艺。为了获得良好的铜互连线，有良好的台阶覆盖并且连续没有空洞的铜种子层时至关重要的，而 CVD 法具有的优势使其成为淀积铜种子层的主要方法。

因为铜互连线刻蚀困难，因此可采用双大马士革方法（如图 5 - 39 所示）在双层介质间刻蚀通孔和槽，接着淀积铜，再用 CMP 方法抛光图形，就可以同时形成金属层和通孔连接，避免了金属刻蚀步骤。为了防止金属氧化，一般金属 CVD 都需要抽真空处理，也即金属 CVD 属于 LPCVD。

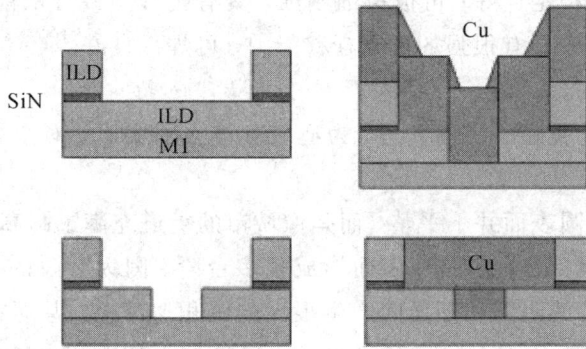

注：ILD 指 inter-level dielectric 层间介质

图 5 - 39 双大马士革方法

5.4.3 金属化和平坦化

金属化工艺对互连金属线的要求是：金属与半导体接触必须是在电学特性上既要形成整流特性，又要形成良好的欧姆接触。也可以说，对金属布线与半导体的接触，基本上要求是形成欧姆接触。

1. 欧姆接触

所谓欧姆接触，是指金属与半导体间的电压与电流的关系具有对称和线性关系，而且接触电阻很小，不产生明显的附加阻抗。

形成欧姆接触的方法有半导体高掺杂的欧姆接触、低势垒高度的欧姆接触和高复合中心欧姆接触 3 种。分别介绍如下：

（1）半导体高掺杂接触。在器件制造中常使用半导体高掺杂接触。由于隧道穿过概率与势垒高度密切相关，而势垒高度又取决于半导体表面层的掺杂浓度（N_S）。当 $N_S >$ 10^{19} cm^{-3} 时，半导体表面势垒高度很小，载流子可以以隧道方式穿过势垒，从而形成欧姆接触。该方式的接触电阻是随掺杂浓度变化而变化的。

（2）低势垒高度的欧姆接触。低势垒高度的欧姆接触是一种肖特基接触，比如铂与 P 型硅的接触。当金属功函数大于 P 型功函数而小于 N 型硅功函数时，金属-半导体接触即可形成理想的欧姆接触。但是，由于金属-半导体界面的表面态的影响，使半导体表面感应空间电荷区层形成接触势垒。因此，在半导体表面掺杂浓度较低时，很难形成较理想的欧姆接触。

（3）高复合中心欧姆接触。当半导体表面具有较高的复合中心密度时，金属-半导体间的电流传输主要受复合中心所控制。高复合中心密度会使接触电阻明显减小，伏安特性近似为对称，在此情况下，半导体也可以与金属形成欧姆接触。引入高复合中心的方法还有很多，如喷砂、离子注入、扩散原子半径与半导体原子半径相差较大的杂质等。电力半导体器件接触电极、IC背面金属化（背面蒸金）也常采用这种方式形成欧姆接触。

随着微电子器件特征尺寸越来越小，硅片面积越来越大，集成度水平越来越高，对互连和接触技术的要求也越来越高。除了要求形成良好的欧姆接触，还要求布线材料要满足以下要求：电阻率低，稳定性好；可被精细刻蚀，具有抗环境侵蚀的能力；易于淀积成膜，黏附性好，台阶覆盖好；具有很强的抗电迁移能力，可焊性良好。

2. 金属化的要求

前面已经介绍了金属膜的制备方法，为适应互连布线要求，对金属膜还有以下几个因素需要重点考虑。

（1）台阶覆盖。晶圆表面并不平整，而是像城市的街道充满了高高低低的建筑一样。由于各道工艺加工的结果，因此在晶片表面形成很多台阶。因为台阶的存在，蒸发源射向晶片表面的金属会在台阶的阴面和阳面间产生很大的沉积速率差，甚至在阴面根本无法得到金属的沉积，造成金属布线在台阶处开路或无法通过较大的电流。工艺上改善台阶覆盖性能的方法为多源蒸发和旋转晶片，也有工厂采用等平面工艺，从根本上清除台阶覆盖问题。

（2）致密性。疏松的金属膜很容易吸收水汽和杂质离子，并发生化学反应，导致金属膜特性变差。通常采用降低淀积速率的方法以提高膜的致密性。

（3）黏附性。因为金属氧化物生成热比氧化层生成热更多，因此金属就会把氧化物还原。在金属膜与晶片表面的氧化层界面处形成很强的化学键，产生强的结合力，我们就说金属膜与晶片表面的氧化层具有良好的黏附性。显然，提高淀积过程中的衬底温度有助于还原反应，对提高黏附性有利。

（4）稳定性。金属与半导体之间的任何反应，都会造成对器件性能的影响。例如：硅在铝中具有一定的固溶度，若芯片局部形成"热点"，硅就会溶入铝层中，造成浅结穿通，影响金属膜的稳定性。克服这种影响的主要方法是选择与半导体接触稳定的金属作为中间阻挡层，或者在金属中加入少量半导体元素，使其含量达到或接近固溶度。除固溶度的影响之外，铝在大电流的作用下，还会产生质量输送的电迁移现象。解决这种现象的方法是加入少量的硅和铜，可降低铝原子在晶界面的扩散系数，提高铝的抗电迁移能力。这是因为所加杂质在晶界面具有分凝作用。在铝（94%）—硅（2%）—铜（4%）的质量分数的合金中，每增加1%质量分数的硅，电阻率增加约 $0.7~\mu\Omega \cdot cm$，每增加1%的铜，则电阻率增加 $0.3~\mu\Omega \cdot cm$。实际生产时在溅射沉积工艺中常用这种合金以提高稳定性。

3. 合金工艺

金属膜经过图形加工以后，形成了互连线。合金工艺是指对金属互连线进行热处理，使金属牢固地附着于晶片表面，并且与半导体形成良好的欧姆接触的这一热处理过程。

合金的方法很多，可在扩散炉或烧结炉中通入惰性气体或抽成真空进行。目前，一般都是完成反刻铝工艺以后，把上胶和合金工艺在一起完成，这样既去除了光刻胶，又达到了合金的目的，操作简单方便。

利用合金工艺可以增强金属对氧化层的还原作用，提高黏附能力，并且使半导体元素在金属中存在一定的固溶度。通过合金工艺进行热处理，使金属与半导体界面形成一层合金层或化合物层，并通过这一层与晶片表面重掺杂的半导体形成良好的欧姆接触。例如硅—铝合金，当合金温度大于 577℃时，一部分铝熔化到硅中，形成铝硅合金，当冷凝以后，就形成了一层再结晶层，这样就得到了良好的欧姆接触。

合金工艺关键要控制好合金的温度、时间和气氛。对于铝—硅系列，一般选择合金温度为 500℃左右，恒温时间为 10～15 min，采用真空或 N_2- H_2 混合气体气氛。在 500℃时，铝—硅合金中硅的质量分数约为 1%。若温度超过铝—硅共晶温度 577℃，则会出现铝—硅共熔物，使铝膜收缩变形，同时还会加剧铝—二氧化硅界面的反应，甚至引起二氧化硅下面器件的短路。工艺上有时采用 H_2 改善硅—二氧化硅的界面特性。

在难熔金属—硅叠层系统中，只有经过一定温度、时间的热处理，才能形成金属硅化物。如果器件使用难熔金属硅化物作为布线层，控制硅化物热处理的温度、时间、气氛是十分重要的。由于金属硅化物热处理温度各不相同，形成的结构也会有些差异。这种差异会引起电阻率和硅化物-硅间接电阻的差异。例如：二氧化钼在温度低于 600℃的氩气氛下退火 30 min，其结晶结构为六方晶系，电阻率大于 600 Ω·cm；在 900℃的氩气氛下退火 30 min，其结晶结构为四方晶系，电阻率低于 200 Ω·cm。

因此，实际生产中要根据最低共熔点来选择合金或烧结温度。如烧结分立晶体管过程为：将金片或金锑片放在硅片背面，用钼夹具将管座夹好，推入烧结炉中，再通入惰性气体，烧结炉内温度控制在 400℃，恒温数分钟后，拉到炉口冷却，金、硅便形成金—硅合金，这样，管芯就被牢牢地焊在管座上了。

在实际的合金工艺中，尤其是铝—硅合金中，加热温度往往低于 577℃，只在 520℃～540℃之间。如果温度太低，合金不良，器件的饱和压降将升高；如果温度过高，合金过深，同时铝层会球缩在一起造成断裂，造成器件电学功能变坏。在此温度范围下，只要合金的时间、条件掌握得合适，同样可获得低阻的欧姆接触。合金温度是合金质量好坏的关键。

硅铝的最低共熔点是 577℃。当合金温度低于此温度时，铝和硅不熔化。当高于 577℃时，交界面处的硅—铝原子相互熔化，并形成铝原子 88.7%、硅原子 11.3%的铝—硅共熔物。并且，随着时间的增加，交界面处的共熔物迅速增多。如果温度继续增加，铝硅熔化速度也增加，最后整个铝层变成铝硅熔体。这时，若缓缓降温，硅原子在共熔物中溶解度将下降，多余的硅原子会逐渐从共熔物中析出，形成硅原子结晶层，同时，铝原子也被带入结晶层中。若带入的铝原子过多，硅又是 N 型的，此时有可能在结晶区的前沿形成 PN 结。防止的办法是 N 型硅要具有一定的浓度。如果硅片为 P 型的，而铝本身也是 P 型的，这样就形成了纯欧姆接触。但是，如果硅片为 N 型硅，当 N 型硅片的杂质浓度远远大于铝在硅中的最大溶解度，结晶层的 P 型和 N 型互相补偿之后，结晶层仍是 N 型的，这样用铝做电极引线不会改变导电类型，而再结晶层仍能获得欧姆接触。

随着集成电路的集成度的增加，晶圆表面将无法提供足够的面积来制作所需的内连线。特别是一些十分复杂的产品，如微处理器，需要更多层的金属连线才能完成微处理器内各个元件间的相互连接。这样两层以至于多层内连线就出现了。多层内连线在连接过程中，除插塞处外，必须避免一层金属线与另一层金属线直接接触而发生短路现象，金属层之间必须用绝缘体加以隔离。用来隔离金属层的这层介电材质称为"金属间介电层"。金属间介电层的制作涉及溅射、CVD、光刻、刻蚀等诸多工艺技术。要获得平坦的金属间介电层是很困难的，而且容易发生孔洞现象，并且金属间介电层沉积随着金属层表面不平而产生高低不平。因为沉积层不平坦，又将使得接下来的第二层金属层的光刻工艺在曝光聚焦上有困难，从而影响光刻影像传递的精确度，给刻蚀也带来难度。集成电路的多层布线势在必行，于是平坦化就成为了新出现的一种工艺技术。

常用的金属间介电层材料有硼磷硅玻璃（BPSG）、SiO_2 和 Si_3N_4，其中的 SiO_2 使用得最普遍。如图 5-40 所示为集成电路多重内连线剖面图。

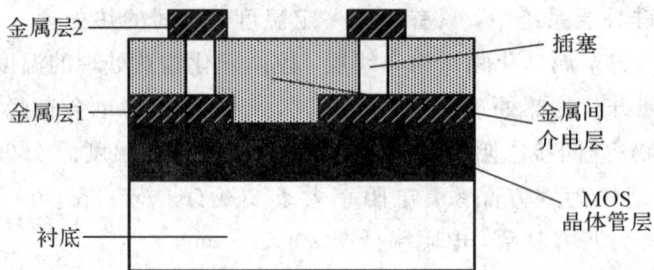

图 5-40　集成电路多重内连线剖面图

平坦化方法有很多，简单介绍如下：

1. 沉积超厚 SiO_2 层法

沉积超厚 SiO_2 层法是比较简单的一种平坦化方法。这种方法在晶片高低起伏悬殊的表面上沉积一层厚度超过所需很多的 SiO_2 层，然后把这层 SiO_2 回蚀到所需厚度，如图 5-41 所示。这种方法工艺简单，但只能在晶片表面上获得部分平坦化的结果，要想得到整个表面的平坦化还需采用其他方法。

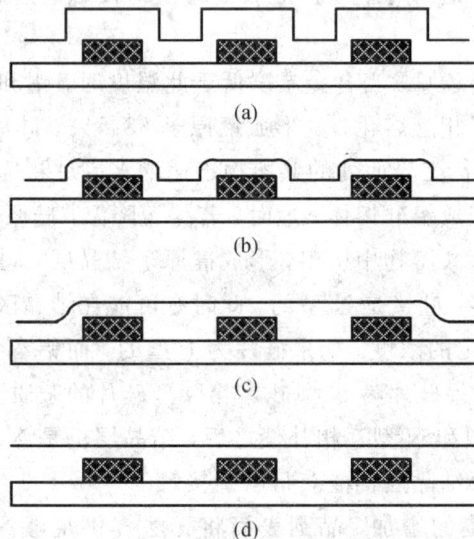

图 5-41　沉积超厚 SiO_2 层法的示意图

2. 旋涂玻璃法

直接把沉积的介电层因表面的起伏而造成的凹槽处填平，这样得到制作下一层金属内连线时所需要的局部或整个平面的介电层平坦度的平坦化制作技术，就称为旋涂玻璃法。旋涂玻璃法简称 SOG(Spin On Glass)法，是目前普遍采用的一种局部平坦化技术。旋涂玻璃法的基本原理是把一种溶于溶剂内的介电材料以旋涂的方式涂布在晶片上，类似光刻胶旋涂。经涂布的介电材质可以随着溶剂而在晶片表面流动，因此很容易填入如图 5-42 所示的凹槽内。经过适当的热处理，去除用来溶解介电材料的溶剂，沉积介电层凹陷区域填补的平坦化制作就完成了。接下来在这层平坦化后的内连线介电层表面上就可以制作第二层及以上层的各内连线金属层了。

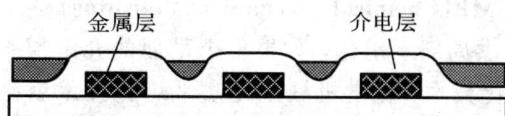

图 5-42 填平沉积的介电层

现在常用的 SOG 材料主要有硅酸盐与硅氧烷两种。用来去除介电材料的有机溶剂主要有醇类、酮类，如 $Si(OH)_4$、$RuSi(OH)_{4-n}$。其中硅酸盐类的 SOG 材料使用时，常掺有磷的化合物，如 P_2O_5，以改善它的物理性质，特别是防止硅酸盐 SOG 层龟裂的物理性质。至于硅氧烷类的 SOG 材料，因为它本身含有有机类化合物，如 CH_3、C_6H_5，这些有机物质也可以改善这种 SOG 层的抗裂能力。

SOG 经适当加热之后，将成为一个非常接近于 SiO_2 的物质。SOG 法是以旋涂的方式覆盖一层液态的溶液，以达到使晶片表面的介电层"平坦化"的目的。因此涂布在晶片表面的 SOG 不应完全清洗掉，因为它也类似是一种 SiO_2，可以留在晶片表面上，以增加其对阶梯结构的平坦化能力。

SOG 层是一种由溶剂和介电质经混合形成的液态介电层。因为 SOG 材料是含有 SiO_2 或接近于 SiO_2 结构的材料，再加上是以旋转的方式涂布在晶片表面上，这样平坦化问题基本上就可以解决了。当然这种平坦化也仅仅是局部化的平坦。SOG 技术的优点显而易见，即介电层材料是以溶剂形态覆盖在晶片表面上，因此对高低起伏外观的"沟填"能力非常好，可以避免 CVD 工艺所形成的孔洞问题。因此目前 SOG 法已经成为一种普遍的介电层平坦化技术。但 SOG 使用时还有以下缺点：

(1) 易造成微粒。微粒主要来自 SOG 残留物，只能依靠工艺及设备的改善而减少。

(2) 有龟裂及剥落现象。必须针对 SOG 材料本身与工艺的改进来避免此类现象。工艺上常用在 SOG 溶液里加入适量的有机功能基和杂质，或者减少 SOG 涂布厚度，来强化 SOG 对龟裂和剥离的抵抗能力。

(3) 有残余溶剂"释放"问题。残余溶液释放主要来自未经完全固化的 SOG 内剩余溶剂及水汽。这部分可在 SOG 固化后再增加一道等离子体的处理加以改善。

SOG 制作过程分为两个过程：一是涂布；二是固化。涂布是将 SOG 均匀地涂布在晶片表面上。涂布的厚度约数千埃(2000~5000Å)，有时采用多次涂布方式(4 次以上)以获得均匀的厚度。涂布之后，先经数分钟的热垫板固化，以便让溶剂初步蒸除，并让 SOG 中的 SiO_2 键进行键结。常用热垫板温度为 80℃~300℃。为了达到最佳效果，有时使用 3 种不同温度进行。固化是以热处理方式，在高温下把 SOG 内剩余的溶剂去除，使 SOG 的密度增加，并固化为近似的 SiO_2 结构。涂布后，把晶片送入热炉管内，在温度为 400℃~450℃时进行 SOG 最后的固化，使得大多数 SOG 转换成低溶剂含量的固态 SiO_2。固化以后，其厚度缩减 5%～15%。

目前广泛采用的以 SOG 为主的平坦化内连线的介电层，事实上是由两层以 CVD 法所沉积的 SiO_2 和一层 SOG 法所覆盖的 SiO_2 等三层介电层所构成，其中 SOG 就夹在中间，形成"三明治"式结构。资料显示，SOG 技术可以进行制程线宽到 $0.5~\mu m$ 的沟填平坦化。但是，它毕竟还是一种局部性平坦化技术。随着集成电路制作的线宽向着更细小方向发展，SOG 技术也要随之发展，否则将起不到真正的平坦化作用了。

3. 化学机械抛光法 CMP(Chemical Mechanical Polishing)

以上两种方法只能提供局部平坦化，如果整个平面的介电层平坦度是制造过程所需要的，势必要采用其他平坦化技术。化学机械抛光法平坦化技术就是能够提供整个介电层平坦化的一种有效方法。

化学机械抛光法又称 CMP(Chemical Mechanical Polishing)法。用 CMP 法抛光硅片晶圆已有几十年历史了。超大规模集成电路制造过程中也用它作为全面平坦化的一种新技术。生产上用化学机械抛光来抛光金属钨，用于生产钨插塞及嵌入式金属结构。

抛光介电层和抛光硅片不同。抛光硅片是为了去除晶圆表面坑洼之处，抛去的厚度约几十微米。抛光介电层的目的是去除光刻胶，并使整个晶片表面均匀平坦。不够平坦的金属间介电层会使窗口的刻蚀及插塞的生成变得困难，介电层抛光被去除的厚度大约为 $0.5\sim1~\mu m$。虽然抛光硅片已有几十年的历史，但对介电层抛光远比对抛光硅片要求严格，因此介电层抛光还需要开发新工艺和新设备来满足介电层抛光的要求。

化学机械抛光设备基本组成部分是一个转动着的圆盘和一个晶片固定装置，如图 5-43 所示。圆盘和固定装置都可以施力于晶片并使其旋转。抛光在胶状含有 SiO_2 悬浮颗粒的氢氧化钾研浆帮助下完成。用一个自动研浆添加系统适当地送入新的研浆及保持其成分不变，就可以保证研磨垫湿润程度均匀。

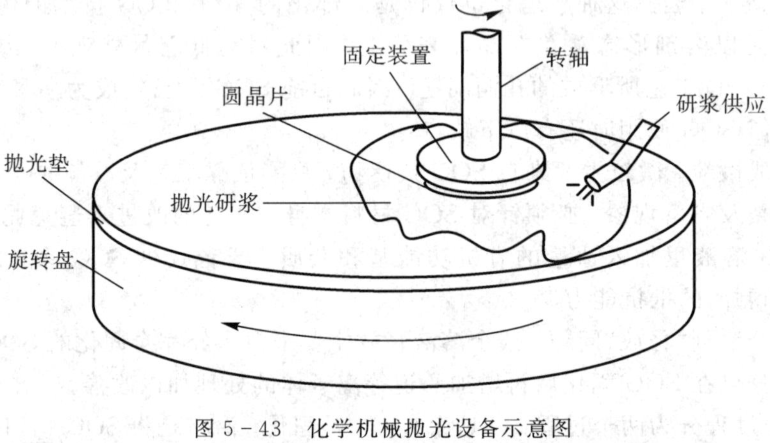

图 5-43　化学机械抛光设备示意图

通常认为化学机械抛光的作用既有机械的也有化学的。机械作用比较简单，其实质就是用带有悬浮颗粒状的 SiO_2 对晶片表面进行研磨。而化学作用则包含一系列的化学反应：首先，将晶片和研浆颗粒表面的氧与氢形成化学键；其次，在晶片与研浆之间形成化学键；第三，在晶片与研浆之间形成分子键；最后在研浆颗粒离开时，晶片表面的化学键被打破，硅原子离开晶片表面。

需要化学机械抛光的晶片不直接固定在固定装置上，而是在晶片和固定装置之间加一层背膜，如图5-44所示。背膜由弹性物质制成，使得固定装置具有弹性。抛光垫是由两层物质构成，既满足刚性需要，又满足弹性需要。固定装置与晶片接触面上任何缺陷或小颗粒都会使晶片表面形变或产生小面积的突起，甚至会使晶片破碎。如果抛光垫太软，那么抛光就会沿表面进行，不会形成平面。抛光垫应该具有跨越低凹部分而优先去掉突起部分的能力，以便整个晶片表面平坦化。显然，弹性背膜起到了很好的缓冲作用。

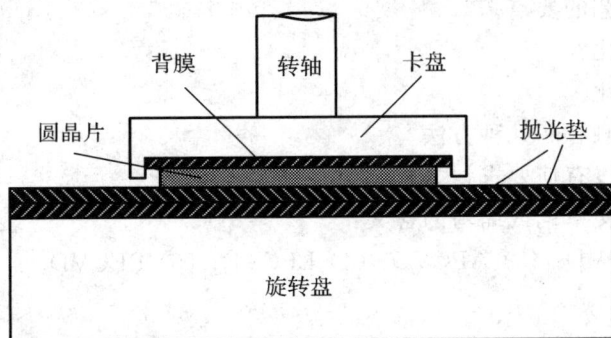

图5-44 化学机械抛光设备固定方法示意图

虽然化学机械抛光法有诸多优点，但使用化学机械抛光法不容易保证整个晶片抛光的均匀性。要达到均匀抛光，必须满足以下4个条件：晶片上每一个点相对抛光垫的运动速度必须相同；抛光研浆在整个晶片范围内必须是均匀的；晶片本身必须匀称；晶片下面的研浆必须均匀分布。同时满足这些条件有一定难度，特别是圆晶片的尺寸越来越大，要很好地满足晶片本身匀称有相当大的难度。研浆是从边缘向中心输送的，这样边缘部分相比于中心部分得到的研浆更多，因此，边缘抛光速率远大于中心部分的抛光速率。实际生产中有一些抛光设备中使用稍微突起的晶片固定装置使晶片中心部分受力更大一些，以改善均匀性问题。

影响抛光速度的因素主要是研浆溶液的pH值、研磨颗粒尺寸和成分。最普遍的研浆中研磨颗粒硅氧合物小颗粒尺寸在10～90 nm之间。一般用含键能较高的氧化物的研浆来得到较高的抛光速率。铈氧化物构成的研浆是目前抛光速率最高的层间氧化物研浆，其抛光速率是二氧化硅研浆抛光速率的几倍。化学机械抛光完成后，要从晶片上去除剩余的研浆，并保证晶片上的微粒足够少。值得注意的是，如果在没有平坦化过或仅仅是局部平坦化过的介质层上突然使用化学机械抛光工艺进行全面平坦化，就会有可能在介质层内产生不同深度的孔洞。

复习思考题

1. 什么是外延？外延工艺的作用是什么？
2. 外延工艺方法有几种？各有什么特点？
3. 外延层缺陷有哪几项？
4. 氧化工艺的作用是什么？二氧化硅有些什么用途？
5. 氧化工艺的两个阶段分别是什么？各有何特点？

6. 常用的氧化方法有哪些? 试简单描述鸟嘴效应的成因。

7. 影响氧化速率的因素主要有哪些?

8. 什么是 CVD? 什么是 PVD?

9. 解释 LPCVD、APCVD、PECVD。

10. 描述用 CVD 方法和氧化方法生长氧化膜的异同。

11. 常用的金属膜制备方法有哪几种? 各有何特点?

12. 叙述溅射工艺的要点。

13. 什么叫金属化?

14. 什么叫平坦化?

15. 形成欧姆接触有哪几种方法?

16. 金属互连布线有何要求?

17. 说明下列英文单词或缩写的含义:

(1) CVD; (2) PVD; (3) APCVD; (4) LPCVD; (5) PECVD。

第6章 光刻与刻蚀

6.1 图形加工技术简介

图形加工技术包括制版和光刻。制版是指利用版图数据，制出用于光刻的掩膜版（Mask）。光刻是指在半导体基片表面，用图形复印和腐蚀的办法制备出合乎要求的薄膜图形，以实现选择扩散（或注入）、金属膜布线或表面钝化等目的。光刻决定着管芯的横向结构图形和尺寸，是影响分辨率以及半导器件成品率和质量的重要环节之一，被认为是微细加工技术中的核心问题。

光刻工艺是半导体制造中最为重要的工艺步骤之一。光刻的主要作用是将掩膜版上的图形转移到硅片表面，为下一步的掺杂做准备。光刻成本约为整个硅片制造成本的三分之一，耗费时间约占整个制造工艺的 40%～60%。随着集成电路生产的进一步细微分工，光刻工艺又细分为光刻（Photo）和刻蚀（Etch），把刻蚀分出去另成一个工序。

集成电路的集成度越来越高，特征图形尺寸越来越小，晶圆圆片面积越来越大，给光刻技术带来了很高的难度。通常人们用特征图形尺寸来评价集成电路生产线的技术水平，如0.18 μm、0.13 μm、0.1 μm 集成电路制造技术等。特征图形尺寸越来越小，对光刻的要求越来越精细。

图形加工的精度主要受光掩膜的质量和精度、光致抗蚀剂的性能、图形的形成方法及装置精度、位置对准方法、腐蚀方法及控制精度等因素的影响。

光刻工艺目标有以下两个：

（1）在晶圆表面建立尽量能接近设计规则中所要求尺寸的图形。

（2）在晶圆表面正确定位图形。整个电路图形必须被正确地定位于晶圆表面，电路图形上单独的每一部分之间的相对位置也必须是正确的。

由于最终的图形是用多个掩膜版按照特定的顺序在晶圆表面一层一层叠加建立起来的，如图 6-1 所示，所以对图形定位的要求很高，而光刻工艺过程的变异在每一步都有可能发生，对特征图形尺寸和缺陷水平的控制非常重要也非常困难。光刻缺陷也因此成为半导体制备过程中的主要缺陷。

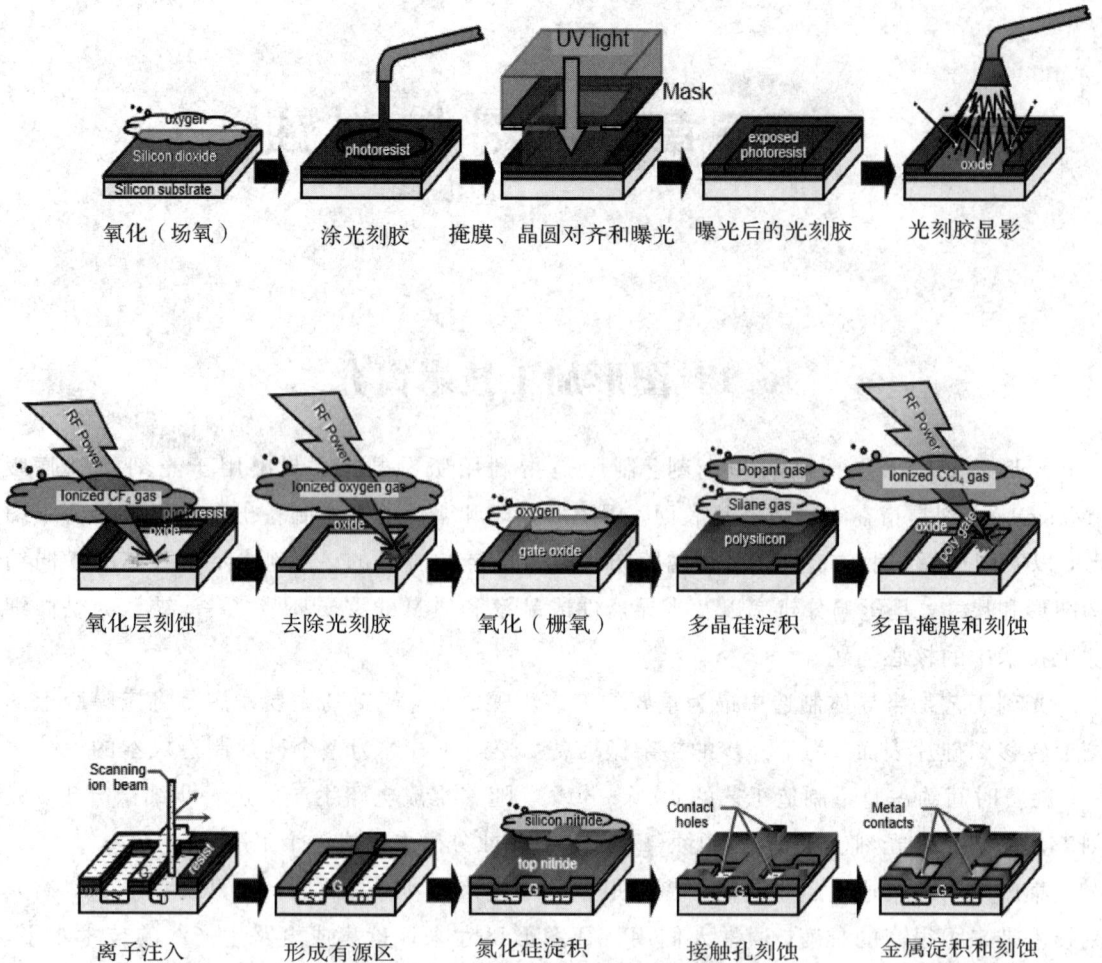

氧化（场氧）　　涂光刻胶　　掩膜、晶圆对齐和曝光　　曝光后的光刻胶　　光刻胶显影

氧化层刻蚀　　去除光刻胶　　氧化（栅氧）　　多晶硅淀积　　多晶掩膜和刻蚀

离子注入　　形成有源区　　氮化硅淀积　　接触孔刻蚀　　金属淀积和刻蚀

图 6-1　CMOS 工艺流程中的主要制造步骤

6.1.1　在晶圆表面建立图形

　　光刻工艺首先是通过光化学反应，将掩膜版（Mask）上的图形转移到光刻胶上，在晶圆表面建立尽可能接近设计规则中所要求尺寸的图形。对不同的工艺流程，光刻的层次可能会有所不同。一个典型的 1.0 μm 单多晶双铝工艺一般需要有如下的光刻层次：阱、有源区、场注、多晶、N-LDD、N+S/D、P+S/D、接触孔、孔注、金属-1、通孔、金属-2、钝化孔。其中，有源区、多晶、接触孔、金属-1、通孔、金属-2 我们称之为关键层。这些层之所以称之为关键层，是因为这些层次的光刻直接影响器件的电学性能或对最终成品率有重大影响，也因此对这些关键层的条宽要求很严格，对套刻精度要求也很严格。如图 6-2 所示显示了 CMOS 制作步骤中用到的各项工艺。

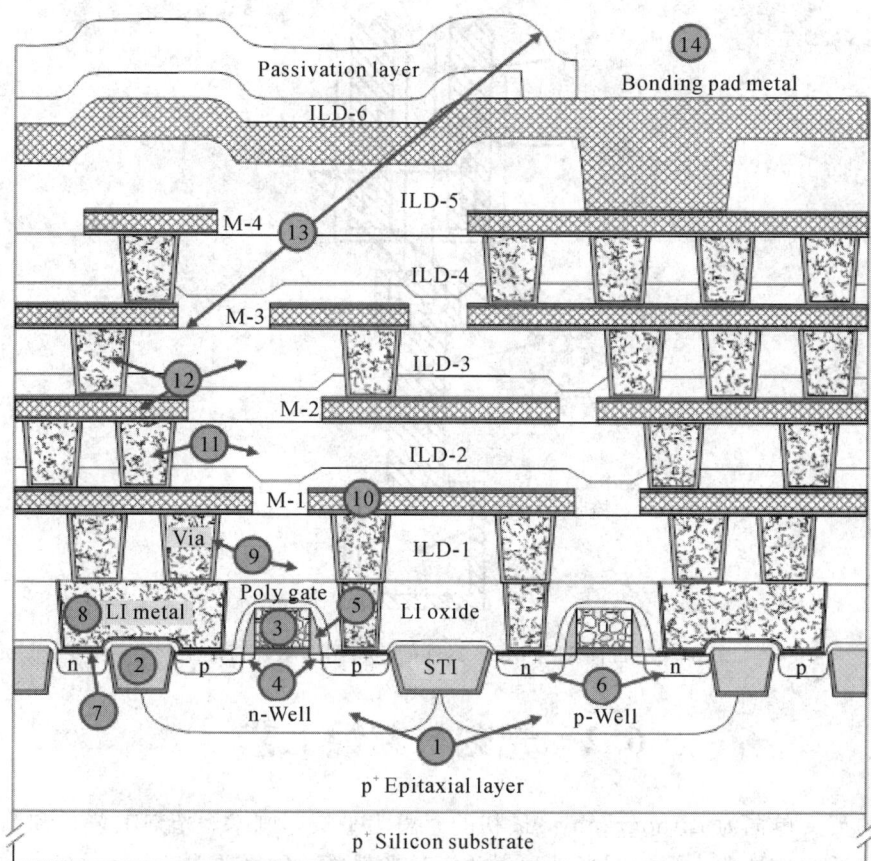

1—双阱工艺；2—浅槽隔离工艺；3—多晶硅栅结构工艺；4—轻掺杂漏(LDD)注入工艺；

5—侧墙的形成；6—源/漏(S/D)注入工艺；7—接触孔的形成；8—局部互连工艺；

9—通孔1和金属塞1的形成；10—金属1互连的形成；11—通孔2和金属2的形成；

12—金属2互连的形成；13—制作金属3、压点及合金；14—参数测试

图6-2　CMOS制作步骤中用到的各项工艺

6.1.2　在晶圆表面正确定位图形

　　晶圆上的最终的图形是用多个掩膜版按照特定的顺序在晶圆表面一层一层叠加建立起来的。图形定位的要求就好像是一幢建筑物每一层之间必须对准一样。如果每一层的定位不准，将会导致整个电路失效。如图6-3所示显示了最简单的MOS器件的5层图形对准结构。除了对特征图形尺寸和图形对准的控制，在工艺过程中对缺陷水平的控制也同样是非常重要的。

　　由于光刻操作步骤很多和光刻工艺层的数量很大，所以光刻工艺是一个主要的缺陷来源。

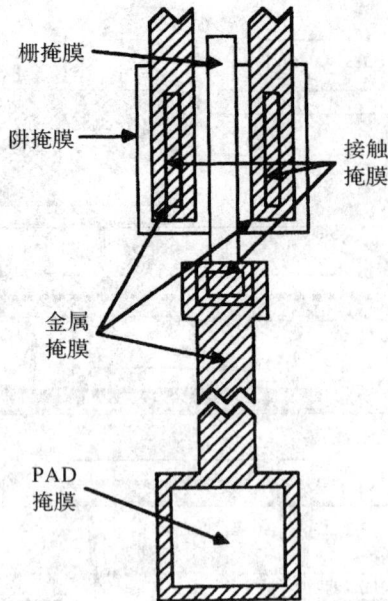

图 6-3　最简单的 MOS 器件的 5 层图形精确对准结构

6.2　光刻与刻蚀工艺

光刻的英文单词为 Lithography，最初的意思为平板印刷术。光刻工艺是和照相、蜡纸印刷比较接近的一种多步骤的图形转移过程。对光刻总的质量要求为：

（1）关键尺寸（Critical dimension）符合指标要求。

（2）套刻精度（Overlay registration）符合指标要求。

（3）胶厚（Resist thickness）符合指标要求。

（4）无缺陷（No defect）。

（5）胶图形具有较好的抗腐蚀能力。

6.2.1　两次图形转移

掩膜版上形成的图形需要通过光刻工艺转移到晶圆表面的每一层。共有两次图形转移过程：其一，图形从掩膜版被转移到光刻胶层；其二，图形从光刻胶层转移到晶圆层。

光刻胶是和正常胶卷上所涂的物质比较相似的一种感光物质，曝光后会使其自身性质和结构发生变化。常用的光刻胶分为正胶和负胶两类。光刻胶被曝光的部分由可溶性物质变成了非溶性物质，这种光刻胶类型被称为负胶，这种化学变化称为聚合（Polymerization）。相反，光刻胶被曝光的部分由非溶性物质变成了可溶性物质，这种光刻胶类型被称为正胶。光刻胶的化学性决定了它不会在化学刻蚀溶剂中溶解，它是抗刻蚀的，因此称为光致抗蚀剂。通过化学溶剂（显影剂）把可以溶解的部分去掉，在光刻胶层就会留下对应掩膜版的图形，完成第一次图形转移；当刻蚀剂把晶圆表面没有被光刻胶选择性保护的部分去掉的时候，图形就发生了第二次转移。

6.2.2　光刻与刻蚀工艺

光刻是指在光致抗蚀剂的保护下所进行的选择性腐蚀，它主要利用的是光致抗蚀剂经曝光后在某些溶剂里的溶解特性发生变化这一现象。它的主要步骤包括：基片前处理、涂光刻胶、前烘（软烘焙）、曝光、显影、后烘（坚膜）、刻蚀、去除光刻胶。

由上述过程可知，对准和曝光、刻蚀是两个主要环节。另外，有了良好的光掩膜，还必须经曝光和显影复印到抗蚀剂膜层上，而后通过腐蚀转移到衬底上。在这当中精确地复印和转移是最为重要的，特别对生成微米和亚微米图形尤其重要。

光刻工艺主要步骤如图 6-4 所示。

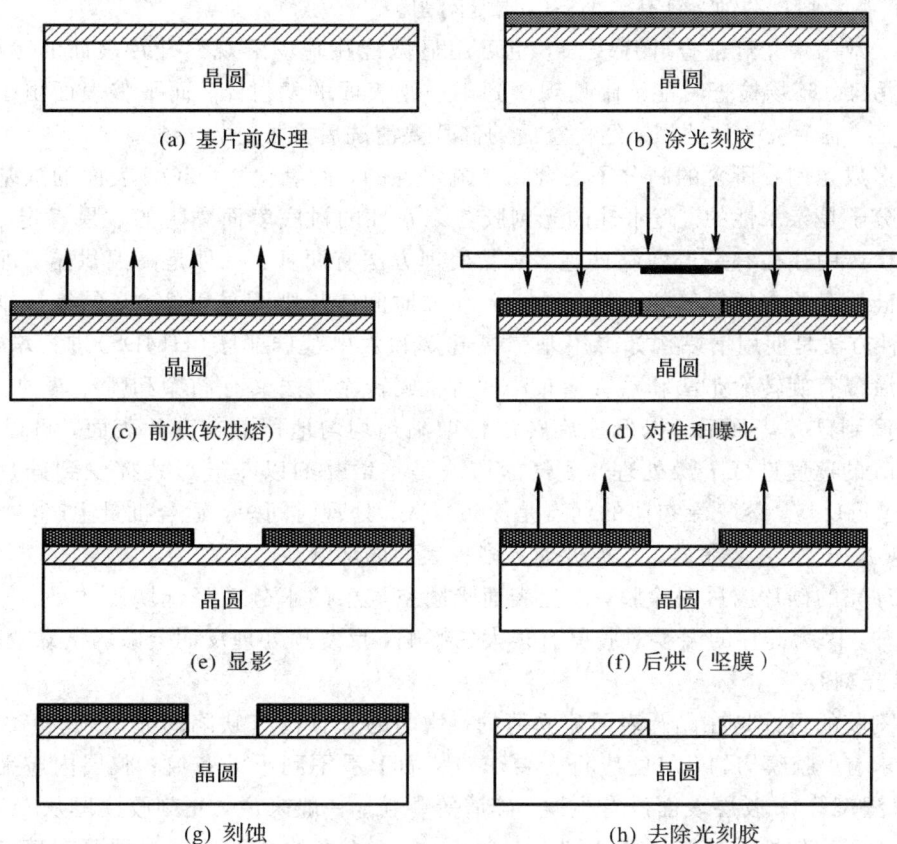

(a) 基片前处理　　(b) 涂光刻胶　　(c) 前烘(软烘熔)　　(d) 对准和曝光　　(e) 显影　　(f) 后烘（坚膜）　　(g) 刻蚀　　(h) 去除光刻胶

图 6-4　光刻工艺主要步骤

下面详细介绍光刻步骤。

1. 基片前处理

光刻工艺过程好比涂漆工艺，为确保光刻胶能和晶圆表面很好粘贴，形成平滑且结合得很好的膜，必须进行表面处理，确保表面干燥而且干净。基片前处理主要包括以下 3 个步骤：

（1）微粒清除。晶圆在生产、运输、存储过程中，不可避免地会吸附到许多污染颗粒。清除微粒常用的方法是高压氮气吹除、化学湿法清洗、旋转刷刷洗和高压水流冲洗。实际生产中可根据不同情况进行选用。

（2）脱水烘焙。晶圆涂胶前需要使其表面保持干燥。保持干燥的方法有两种：一是保持室内 50% 的相对湿度，二是将晶圆保持在干净而且干燥的惰性气体环境中。当然，涂胶之前还要进行烘焙，以确保晶圆表面干燥。大多数光刻工艺都采用低温烘焙。

（3）涂底胶。为提高光刻胶的附着性，低温烘焙后往往在晶圆表面涂上底胶以保证晶圆和光刻胶黏结牢靠。底胶材料广泛采用 HMDS（六甲基乙硅烷）。涂胶的方法有沉浸式、旋转式、蒸汽式等。

清洁、干燥的硅片表面能与光刻胶保持良好的黏附，因此，从氧化或扩散炉出来的硅片应立即涂胶以保持表面洁净，避免环境气氛对硅片表面产生不良影响。如果硅片表面有颗粒污物（如硅屑、灰尘、纤维等），则这些污物会造成硅片与光刻胶黏附不好，在显影和腐蚀时，会产生浮胶、钻蚀、针孔、小岛等质量问题。

工艺上常用聚光灯检查硅片表面，也可用显微镜在暗场下观察硅片表面的污染情况。若硅片被污染，暗场检查时能清晰地观察到不规则表面的发射光，而平整表面由于发射光进不了物镜，看上去一片漆黑。经检查后的硅片要清洗后才可进行光刻。

绝大多数光刻胶所含的高分子聚合物是疏水性的，而氧化物（SiO_2）表面的羟基和物理吸附的水分子是亲水性的。疏水性的光刻胶与亲水性的衬底表面黏附的效果肯定不好，因此在实际生产中往往有一道增黏处理。增黏处理方法有两种：一种是高温烘焙，即将不马上涂胶的硅片存放在通氮气的干燥箱内，若存放时间较长则需采用 200℃ 的氮气烘焙去潮湿；另一种方法是使用增黏剂如二甲基二氯硅烷和六甲基硅亚胺（HMDS）进行增黏处理。增黏剂的涂覆有旋转涂布法和蒸气涂布法两种。旋转涂布法又有滴涂和喷涂两种。滴涂是将增黏剂滴到硅片表面后，以低速旋转法将增黏剂均匀地覆盖在硅片表面，再以 3000～5000 r/min 的速度进行干燥处理。蒸气涂布法是将增黏剂以蒸气形式挥发到硅片表面与 OH 基团进行反应。蒸气涂布法的优点是涂布量大，处理时间短，适合批量生产，并能适用于 Al、SiO_2、Si_3N_4、多晶硅、石英玻璃等多种表面的除湿。

预处理完的硅片应尽快涂胶，以免表面吸附空气中的水分而降低增黏效果。但同时也要充分冷却，因为硅片的温度对胶厚有很大的影响，反复预处理反而会减弱增黏效果。

2. 涂光刻胶

涂光刻胶的目标是在晶圆表面建立薄的、均匀的并且没有缺陷的光刻胶膜。涂光刻胶的质量要求有：胶膜均匀，厚度应符合要求，胶面上看不到干涉花纹；胶层内应无点缺陷（如针孔、溅斑等）；胶层表面没有尘埃、碎屑等颗粒。一般来说，光刻胶膜厚从 0.5 μm 至 1.5 μm 不等，均匀性误差必须要达到 ±0.01 μm，这么高的精度要求必须要有精良的设备和严格的工艺控制才能达到。

涂胶器有手动式、自动式、半自动式。涂胶工艺分为静态涂胶工艺和动态涂胶工艺，其中动态涂胶工艺又分为动态喷洒和移动手臂喷洒两种方法。

涂胶方法有滴涂法和自动喷涂法两种。滴涂法使用得十分普遍，工艺和设备也都十分简单。具体操作方法为：将胶液滴到硅片表面中心位置上（让硅片在涂胶机上用吸气法固定），先低速旋转把多余的胶甩掉，然后以 3000～5000 r/min 的速度进行旋转，使硅片表面均匀地涂上光刻胶，示意图如图 6-5 所示。自动喷涂法的具体操作方法为：将硅片放入喷涂胶机上盛片的盘子里，借助电子计算机，根据设定的程序，让硅片自动地进入涂胶盘内进行喷涂，然后用传送带将涂好的硅片送入前烘机。

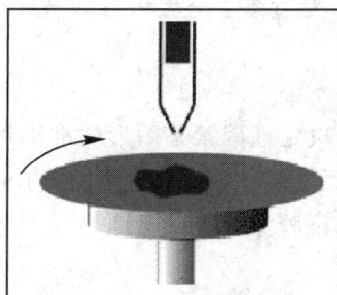

图 6-5　滴涂光刻胶

涂胶时不仅要求硅片表面清洁，而且涂胶盘内的相对湿度也不能超过 40％，否则即使是放入干燥的硅片，硅片表面也立即会吸附水汽，使硅片表面与光刻胶黏附不良。如图 6-6 所示显示了几种涂胶不良的情况。

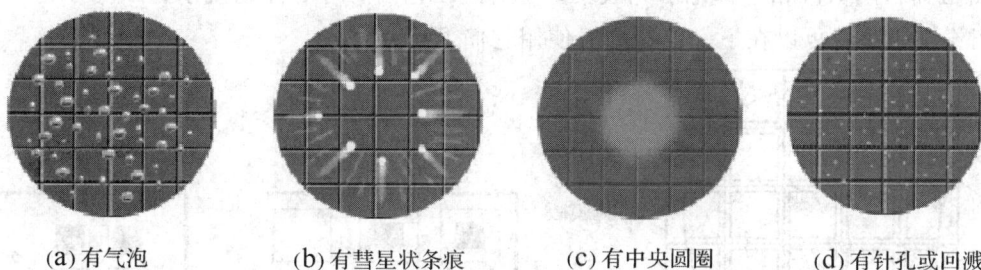

| (a) 有气泡 | (b) 有彗星状条痕 | (c) 有中央圆圈 | (d) 有针孔或回溅 |

图 6-6　涂胶不良的几种情况

3. 前烘（软烘焙）

涂胶后光刻胶在晶圆表面会形成一层薄胶膜。尽管胶膜很薄，但仍然有一定的溶剂物质被胶膜裹住，这些溶剂物质会吸收光，干扰光敏聚合物正常的化学变化，并且溶剂过多会影响光刻胶的黏附能力，如果直接曝光，会造成黏版并损伤胶膜，从而影响图形完好率。因此必须通过前烘去除一部分溶剂物质。烘焙后，光刻胶仍然保持"软"的状态，故前烘又称软烘焙。软烘焙过程主要需要控制的参数是时间和温度。前烘温度一般为 60～100℃，时间为 1～2 min。如在烘箱内，前烘时间要稍长些。通过前烘，胶的厚度一般要减少 10％左右。

前烘的目的是去除胶层内的溶剂，提高光刻胶与衬底的黏附力及胶膜的抗机械擦伤能力。

前烘可采用烘箱法、热板式法。烘箱法是将涂好胶的硅片放入有一定温度的烘箱内，使光刻胶挥发。热板式法是用传动的板带（加湿）对涂好胶的硅片进行热处理，以达到同样目的。实际生产中大多采用后者。

对于较厚的胶膜，前烘的升温速度要慢，否则表面干燥得过快，内部溶剂来不及挥发，会造成胶膜发泡而产生针孔，使晶圆表面和光刻胶层接触不良，进而在显影或腐蚀时产生浮胶。

一般来说，前烘温度越高，时间越长，光刻膜与片基黏附得越好。这是因为涂胶后，由于交界面处的光刻胶中的溶剂尚未充分挥发，这些残留的低分子溶剂阻碍了分子间的交联，在显影时就有部分的胶被溶解掉，会出现溶胶、图形变形等现象，影响光刻剂质量，因此前烘的温度不能过低或时间过短。但是，如果温度过高，则会导致光刻胶翘曲硬化，造成显影不完全，分辨率下降，甚至会使光刻胶膜碳化，从而失去抗蚀能力，进而破坏图形。前烘时间过长，光刻胶中增感剂挥发过多，会大大减少光刻胶的感光度，严重时会造成热感光。

4. 对准和曝光

保证器件和电路正常工作的决定性因素是图形的准确对准，以及光刻胶上精确的图形尺寸的形成。所以，涂好光刻胶后，第一步是把所需图形在晶圆表面上准确定位或对准，第二步是通过曝光将图形转移到光刻胶涂层上。

（1）对准。

对准第一个掩膜版时，需要把掩膜版上的 Y 轴与晶圆上的平边成 90°放置（如图 6-7 所示）。其余的掩膜版的对准标记（即"靶"）都必须与上一层掩膜版的对准标记对准。对准标记是一些特殊的图形（如图 6-8 所示），它们分布在每个芯片图形的边缘，很容易找到。

手动对准由操作员把掩膜版上的标记放在晶圆图形上相应的标记上来完成。自动对准系统由机器自动对准相应标记来完成。经过刻蚀工艺后，对准标记就永远成为了芯片表面的一部分，于是就可以在下一层对准时使用它们了。

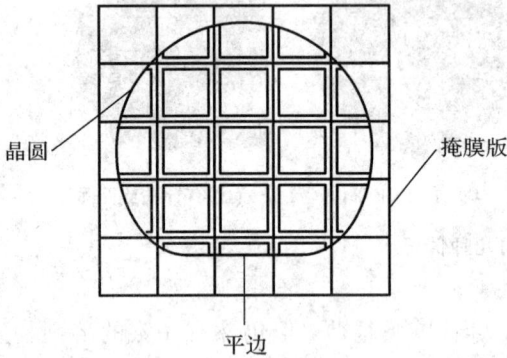

图 6-7 第一个掩膜版对准示意图   图 6-8 常见的几种对准标记

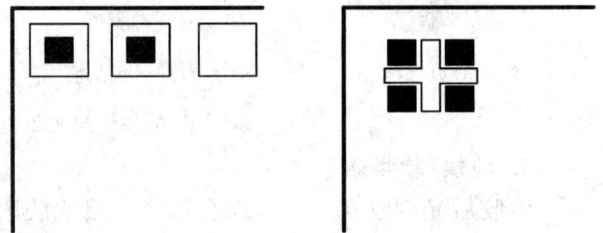

存在对准误差又称为未对准（Misalignment）。常见的未对准分为以下几种类型（如图 6-9 所示）：简单的 X 方向位置错误；晶圆的一边是对准的，然而在沿着晶圆的方向上图形会逐渐变得不对准（伸出未对准）；芯片图形在掩膜版上有旋转，产生转动的未对准（转动未对准）。

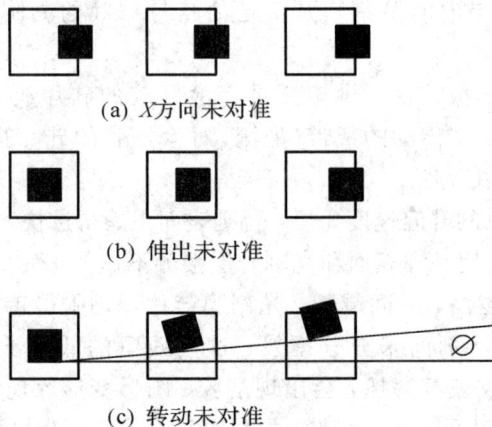

(a) X方向未对准

(b) 伸出未对准

(c) 转动未对准

图 6-9 未对准类型

　　另外，当芯片图形偏心放置，或没有在掩膜版的恒定中心形成时，就会出现只有一部分掩膜版上的芯片图形可以准确地和晶圆上的图形对准，而在沿着晶圆的方向上图形会逐渐变得未对准。这些未对准问题往往和掩膜版和光刻机有关，我们称之为发生了伸入和伸出。

　　由经验可得：对于微米或亚微米特征图形尺寸的电路，必须满足最小为三分之一特征图形尺寸的套准容差。通过计算可以得到整个电路的覆盖预算（Overlay budget），它是整个掩膜组允许对准误差的累加。例如对于 $0.35\ \mu m$ 的产品，允许的覆盖预算大约是 $0.1\ \mu m$。

　　（2）曝光。

　　生产较复杂的集成电路需要经过几十次光刻，如果曝光量掌握得不好，图形尺寸有可能变大也有可能变小，特别对于微米级和亚微米级产品，这个问题会更严重。

　　影响光刻胶感光度的主要因素是光源的波长，每种光刻胶对在自己的吸收峰和吸收范围内的光是敏感的，而对不在该范围内的光是不敏感的。选择的曝光源必须适应光刻胶的光谱特性。如适用于 KPR 胶的接触式曝光源常选用高压汞灯、氙灯或钨灯。

　　选好光源，光源与硅片的距离保持一定后，曝光量的大小就可以通过光源强度和曝光时间来控制。如果光源强度也保持一定，则可利用感光胶的性能和胶膜厚度来确定曝光时间（一般曝光时间在几秒到几十秒之间）。

　　曝光质量是影响光刻胶与衬底表面黏附效果的重要因素之一。对于负性胶，若曝光量不足，交联不充分，显影时会发生聚合物膨胀引起图形畸变，严重时部分图形会被溶解掉；若曝光量过度，显影时不能完全显影，容易产生较重的底膜，使 SiO_2 层刻蚀不干净。正性胶曝光量对图形的影响与负性胶刚好相反。

　　曝光质量对光刻分辨率有很大影响，具体表现为：

　　① 若晶片弯曲，在晶片上有凸起或灰尘，光刻胶厚度不均匀，定位设备不良等，都将使曝光分辨率显著下降。

　　② 曝光光线应是平行光束，而且与掩膜版和胶膜表面垂直，否则将使光刻图形变形或使图形边缘模糊。

　　③ 胶膜越厚，光刻胶中的固态微粒含量越高，则光线在胶膜中因散射产生的侧向光化学反应越严重，对分辨率的影响也越大。

　　④ 由于光的衍射、反射和散射作用，曝光时间越长，分辨率越低。但曝光不足，光反应不充分而使部分胶在显影时溶解，会使胶的抗蚀性能下降或出现针孔。

　　⑤ 掩膜版的分辨率和质量，以及显影、腐蚀和光刻胶本身的性能等也会影响光刻的分辨率。

　　生产中引起曝光不足的主要因素有：

　　① 衬底对光的反射。衬底表面的反射强弱与材料的性质及状态有关。例如铝反刻，由于铝层反射光强烈，所以曝光时间要适当增加。因此对于不同的衬底表面，光刻所需的曝光量有较大的差别。

　　② 光刻胶对光的吸收。实验证明，光刻胶的感光度（波长）和光刻胶的吸收光谱是一致

的。即感光度大的波长，其光谱吸收也大；感光度小的波长，其光谱吸收也小。另外，对于涂得较厚的胶膜，由于大部分能量会被上层的光刻胶吸收，因而光无法到达光刻胶与衬底的界面处，造成曝光不足。所以要选择适当的光源对光刻胶进行曝光，同时涂胶厚度应合适。

生产中引起分辨力下降的主要因素有：

① 光的衍射。接触式曝光机曝光时，必须将掩膜版与光刻版紧密接触，防止光线因间隙发生衍射，使不该曝光的部分被曝光。这种不充分曝光显影之后，极薄的光刻胶残留在光刻衍射区内，经过刻蚀，图形的边缘会形成厚度逐步递减的过渡区，造成分辨力下降。

② 光的散射。由于光刻胶内微粒的存在引起光的散射是造成分辨力下降的另一个原因。光的散射会造成光硬化反应，同时向两侧散射，使分辨力下降。当然，涂得极薄的胶膜由于对光的吸收小，入射光透过胶膜在硅片表面进行反射，也是一种散射现象，生产中应尽量注意避免。

根据曝光光源的不同，曝光可分为光学曝光、电子束曝光、X 射线曝光和离子束曝光。

在光学曝光中，由于掩膜版位置不同，曝光又可分为接触式曝光、接近式曝光和投影式曝光(如图 6-10 所示)。目前生产上接触式曝光、接近式曝光几乎不再使用了，投影式曝光使用较普遍。投影式曝光的原理(如图 6-11 所示)为：对准时，将显微镜置于掩膜版上方，光线经聚光镜和滤光片后形成单色光束，通过半透明折射镜将硅片表面的反射光偏转90°，然后通过物镜照射到掩膜上，利用显微镜观察硅片表面反射光与掩膜图形的相对位置并进行对准；曝光时，曝光源通过聚光镜和滤光片后，经掩膜版通过物镜，再由折射镜偏转90°角，照射到涂有光刻胶的硅片表面进行曝光。

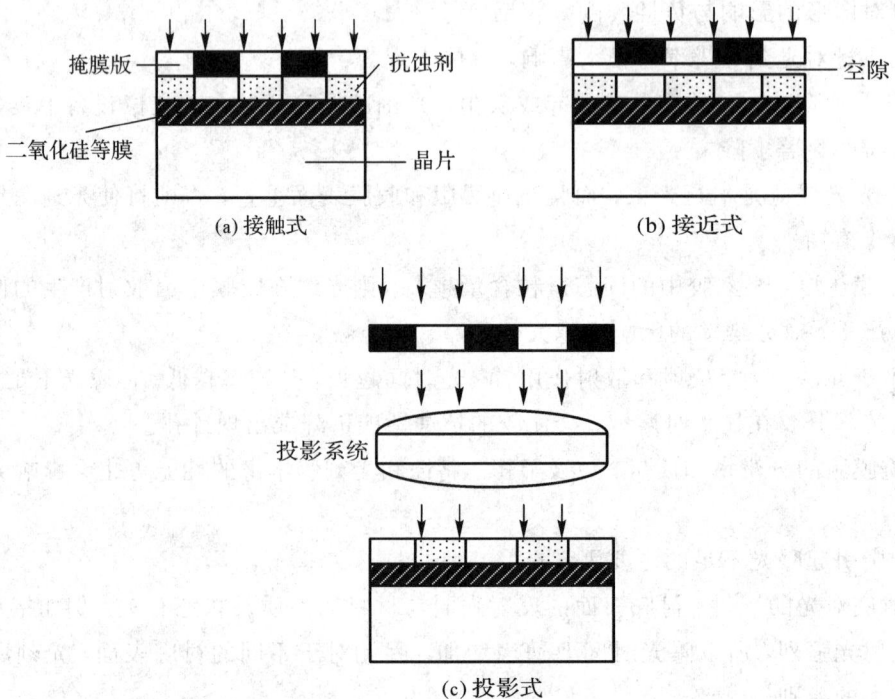

(a) 接触式　　　　　　　　　　　(b) 接近式

(c) 投影式

图 6-10　三种光学曝光形式

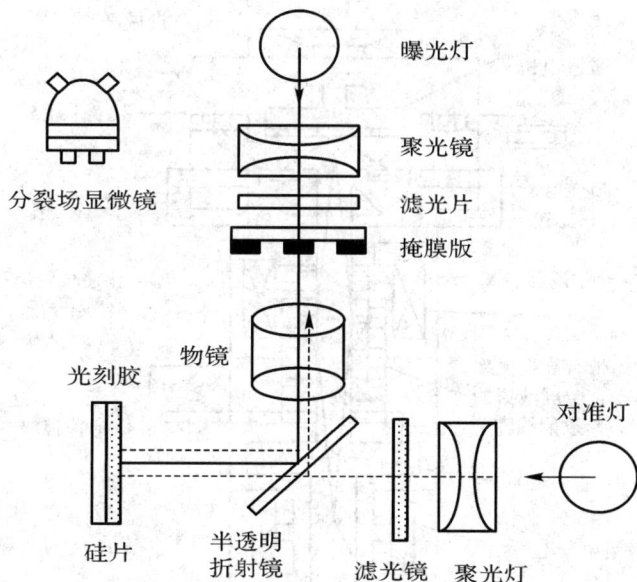

图 6 - 11　投影式曝光原理图

投影式曝光方法大量应用于 LSI 和 VLSI 中小于 3 μm 的线条加工。

投影式曝光的优点是：

① 掩膜版不与晶圆片接触，掩膜版利用率提高。

② 对准是观察掩膜版平面上的反射图像，不存在景深问题。

③ 掩膜版上的图形通过光学投影的方法缩小，并聚焦于感光胶膜上，这样掩膜版上的图像可以比实际尺寸大得多(通常掩膜版与实际图形尺寸之比为 10∶1)，提高了对准精度，避免了制作微细图形的困难，也削弱了灰尘的影响。

投影式曝光的缺点是对环境要求特别高，微小的振动都会影响曝光精度，另外光路系统复杂，对物镜成像能力要求很高。

电子束曝光又分为扫描式和投影式。扫描式曝光是把光源汇聚成很细的射束，直接在光刻胶上扫描出图案(可以不用掩膜版)。其曝光装置示意图如图 6 - 12 所示。

扫描式曝光过程为：电子枪阴极产生电子，经栅极控制，形成定向发射的电子束，在阳极高电压的作用下加速，使电子获得很高的能量；系统中的电磁透镜完成聚焦，另外还设有电子束来通、断和偏转扫描装置，并由计算机提供的脉冲调制信号进行控制；先用腐蚀法在基片上做出一定形状的标记图形(如"+"形，标记图形也可以是基片表面凸起的台阶，一般为二氧化硅台阶或在低原子序数的基片上用高原子序数材料作为台阶标记)，标记图形上可以覆盖氧化层和抗蚀剂层；用标记识别各次套准的相对位置；对准时当电子束扫描到记号边缘，检测器就会接收到反射电子，根据反射电子能量产生的脉冲信号与储存在计算机中的位置信号进行比较，定出位置偏差，再将控制信号供给偏转器使之自动调整电子束扫描位置，完成对准曝光。

显然这种方式不需要掩膜版，只要给出图形各部分的坐标值，并转变成相应的电信号并储存于计算机中，然后通过扫描系统和通断装置就可以控制电子束完成对图形的曝光。

电子束扫描曝光分为矢量扫描曝光和光栅扫描曝光两种。

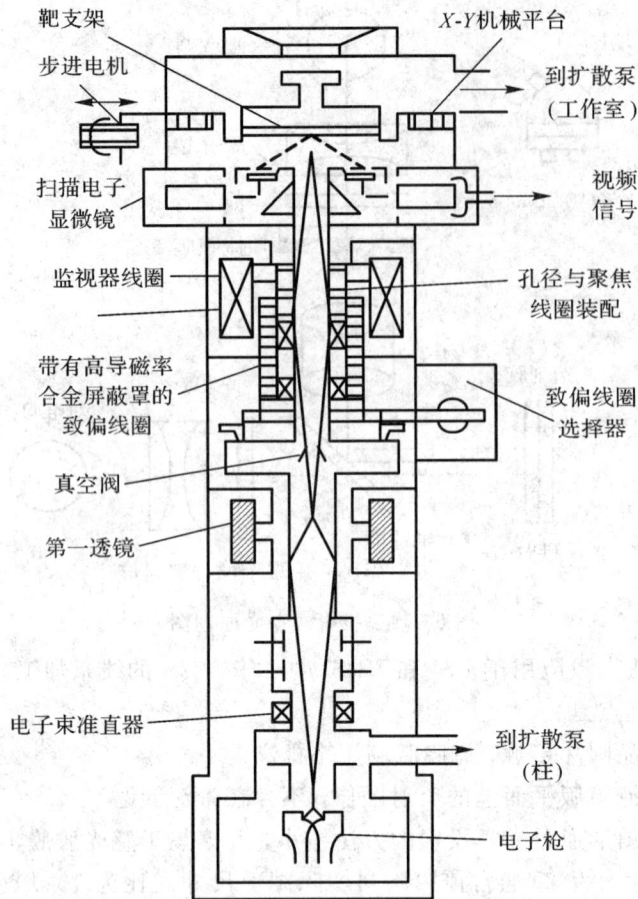

图 6-12 扫描式曝光装置示意图

矢量扫描曝光的特点是电子束仅在图形的扫描场内进行扫描曝光。当一个扫描场全部完成后，X-Y 工作台移到新的扫描场。矢量扫描方式结构十分复杂，要求扫描系统偏转性能良好。由于仅在需要曝光的图形部分扫描，没有图形的空白部分不扫描，所以大大节约了扫描时间。

光栅扫描曝光时电子束只在 $128\ \mu m$ 的小范围内做一维运动，对扫描系统要求低。由于光栅扫描曝光的扫描场小，不在极限条件下，所以大大改善了扫描偏转线性度、图形误差和畸变。但由于是全面扫描，当需要曝光的图形面积所占比例较小时，扫描时间较长。

投影式电子束曝光是指利用从特殊掩膜获得的电子束图像在 EBR 上进行成像照射。所谓特殊掩膜，就是往石英玻璃上先蒸一层钛，制备出图形后将其氧化成二氧化钛，获得二氧化钛掩膜，然后再在整个掩膜上蒸发一层 $10\ \mu m$ 左右的钯层(或碘化铯薄层)作为光电子发射材料即光阴极。

投影式电子束曝光分为摄像管式曝光和透射电子成像式曝光两种。

摄像管式曝光是指利用光电子发射材料制备的特殊掩膜，通过紫外光激励产生光电子图像并被电场加速，对与掩膜平行而贴近的基片进行曝光。这种方法的对准精度和分辨率高，并且曝光速度快，但要求基片的平整度高，否则会影响加速电场的均匀性，导致图形畸变。曝光过程如下：紫外线从掩膜背面照射，在有二氧化钛掩膜的图形区，紫外线被高速率地吸收而挡住，使该区域的钽或碘化铯不能发射电子；在无图形区，光电效应激发出光电子，经高压电场加速并在磁场作用下会聚后照射在对面作为阴极的基片上。这种对准方法是：在基片上先做好五氧化二钽的标记，然后电子束照射到氧化钽层就产生 X 射线，利用 X 射线检测器测得的信号强度来判断是否对准。

透射电子成像式曝光与精缩兼分步重复照相机相类似。透射电子成像式曝光过程为：电子枪发射的电子经过三级电磁透镜后，转变为一平行面电子束投射到金属箔掩膜版上，掩膜版上的图形由许多能使电子束透过的微小圆形孔洞组成。精缩镜头是一组电磁透镜，使透过掩膜版的电子束在基片上形成 1/10 的掩膜版图形的缩小像。透射电子成像式曝光对准方法是：以扫描电子显微镜形成操作电子光学系统，并观察掩膜版图像与电子光学系统中的图像，使之重合来进行位置对准。每次曝光采用机械方式移动样片台，这样不断进行重复曝光。这种方法不仅具有高分辨率的优点，而且具有比扫描式曝光效率高的优点，同时曝光速度也快，但掩膜版制作困难，设备也复杂、昂贵。

电子束曝光的优点是：和光学曝光相比，分辨率高，能扫描最小线宽为 $0.1\ \mu m$ 的微细图形；其扫描式还可以不用掩膜版，缩短加工周期，有利于新产品试制；对准曝光、图形拼接等都由计算机来完成，大大提高了加工精度。

电子束曝光的缺点是：设备复杂，成本贵；投影曝光时间短，掩膜版制备困难；其扫描式曝光一次曝光面积小，完成大晶圆片全部图形曝光所需时间较长。

电子束曝光还有一个特点就是存在邻近效应。邻近效应是指电子束在光致抗蚀剂层内的散射及基片底部表面的背散射，在一个图案内的曝光剂受到邻近图案曝光的影响的特性。邻近效应使掩膜在显影后，发生线宽变化和图形畸变。为改善这种现象，需要将图形分割成较小的形状，然后调整每个小图形的入射剂量，使每个图形的平均剂量都比较合适。但是，因为增加了计算机分割和曝光图形所需的时间，因此这种修正降低了工作效率。

X 射线曝光利用 X 射线作为光源，透过 X 射线掩膜照射到基片表面上的抗蚀剂上。X 射线不易聚焦，它是光学接触式曝光的一种发展，也是电子束曝光技术的一种补充，它能够比较有效地利用电子束制版分辨率高的特点。这种方法被认为是目前解决亚微米复印技术中最重要的途径，但仍有许多问题没解决。

X 射线曝光中，采用波长为 $0.4\sim1.4\ nm$ 的单色 X 光。作为曝光用的 X 射线，可采用电子束式或激光束激发靶物质而放出的 X 射线。在 $10^{-4}\,Pa$ 的真空中，用高能电子束袭击靶材料，就能产生 X 射线。目前生产上多采用铝靶，也可以用同步加速器放射出来的 X 射线。

X 射线曝光方法很多，基本原理和一般光学曝光方法中接近式曝光相似，在晶圆圆片和掩膜间留有很小的间隙。由于 X 射线的衍射、反射、折射及散射都很小，其影响对于亚微米而言是微不足道的。X 射线的能量比电子束曝光所需的能量小得多，它的二次电子效应小，邻近效应也小。X 射线穿透力强，不仅在胶膜上下曝光均匀，而且尘埃对 X 射线曝光没有显著的影响，可获得极为精细的图形，理论分辨率可达到 $0.05\ \mu m$。所以，X 射线有很大的发展空间。

离子束曝光的作用机理与离子注入机理相似。离子束注入抗蚀剂的离子，通过弹性和非弹性的碰撞，使抗蚀剂分子量或结构发生变化，使其溶解性发生变化，达到曝光目的。

离子束和电子束一样，具有很高的分辨率。但离子的质量比电子大，抗蚀剂的散射要比电子束好掌握得多，而且离子轰击所产生的次级电子能量非常低，所引起的散射很有限，邻近效应也不明显。光效抗蚀剂对离子要比对电子更敏感，对使用的抗蚀剂没有什么特殊要求，因此曝光时间大大缩短。

离子束曝光分为接近式离子束曝光和聚焦离子束扫描曝光。

接近式离子束曝光是指将掩膜版与衬底相距 $20~\mu m$ 左右，掩膜版采用单晶硅膜和无定型材料膜如氧化铝和氧化硼等制作穿透膜后，用能吸收离子的材料如金膜制作出所需要的图形。当离子沿着单晶掩膜的主对称方向平行入射时，有 $95\%\sim98\%$ 的离子在单晶原子之间沿一条波形轨道穿透出去，图形部分能阻止离子穿透过去，从而实现了离子束曝光。这种曝光方式对掩膜版的要求很高。如果要提高分辨率，减少散射效应，则要求掩膜材料的厚度尽可能薄。如分辨率要达到 $0.1\sim0.2~\mu m$，则要求穿透膜厚度为 $0.1~\mu m$。同时，要在这样薄的硅膜上形成用以掩蔽图形阻挡层而不致损坏难度较大。

聚焦离子束扫描曝光与扫描式电子束曝光相似，其关键部件是需要细聚焦的离子源。早期的等离子型离子源亮度小，很难推广应用。现在有些工厂采用强离子源和液体金属离子源。

实验证明，离子源的空间分辨率是令人满意的。但是，如果采用静电偏转离子束，静电元件会改变离子的速度，且散焦效应比磁偏转厉害。因此如何偏转离子束而不让它散焦是一个很重要的问题。

通常在曝光后、显影前还要进行一次烘干，称为 PEB(Post Exposure Bake)烘。这道烘干工艺主要是通过低温($110℃\sim120℃$)、短时间($1\sim2$ min)的热处理，使曝光后的光刻胶进一步发生化学反应，使胶膜在显影液中的溶解度进一步改善。PEB 烘的目的是消除驻波的影响。驻波产生的原因是当涂在平坦硅片的胶被曝光时，没有被胶吸收的光被高效率地从硅片表面反射回来，入射光和反射光相干涉，使沿胶厚方向的光强形成波峰和波谷，从而形成驻波。

5. 显影

显影是指把掩膜版图案复制到光刻胶上。晶圆完成对准和曝光后，器件或电路的图形就以已曝光和未曝光的形式记录在光刻胶层上，显影技术用化学反应分解未聚合光刻胶使图案显影。常见的显影工艺问题包括以下 3 个方面的情况：

(1) 不完全显影：会导致开孔尺寸出错，或开孔侧面内凹。

(2) 显影不够深：在开孔内留下一层光刻胶。

(3) 过显影：过多地从图形边缘或表面上去除光刻胶。

实际生产中应根据所选用的不同光刻胶的曝光机理，选择不同的显影液。对于大多数负性光刻胶，通常选用二甲苯、Stoddard 溶剂作为显影剂，并用 n-丁基醋酸盐进行化学冲洗，以去除开孔区部分聚合的光刻胶和稀释曝光边缘过渡区的显影液。正胶显影通常采用 NaOH 或 KOH 碱水溶液，或 TMAH(叠氮化四甲基铵氢氧化物溶液)非离子溶液。有时还需要添加表面活性剂以增强其和晶圆表面的黏结能力。

显影方法包括湿法显影和干法显影。其中湿法显影又分为沉浸、喷射、混凝 3 种方式；干法显影常用等离子体刻蚀方法将光刻胶曝光后的图案从晶圆表面上氧化掉。

湿法显影的缺点：

(1) 由于显影液向抗蚀剂中扩散，因而引起刻蚀图形溶胀。

（2）清晰度和尺寸精度不够高。

（3）显影液的组分可能会发生变化和变质，从而引起显影液特性发生变化。

（4）晶片沾污，作业环境恶化和操作人员的安全性下降。

（5）大量化学药品的使用和处理成本高。

（6）难于实现自动化和合理化。

6. 后烘（坚膜）

后烘又称坚膜、硬烘焙。经显影以后的胶膜会发生软化、膨胀，使胶膜与硅片表面黏附力下降。为了保证下一道刻蚀工序能顺利进行，使光刻胶和晶圆表面更好地黏结，必须继续蒸发溶剂以固化光刻胶。

硬烘焙在设备和方法上和软烘焙相似，有真空烘箱式或红外照射法，也有热板式全自动烘烤法。目前生产中大多采用全自动热板式烘烤法。烘焙时间和温度的选择通常以光刻胶制造商推荐的标准为宜。

硬烘焙设备通常和显影机并排放在一起，因为显影后需马上进行硬烘焙。在此过程中，晶圆存放在 N_2 气中以防止水分被重新吸收到光刻胶中。

显影和烘焙之后就要完成光刻掩膜工艺的第一次质检，称为显影检验（DI）。检查项目包括：显微镜目检（ADI）、线宽检查（CD）、对准检查（Overlay）。如果发现不符合质量规范的晶圆，如超出图形尺寸（CD）的规范、图形未对准、表面污染、在光刻胶中有孔洞或者划痕与污渍或者其他表面不规则物、具有畸变的图形等，可以进行光刻的返工。少量的光刻返工对产品的成品率影响很小，而且因为此时晶圆尚没有发生永久改变，所以这是整个制造工艺中发生错误后能够返工的很少几个步骤之一。

显影检验不合格的晶圆返工循环过程为：去除光刻胶→脱水→旋转涂胶→烘焙→对准和曝光→显影和烘焙→显影检验。通过检验的晶圆进入下一道工艺进行处理，即进行刻蚀。

7. 刻蚀

显影检验后，掩膜版的图案就被固定在光刻胶膜上。刻蚀是通过光刻胶暴露区域来去掉晶圆最表层的工艺，主要目标是将光刻掩膜版上的图案精确地转移到晶圆表面。刻蚀工艺主要分为湿法刻蚀（包括沉浸和喷射方法）和干法刻蚀（包括等离子体刻蚀、离子轰击、反应离子刻蚀 RIE）两大类，如图 6-13 所示。刻蚀后图案就被永久地转移到晶圆的表层。刻蚀常见的问题是不完全刻蚀和过刻蚀。当刻蚀时间过长或刻蚀温度过高，还会产生严重的底切，生产上要采取各种措施防止底切。特征尺寸小于 3 μm 的工艺上常用等离子体刻蚀代替湿法刻蚀。湿法刻蚀一般刻蚀 3 μm 以上线条，优点是工艺简单，选择性好，缺点是各向异性差，难于获得精细图形。刻蚀 3 μm 以下线条用干法腐蚀，优点是各向异性好，分辨率高。

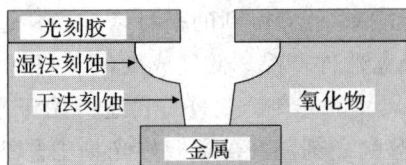

图 6-13　干法刻蚀与湿法刻蚀

8. 去除光刻胶

晶圆经刻蚀之后，图案永久成为晶圆最表层的一部分，而作为刻蚀阻挡层的光刻胶层就不再需要了，必须从表面去掉。传统方法采用湿法化学工艺去胶。依据晶圆表面(在光刻胶层下)、器件类型、所选光刻胶极性与光刻胶状态应选择不同的化学品去除光刻胶。光刻胶去除剂包括综合去除剂和专用于正或负光刻胶的去除剂，常见的有有机酸、铬、硫酸溶液等去除剂。

除了湿法去胶，还可选用干法去胶。干法去胶是将晶圆放置于反应室中并通以氧气，等离子场把氧气激发到高能状态，光刻胶被氧化为气体并由真空泵从反应室吸走。

经离子注入工艺和等离子体工艺后的去胶常用干法工艺去除或减少光刻胶，再以湿法工艺去除，或通过设置工艺参数(如添加卤素)来去除。

6.3 光刻三要素

6.3.1 光刻机

光刻机非常复杂，但它的基本工作原理却很简单。例如，在离墙面很近的地方拿一把叉子，用闪光灯照射叉子，这时墙面上就形成了一个叉子的图像。用半导体行业的标准衡量，这个叉子的图像很不精确。光学基本原理告诉我们，光线在不透明的边缘区域或穿过狭缝时会发生弯折(弯折量由波长决定)，我们说光线会发生衍射。闪光灯所发出的白光是多种不同波长(颜色)光的混合。由于白光有多个波长，多条光线在叉子的边缘处发生衍射，使边缘发散图像变得模糊。

我们可以通过一些方法来对图像进行改进。一种方法是用波长更短的光来代替闪光灯发出的光。使用较短波长或单一波长的光源可以减少衍射。另一种方法是使所有的光线通过同一光路，即通过反射镜和透镜，可以把光线转化成一束平行光，这样就改善了图像的质量。图像的清晰度和尺寸也受到光源与叉子以及叉子与墙面之间距离的影响。缩小这两个距离会使图像更清晰。光刻机正是利用短波或单一波长曝光光源、准直平行光以及对距离严格控制的方法得到所需的图像。

光刻机有很多种类型。最早使用的光刻机是接触式光刻机，20世纪70年代中期以前，接触式光刻机一直是半导体工业中主要使用的光刻机。接触式光刻机对准过程为：首先将一个大于晶圆尺寸的掩膜版放置在一个真空晶圆载片盘上，晶圆被放到在载片盘上后，操作员通过一个拼合视场物体显微镜仔细观看掩膜版和晶圆的各个边(如图6-14(a)所示)；然后通过手动控制，左右移动或转动载片盘(X、Y、Z方向运动)，直到晶圆和掩膜版上的图形对准；掩膜版与晶圆准确对准后，活塞推动晶圆载片盘使晶圆和掩膜版接触(如图6-14(b)所示)，最后由反射和透镜系统得到的平行紫外光穿过掩膜版照在光刻胶上。

接触式光刻机主要用于分立器件产品、低集成度(SSI)和中集成度(MSI)电路，以及大约在5 μm或更大的特征图形尺寸的光刻。此外，它还可用于平板显示器件、红外传感器、器件包和多芯片模块(MCM)等的光刻。只要掌握好光刻工艺技术，甚至还可以用接触式光刻机加工出亚微米图形。

(a) 对准阶段

(b) 接触阶段

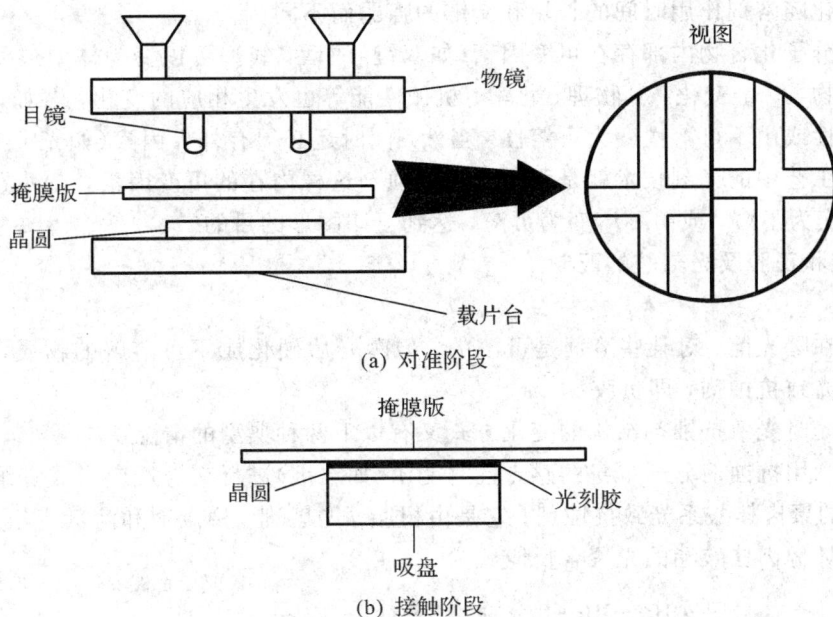

图 6-14　接触式光刻机对准过程

接触式光刻机会损坏光刻胶层甚至损坏掩膜版，这样，逐渐发展出一种带有软接触掩膜版机械装置的接触式光刻机，我们称之为接近式光刻机。

随着半导体光刻技术的发展，还发展出了其他性能更加完善的光刻机。如扫描投影光刻机，它利用狭缝产生光束在晶圆表面扫描，像幻灯片一样将掩膜版上的图形投影到晶圆表面上。如步进式光刻机，它带有一个或几个芯片图形的掩膜版，第一个芯片图形掩膜版对准、曝光后移动到下一个曝光场，重复这样的过程，使每个芯片图形掩膜版分别精确对准，常用于自动对准系统；如后分布扫描光刻机，在小区域内以扫描方法对准，使整个晶圆以步进式对准。

6.3.2　光刻胶

光刻胶即光致抗蚀剂，是一种有机高分子化合物，主要由碳、氢等元素组成。它与低分子化合物相比，分子量很大，可以是几百、几千、几万甚致几十万，没有确定的数值，所以，它的分子量以平均分子量来描述，结构式常用$\pm A\pm_n$表示，A 表示一个单分子，n 表示高分子化合物的聚合度。

根据结构类型的不同，高分子化合物分为线型高分子化合物和体型高分子化合物两种。线型高分子化合物分子间的结合主要靠分子间的作用力；体型高分子化合物其长链间的结合主要靠化学键。分子间作用力比化学键要弱得多，所以线型高分子化合物一般是可溶性的，而体型高分子化合物是难溶性的。

不论线型高分子化合物或体型高分子化合物，其长链间的结合都比较松弛，它们之间的间隙相对来说都比较大，所以一些低分子化合物如通常用的溶剂很容易渗入其间，使线型长链分子间彼此分离而溶解，即使未能溶解，由于低分子的热运动作用而渗入长链分子间，也会使它溶胀。对于体型高分子化合物，在低分子化合物的作用下，通常只发生溶胀，随着溶胀时体积的变化，长链分子间的结合减弱，其抗蚀能力和机械性能相应降低。溶胀时体积的变化随溶剂作用时间的长短和交链的强弱而不同。

如果高分子化合物内部存在可变因素(如双键)的话,线型可以变为体型或另一种线型高分子化合物,一经变化,其物理、化学、机械性能等也发生相应的变化,譬如,由可溶性变为不可溶性或由不可溶性变为可溶性。当然,同时还必须有外界因素(如光、热)的作用。半导体制造工艺中的光刻技术就是利用光致抗蚀剂这样内在的可变因素,在外界因素作用下,由可溶变为不溶,或由不溶变为可溶,达到复印图形的目的。

1. 负胶和正胶及光刻胶的配制

1)负胶

光刻胶在曝光前,对某些溶剂是可溶的,但曝光后硬化成不可溶解的物质,这一类光刻胶称负型光致抗蚀剂,即负胶。

负胶曝光时光致抗蚀剂结构的变化方式又有以下两种典型的情况:

一种是利用抗蚀剂分子本身的感光性官能团(如双键)进行交链反应形成三维的网状结构,如常用的聚肉桂酸系光致抗蚀剂。它是由树脂、增感剂、稳定剂和溶剂等组合而成的,其中的聚乙烯醇肉桂酸酯的光聚合反应式为

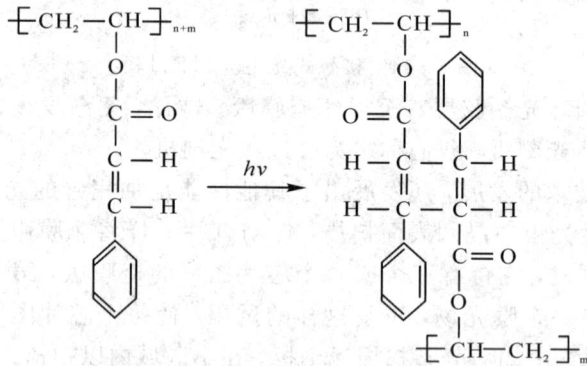

这种抗蚀剂的感光波长在230~340 nm范围内,最大吸收峰在320 nm左右,如果使用通常的曝光光源(如水银灯),就不能得到充分的感度,必须添加适当的增感剂,使感光波长范围向长波(340~480 nm)方向扩展。

另一种是利用交联剂(又称架桥剂)进行交联形成三维的网状结构。聚烃类-双叠氮系光致抗蚀剂属于这一类,它由聚烃类树脂(如环化橡胶)、交联剂和增感剂溶于适当的溶剂中配制而成。这种抗蚀剂黏附力强,耐腐蚀,容易使用,价格便宜,所以一经出现就成为光致抗蚀剂的主流。

2)正胶

光刻胶在曝光前对某些溶剂是不可溶的,但曝光后是可溶的,这类光刻胶称为正型光致抗蚀剂,即正胶。

正胶由光分解剂和碱性可溶的线型酚醛树脂及溶剂经过特殊的加工精制而成。其中光分解剂常用有苯醌双叠氮化物或萘醌双叠氮化物等。

这种抗蚀剂曝光后可溶于有机或无机碱性水溶液,未曝光部分被保留下来,得到与掩膜版相同的图形。

正胶的显影速度受温度影响比负胶大,需要把显影液的温度控制在一个很窄的范围内。此外,正胶的黏附性和耐腐蚀性都比负胶差,但分辨率强,线条边沿很好,在光刻胶中

占有重要地位。

3）光刻胶的配制

光刻胶的性能好坏与其配制比例有关。配制的原则是光刻胶既要有良好的抗蚀力，又要有较高的分辨率。但这两者是相互矛盾的，抗蚀力强的胶要厚，但是光刻胶变厚，其分辨率就下降了。因此配制光刻胶时要使两者兼顾为好。

负型胶配制材料如下：

聚乙烯醇肉桂酸酯	10 g	5%～l0%
5-硝基苊	1 g	0.25%～1%
环己酮	100 ml	90%～95%

正型胶配制材料如下：

重氮萘醌磺酸酯	0.2 g
酚醛树脂	0.04 g
环氧树脂	0.02 g
乙醇乙醚	4 ml

配制光刻胶是在暗室中进行的，如果是自制光刻胶，一定要将配制好的光刻胶静置一段时间以后进行过滤，把一些难溶的微小颗粒过滤掉。过滤后的光刻胶要装在棕色玻璃瓶中，外加黑色厚纸包裹置于暗室中。如果是买的商品胶，应避免造成漏光或暗反应使胶失效。

2. 电子束抗蚀剂和 X 射线抗蚀剂

电子束抗蚀剂和 X 射线抗蚀剂有正型和负型两种，但与上述负胶和正胶比较，电子束曝光和 X 射线曝光所产生的光化学反应要复杂得多，不能用反应式具体地表示出每种高聚物的化学变化。

电子束曝光的基本原理是：当电子束照射光致抗蚀时，由于激励抗蚀分子等原因，产生的二次、三次电子将失去能量而逐渐成为低能电子。组成光致抗蚀剂的原子为 C、H、O 等，这些原子的电离势大约为几十至几百电子伏特。因此，当这些电子（包括二次、三次电子）的能量低至几十电子伏特时，将强烈地诱导化学反应，引起不溶或可溶性的变化。此外，在电子束电子失去能量的过程中，还会产生多种离子和原子团（化学自由基），它们都有强烈的反应性能，也会引起多种化学反应。

同样，X 射线曝光时，X 射线本身并不能直接引起抗蚀剂的化学反应，它的能量消耗在光电子放射过程产生的低能电子束上。正是这些低能电子使抗蚀剂的分子离化，并激励产生化学反应，使抗蚀剂分子间的结合键解离或键合成高分子，在某些显影液中变成易溶或不溶。因此，X 射线抗蚀剂和电子束抗蚀剂没有本质的区别。

由于电子束的电子能量高达几千至几万电子伏特，X 射线的光子能量也在 1 keV 以上，因此光刻时可以利用比光激发时更高的激发状态，有多种化学变化可供利用，几乎全部的高聚物被照射后都会引起键合或分解。这样从原则上讲，一般光致抗蚀剂都可作为电子束抗蚀剂或 X 射线抗蚀剂。然而，电子束或 X 射线与抗蚀剂相互作用所产生的低能电子的数量比作为光致抗蚀剂使用时的光子数量要少得多。因此，对许多抗蚀剂来说，感度（灵敏度）并不很高。由于感度或分辨率等方面的限制，比较适用的抗蚀剂为数极少，特别是 X 射线抗蚀剂的选择更少。表6-1和表6-2分别列出了一些电子束抗蚀剂和X射线抗蚀剂以供参考。

表6-1　电子束抗蚀剂

极型	抗蚀剂名称及其缩写	感度/(C/cm²)	备注
正型	聚甲基丙烯酸甲酯(PMMA)	$5×10^{-5}$	高分辨率
	聚丁烯-1磺(PBS)	$7×10^{-7}$	高感度
	聚苯乙烯磺	$1×10^{-5}$	耐离子腐蚀
	酸、酰氯化物改性聚甲基丙烯酸甲酯	$8×10^{-6}$	不易受热变形
负型	甲基丙烯酸缩水甘油酯-丙烯酸乙酯共聚物 P(GMA-CO-EA)或COP	$4×10^{-7}$	高分辨率
	环氧化1、4-聚丁二烯 EPB	$3×10^{-8}$	高感度
	聚亚胺系漆	$3×10^{-4}$	耐热、耐腐
	聚甲基丙烯酸缩水甘油酯	$1×10^{-7}$	高对比度

表6-2　X射线抗蚀剂

极型	抗蚀剂名称及其缩写	敏感度/(J/cm³)	电子敏感度/(C/cm²)
正型	聚甲基丙烯酸甲酯(PMMA)	500	$5×10^{-5}$
	聚丁烯-1磺(PBS)	14	$2～4×10^{-6}$
负型	邻苯二甲酸乙二烯酯(PDOP)	14	$2～4×10^{-6}$
	甲基丙烯酸缩水甘油酯与乙基丙烯酸的共聚物 P(GMA-CO-EA)	15	$1～6×10^{-7}$
	环氧聚丁二烯(EPB)	1	$1～2×10^{-7}$

3. 对光致抗蚀剂性能的要求

光致抗蚀剂应具有高的分辨能力和高的感度，黏附性、耐腐蚀性、成膜性和致密性要好，同时，针孔密度小且稳定，显影后无残渣，易去除干净，等等。

光刻胶的选择是一个复杂的程序，主要的决定因素是晶圆表面对尺寸的要求。选择光刻胶要考虑的因素有：必须具有生产所要求的尺寸；在刻蚀过程中还必须能阻隔刻蚀，且一定不能有针孔存在；必须能和晶圆表面很好地黏结，否则图形会扭曲。以上这些因素连同工艺纬度和阶梯覆盖度都是工艺工程师在选择光刻胶时要考虑的要素。具体来说，光刻胶的表现要素包括：

（1）分辨力。

在光刻胶层能够产生图形的最小尺寸可作为光刻胶分辨力的参考，即产生的线条越小，分辨力越强。总的来说，越细的线宽需要越薄的光刻胶膜来产生，然而，要实现阻隔刻蚀的功能并且光刻胶膜不能有针孔，光刻胶膜又必须足够厚。因此光刻胶的选择是这两个目标的权衡。描述这一特性的参数是纵横比。纵横比是指光刻胶厚度与图形打开尺寸的比值。由于正胶比负胶的纵横比高，也就是说，对于一个设定的图形尺寸开口，正胶的光刻胶层可以更厚。

（2）黏结能力。

作为刻蚀阻挡层，光刻胶层必须和晶圆表面黏结得很好才能够真实地把光刻胶层图形转移到晶圆表面层。通常负胶比正胶有更强的黏结能力。黏结能力的指标称为黏度。大多数光刻胶生产商用在光刻胶中转动风向标的方法测量黏度。

（3）光刻胶曝光速度、灵敏度和曝光源。

曝光速度越快，在光刻蚀区域晶圆的加工速度就越快，负胶通常需 5～15 s 时间曝光，正胶较慢，需要负胶 3～4 倍的时间。

光刻胶灵敏度是通过能够使基本的反应开始所需要的能量总和来衡量的，单位为 mJ/cm^2。能够和光刻胶反应的那些特定的波长称为光刻胶的光谱反应特征。

在光刻蚀工艺中所用的不同曝光源实际上都是电磁能量，如可见光、红外光、紫外光等。普通的正胶和负胶会与光谱中 UV 和 DUV 部分的光线发生反应。

（4）工艺宽容度。

每一步工艺步骤都有它的内部变异。光刻胶对工艺变异容忍度用工艺宽容度描述。光刻胶对工艺变异容忍性越强，工艺纬度越宽，在晶圆表面达到所需尺寸的可能性越大。

（5）针孔。

针孔是光刻胶层中尺寸非常小的空穴。针孔是有害的，因为它可使刻蚀剂渗过光刻胶层进而在晶圆表面层刻蚀出小孔。针孔是涂胶工艺环境中的微粒污染物造成的，或者是由光刻胶层结构上的空穴造成的。光刻胶层越厚，针孔越少，但却降低了分辨力，因此光刻胶厚度选择过程中需权衡这两个因素的影响。正胶的纵横比更高，所以正胶可以用较厚的光刻胶膜达到想要的图形尺寸，而且针孔较少。

（6）微粒和污染水平。

光刻胶必须在微粒含量、钠和微量金属杂质及水含量方面达到严格的标准要求。

（7）阶梯覆盖度。

在进行光刻工艺之前，晶圆表面已经有了很多层，且随着晶圆生产工艺的进行，晶圆表面会有更多的层。光刻胶要能起到阻隔刻蚀的作用，必须在已有的层上面保持足够的膜厚。光刻胶用足够厚的膜覆盖晶圆表面层的能力是光刻胶一个非常重要的参数。

（8）热流程。

光刻工艺过程中有两个加热的过程，即软烘焙和硬烘焙。生产中应通过尽可能高的温度烘焙使光刻胶黏结能力达到最大化。但光刻胶作为像塑料一样的物质，加热会变软和流动，对最终的图形尺寸有重要影响，因此在工艺设计中必须考虑到热流程带来的尺寸变化。热流程越稳定，对工艺流程越有利。

4. 光刻胶的存储和控制

光和热都会激化光刻胶里的敏感物质，因此光刻胶必须在存储和使用时受到保护。具体应注意以下几方面：光刻工艺区域使用黄色，并使用褐色瓶子（或彩色玻璃瓶）来储存和保护光刻胶，以免受到杂散光的照射，同时需要把温度严格控制在要求范围内；光刻胶在使用之前必须保持密封状态；光刻胶容器有推荐的保存期；所有用来喷洒光刻胶的设备要求尽可能洁净，光刻胶管需要定期清洗。

6.3.3 掩膜版

掩膜版分亮场(明场)掩膜版和暗场掩膜版(如图 6-15 所示)。如果掩膜版的图形是由不透光的区域决定的,则称其为亮场掩膜版。在暗场掩膜版中,则与之相反,会在晶圆表面留下凸起的图形。

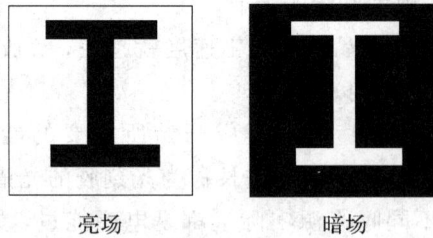

亮场   暗场

图 6-15 掩膜版

光刻版制作常用玻璃板涂敷铬技术,流程类似于晶圆上图案的复制过程。大致流程为:玻璃/石英板形成→沉积铬涂层→光刻胶涂层→涂层曝光→图案显影→图案刻蚀→光刻胶去除。光刻掩膜版结构示意图如图 6-16 所示。

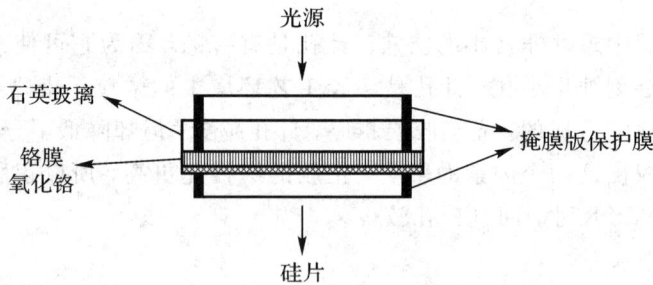

图 6-16 光刻掩膜版结构示意图

1. 光刻掩膜版的制作方法

光刻掩膜版的制作方法可以分为手工制版和计算机辅助制版,生产上广泛使用计算机辅助制版。计算机辅助制版根据掩膜版的材料及图形复印到基片上去的方法或掩膜制备的种类不同,又有各种不同的方法。

掩膜版图形的产生以光学的曝光方法为主,通常采用紫外线曝光。随着线宽越来越窄,曝光时就必须采用波长更短的电子束和 X 射线。不同的制作方法,其制造周期、成本和质量也是不同的,在实际应用中必须根据具体要求来选择。

在深亚微米光学光刻中,从光学掩膜图形到待曝光硅片的光刻胶图形之间的光学传输是非线性的。一方面,为了在不影响景深的前提下提高光学光刻的分辨率,通常需要采用移相曝光技术。另一方面,无论在深亚微米电子束光刻还是深亚微米光学光刻中,随着 IC 特征图形尺寸逼近 $0.1~\mu m$,邻近效应都会变得越来越严重,邻近效应会导致线条的拐角处变圆,线条变短和线条的线宽均匀性变差。邻近效应可以通过改变原有的版图尺寸和形状(如在线条的拐角处加上衬线)的办法来修正,于是光学临近效应校正(Optical Proximity Correction,OPC)将不可避免地被采用。OPC 的关键是精度和速度的控制,其复杂程度不仅取决于光学系统,而且还取决于光刻工艺。

目前 OPC 的商用软件有许多，如美国 Silvaco 国际公司的 Optolith 光学邻近软件、美国 Trans Vector 技术公司的 OPRX 软件、德国 Sigma-C 公司的 CAPROXPC 软件等，它们各自有自己的特点。

下面主要介绍计算机辅助制版的原理和方法。

1）原图数据的产生

首先，根据原图设计输入数据程序。在原图数据处理装置的输入数据中可能含有两种误差，即数据输入时的操作误差和设计误差，因此还需要靠更改设计来进行修正。考虑到集成电路制造工艺和成品率之间的关系，还必须对设计规则进行校验，如检查元件的间隔、尺寸和套合等。大规模集成电路制造时更应如此，即在原图数据输出之前，还必须对元件的尺寸进行校正。

2）图形的产生

由 CAD 的数据产生掩膜图形的方法主要有 xy 绘图仪、光学图形发生器、激光图形发生器和电子束图形发生器等方法。

用 xy 绘图仪制作图形类似于手工制作原图，即首先把实际图形尺寸放大 100～500 倍后再制作原图，用 CAD 系统的输出数据来驱动绘图仪，然后在透明的聚酯薄膜涂布的红膜上进行刻线，最后根据刻出的一根根的线有选择地揭剥红膜，得到有反差的原图图形。这种方法的优点是容易进行电路检查，而且对设计上的小变更、小修正可不必修正图形数据，只需要局部地增加或剥去红膜。缺点是：首先，由于温度和湿度的影响，原图会随时间而畸变；其次，采用人工揭膜容易发生差错，而且用人工进行完全的检查很困难（电路越复杂，制作出的图形不完整的机会就越多）；第三，制作初缩版时，由于初缩镜头和原图尺寸的限制，不能使用过大的原图；第四，芯片放大后，由初缩镜头制作的初缩版的图形四周的像质差，反差不好，而且缩小倍率也有偏差，并会引起图像的畸变。可见，此法不适合制造大规模集成电路中的大芯片。

光学图形发生器本质上是一台特殊的照相机，它的工作原理是将原图分解成许多单元图形或单元复合图形，进行多次曝光，以完成照相的全过程。这种方法是将芯片内的图形看成是各种尺寸形状的集合，然后在玻璃干版上逐个地进行曝光，因此，即使制作大芯片的图形也不会像初缩照相机那样，造成芯片边角的图形反差小和畸变等问题，极大地提高了制作初缩版的质量。

激光图形发生器是利用一般光学原理，在计算机的控制下，通过调制激光束对基片进行选择性的加工，它是一种移动机械载物台对两个方向同时扫描的扫描系统。激光图形发生器具有较高的加工精度，但要求感光材料具有相应的高度单色的感光灵敏度。初缩版的底版采用氧化铁版，即在玻璃版上蒸发几百纳米厚的氧化铁。制作初缩版时，一面使激光束不断通断，一面进行栅状扫描，以便有选择地蒸发氧化铁膜层而形成图形。这种方法的优点是可在短时间内制得初缩版。因此电子束图形发生器其图形质量与图形复杂性无关。缺点是与光学图形发生器相比，图形边缘质量较差。

电子束图形发生器是电子束在计算机的控制下，利用光刻蚀的原理制备出所要求的掩膜图案。这种方法的关键在于必须具备高度精确的定位。它通常采用电视扫描式或矢量扫描式电子束装置进行。由于电子束可以聚焦成很细的束斑（可达 $0.1~\mu m$ 数量级），能描绘出最小尺寸在 $1~\mu m$ 以下的微细图形，具有极高的分辨率，所以在计算机的控制下能直接制得精缩版。因此电子束图形发生器是发展微米与亚微米技术的重要工具。

　　3）掩膜图形的形成

　　掩膜图形包括主掩膜和工作掩膜。

　　在实际的工艺过程中，主掩膜通常是由分步重复照相机等光学方法来制作完成的。它是将初缩版的图形缩小 $\frac{1}{5} \sim \frac{1}{10}$，并用重复曝光的方法将缩小的图形排列在 X、Y 方向各几十毫米范围内的母版上。

　　要想获得理想的光掩膜版，初缩照相是十分重要的。初缩的目的是将原图按预定倍数进行第一次缩小，变成单个图形，以供精缩或分步重复之用。如果原图放大倍数为 250 倍，那么初缩应缩小 $\frac{1}{25}$（分步重复缩小 $\frac{1}{10}$）。为了使图形尺寸准确，形变小，对初缩照相镜头的要求是能够在大视场下工作，失真度小，分辨能力高，而且有较好的消色差性能。因此一般镜头选择要求为：焦距 $f = 500 \sim 200$ mm，分辨率 $R_0 \geqslant 200$ 条线/毫米，且具有较好消差性能和较小失真度。

　　精缩照相是将初缩后的单个图形利用分步重复照相机再进行一次缩小（缩小 $\frac{1}{10}$），重排成阵列形式，使图形缩小到设计所要求的尺寸。精缩照相是制版中最关键的一步，因此操作时必须细心和严格，否则图形阵列之间的步进间距及对准入位（俗称叉始线）会出现偏差，使掩膜之间不能相互套准。这一步对于超大规模集成电路更为重要。

　　随着器件的线宽越来越细，精度要求越来越高，特别是大规模集成电路应用越来越广，为了获得成像质量好，精度高的掩膜，对于分步重复照相方法来说，必须尽量使主掩膜的曝光面照明均匀、照度大。另外也要尽量保证从聚光镜射出的光对初缩版照明均匀，并使通过初缩版的光射向物镜的入射中心。主掩膜和初缩版的底版必须具有在物镜的焦深和景深之间的平整度，并保证初缩版和主掩膜与物镜光轴垂直，以及在照相过程中避免初缩版、物镜及主掩膜曝光面的位置发生变化。初缩版的直角边分别应与移动工作台的 X、Y 方向相一致，防止旋转偏差。对器件各扩散层的套合精度来说，旋转偏差往往是致命的缺点。

　　对物镜的要求是镜头焦距 f 要小，视场角不能太大，如果是长焦距，必须要求为大口径的镜头，以得到较高的分辨率。

　　掩膜底版要求必须非常平整，例如复制 2 μm 以下的图形，整个掩膜版的平整度必须不超过 2 μm。掩模材料可分为在玻璃表面上涂有卤化银乳剂的高分辨率干版和在玻璃上附着金属薄膜的硬面版两种。高分辨率干版要获得足够的光密度，则需要乳剂厚度有几微米厚，这样就存在光渗问题，且乳剂表面的伤痕、污点，以及乳剂中的杂质、针孔，又将构成图形的缺陷。由于接触式光刻寿命短．所以，只在精度要求不高及器件产量非常少的场合，主掩膜或工作掩膜才用这种高分辨率干版来制作。硬面版是在玻璃底版上蒸发或溅射上几十至几百纳米厚的金属或金属氧化物，再利用光致抗蚀剂经光刻而形成图形的。由于硬面版表面的金属或金属氧化物的机械强度好，但表面反射率高（特别是铬膜），影响其表面上的抗蚀剂分辨率，所以分步重复照相常使用在铬表面再附着一层氧化铬的二层结构版。

　　掩膜底版最常用的玻璃是钠石灰玻璃。为了提高对准精度，也可使用硼硅玻璃。

　　掩膜底版经重复照相后，再经显影、定影（干版）或腐蚀（硬面版）即可得到主掩膜图形。

　　工作掩膜是从主掩膜复制出的，它与主掩膜制作相比，基本不同点只是曝光方法不同。

工作掩膜的曝光通常采用接触复印法，其主要关心的问题是平整度、掩膜材料和复印照明系统的照度均匀性。

2. 铬版制备技术

在半导体器件和集成电路生产中，普遍采用金属铬版。

金属铬膜与相应的玻璃衬底有很强的黏附性能，牢固度高，而且金属铬质地坚硬，使铬版非常耐磨，使用寿命很长。铬膜是由真空蒸发而沉积在玻璃上的，其颗粒极细，膜厚可控制在 $0.1\ \mu m$，图形边缘过渡区也极小，光刻图形的边缘十分整齐、光滑且精密度高，版面平整，不同尺寸的图形膜层厚度一致，在接触式曝光中的光衍射效应所造成的小图形失真程度相对小。铬版掩膜没有干膜版那种影响透明度的乳胶层，所以分辨率极高。铬膜的光密度大，反差极好，在室温的条件下用强酸也无法浸蚀，尤其是经化学钝化后，铬版掩膜稳定性会更好。铬版对有机溶剂的浸蚀也有非常好的抵抗性，所以可用水或其他各种有机溶剂擦洗以除去光致抗蚀剂的沾污，这样就可以提高铬版的使用次数。实践证明，铬版掩膜经长时间使用，其图形的尺寸变化较少而且制作时出现的缺陷也很少。由于铬版工艺较为成熟，而且它还有以上诸多优点，因此十分适合作为光刻掩膜。

铬版制备包括两个工艺：一是蒸发镀膜工艺，即在玻璃基片上蒸发铬膜的工艺，其设备及工艺方法基本上与真空蒸铝相同；二是光刻工艺，用空白铬版复印光刻版的方法基本上与 SiO_2 的刻蚀方法相同，即在空白铬版表面涂上一层光刻胶，然后进行曝光、显影、腐蚀等一系列光刻工艺(此详细工艺原理可参阅光刻工艺)。

铬版的质量与所用的玻璃衬底有着密切的关系。铬版的某些缺陷往往是由于玻璃基片表面的缺陷引起的，而这些表面缺陷在清洗过程中是无法消除的。对玻璃版进行严格挑选是获得完美铬膜的必要条件，是制取高质量铬版不可忽视的重要一环。为保证铬版的质量，选择玻璃衬底时应注意以下问题：所选的玻璃衬底热膨胀系数越小越好；在 360 nm 以上的波长范围内玻璃透射率在 90% 以上；化学稳定性好；表面光泽，无突起点、凹陷划痕和气泡，版面平整，厚度适中、均匀且热膨胀系数一致。因此现有的磨光玻璃和优质的窗玻璃都可以选用为衬底。

挑选好的制版玻璃经过切割、铣边、例棱、倒角、粗磨、精磨、厚度分类、粗抛、精抛、清洗、检验、平坦度分类等工序后，即可制成待用的衬底玻璃。

蒸发铬膜通常采用纯度 99% 以上的铬粉作为蒸发源，把其装在加热用的钼舟内进行蒸发。蒸发前应抽真空和加热，其他步骤与蒸铝工艺相似。

影响铬膜质量的常见问题是针孔，主要是因为玻璃基片的清洁度不够好，有水汽吸附，或铬粉不纯，或表面存在尘埃等原因造成的。蒸好的铬版从真空室中取出，用丙酮棉花擦洗表面，然后放在白炽灯前观察，以检查铬层是否有针孔、厚度是否均匀、厚薄是否适当。铬膜太厚腐蚀时容易钻蚀，影响光刻质量，而太薄腐蚀时则反差不够高。

铬版复印前首先需根据光刻版的大小划好铬版，并浸入四氯化碳，然后用丙酮棉花擦洗，最后在 60℃~80℃下烘 30 min 以备后用。

下面简要介绍铬版的复印工艺流程。

(1)采用旋转涂布法涂胶。为了使感光胶膜薄而均匀，可采用如下较稀的感光剂配方，即聚乙烯醇肉桂酸酯:5-硝基苊:环己酮＝11g:1g:160ml。

(2)前烘。涂胶后在 60℃~80℃烘箱内前烘 20 min。

（3）在复印机上进行对准曝光。此时原版的掩膜面应朝上，而空白版的光刻胶膜面应朝下与其相贴，然后压紧进行曝光。

（4）显影。为了使显影的线条陡直，一般采用甲苯或丁酮显影。用甲苯显影的时间约60 s。为了减少残渣，可把显影液分装两杯，依次进行显影。

（5）后烘。显影后用热风吹干，再在 200℃ 下烘 20～30 min。

（6）刻蚀。制作铬版的腐蚀液一般要求透明易于观察，速度适中，不生成反应沉积物，易去除铬的氧化物，与抗腐剂的性质相适配；腐蚀温度为 50℃～60℃，时间约为 1～2 min；腐蚀后用水浸泡数分钟，再用丙酮棉花擦去残胶。

（7）老化。铬版复制好以后，为了使它能经久耐用，还需在 200℃～300℃ 下烘烤数小时进行老化，使铬层和玻璃附着得更牢固。

（8）检查。经老化后的铬版用投影仪进行质量检查，合格的铬版即可交付光刻工序作为光刻用版。

铬膜的厚度是不难控制的，生产时可通过钟罩窗口观察透过铬层的白炽灯丝的亮度来控制，当呈咖啡色时即可。制得的铬膜一般厚度控制在 100 nm 左右。若铬膜太薄，则会因反差不够而漏光，影响光刻的质量；若铬膜太厚则由于光的散射分辨率降低，此外，由于表面张力的关系，容易产生针孔。

钼舟加热器在真空蒸发时会使蒸发物质出现方向性，影响铬膜厚薄的均匀性。生产中需通过选择一定的加热器形状和尺寸，以及调节玻璃与蒸发源之间的位置和距离或采用蒸发源均匀分布的方法，以获得厚薄均匀的铬膜。

影响铬膜针孔的因素有很多，其中玻璃表面不清洁是一个最基本的原因。因此，除了应保持烘箱恒温干燥、真空室高度清洁以外，还必须对玻璃进行严格的表面清洁处理。此外，蒸发源的纯度也是一个十分重要的因素。加热器中的杂质可能会沾污蒸发源或直接沉积到玻璃上而沾污沉积层，而且加热器的热辐射也可能会使其附近区域的温度升高而放出吸附的杂质沾污沉积层。由于表面张力的关系，铬膜太厚也会产生针孔。当铬版突然冷却时也会由于铬与玻璃的膨胀系数不一致而引起针孔，因此，一般最好采用自然冷却的办法。另外，真空度的突然降低，如取铬版时对真空室快速放气也会产生针孔。

铬膜的牢固度（耐磨及与玻璃的附着力）基本上取决于玻璃的表面清洁与否，因此，对玻璃的表面必须进行严格的清洁处理。蒸发的速率越快则铬原子越能以密集的原子云飞向玻璃，并形成光亮而密实的膜层。如果蒸发的速率很慢，则铬原子与气体分子的碰撞机会也越多，结果使铬原子易氧化以致使铬膜也被氧化。实践证明，真空度越高则铬与玻璃的结合就越牢。另外还应注意必须保持恒定的真空度进行蒸发。清洁的玻璃稍一暴露在大气中便很易受到污染，但是在沉积膜层之前在真空室中加热玻璃便可较为有效地除去这种污染，并且还可使铬膜与玻璃结合得更好，对膜的结构也好。不过如果真空度不高时，很容易引起铬膜表面的氧化，严重时甚至会使玻璃发生形变。因此，必须适当地选择玻璃的预热温度，以避免表面发生氧化现象，一般预热到 400℃ 即可。另外，为了防止真空室的内壁及部件吸附气体、杂质、水蒸气，每次使用完毕真空室后必须抽真空保存。

3. 其他制版工艺

半导体生产中通常采用超微粒干版和金属铬版，但是超微粒干版耐磨性较差，针孔也较多，而金属铬版虽然具有耐磨性强、分辨率高的优点，但也有易于反射光、不易对准和针孔较多的缺点。制版工艺是半导体器件和集成电路工艺的先导，半导体器件、集成电路，特别是大面积集成电路制造工艺对光刻掩膜提出了更高的要求，它要求光刻掩膜分辨率高、针孔少、耐磨性强，而且要求易于对准。因此目前制版技术主要朝两方面发展。一是掩膜设计和母版制备采用计算机辅助设计(CAD)技术和自动制版，即将计算机辅助设计所得的最终结果通过计算机去控制图形发生器(如自动刻图机、电子束图形发生器等)而制得母版。它可提高掩膜的精度和降低制版的成本。二是采用新型的透明或半透明掩膜，即俗称彩色版，它可克服超微粒针孔缺陷多，耐磨性差及铬版针孔多、易反光、不易对准等缺点。彩色版虽然有颜色，但并不鲜艳，确切地说它是一种透明和半透明的掩膜。

彩色版是对曝光光源波长(紫外线 $400\sim200$ nm)不透明，而对于观察光源波长(可见光 $400\sim800$ nm)透明的一种光刻掩膜。也就是说这种掩膜对于可见光波吸收很小，能透过，而对紫外线吸收较强，不能透过。因此使用这种掩膜版时，在可见光下观察是透明的，故光刻图形易于对准，而用紫外线曝光时这种掩膜又是不透明的，因此又能起掩膜的作用。在大面积集成电路的光刻中，由于集成度高，图形线条细，要求光刻精度高，用金属铬版是较难对准的(因为铬版反射光能力强)，而用彩色版光刻大面积集成电路时，因其透明所以能对器件图形的最关键部位进行直接观察，使图形对准较为容易。彩色版除了光刻图形易于对准外，还具有针孔少(少于 0.5 cm^{-2})和耐磨性较强的优点，在分辨率方面也不亚于金属铬版和超微粒乳胶版。此外，由于彩色版的掩蔽作用是吸收不需要的光而不是反射，因此光学效应比铬版减小了，从而提高了反差。

彩色版种类很多，例如氧化铁版、硅版、氧化铬版、氧化亚铜版等，目前应用较广的是氧化铁彩色版。虽然常常把氧化铁版的材料称为氧化铁(Fe_2O_3)，但确切地讲其组成是复杂的，结构是多样的，是数种铁的氧化物的混合物，只是通常用氧化铁作为它们的代表。氧化铁具备作为选择透明掩膜材料所要求的最佳的化学和物理特性。据报道在紫外线区(波长为$300\sim400$ nm)的透射率小于 1%，在可见光区如钠 D 线(589 nm)处透射率大于 30%。

氧化铁掩膜的光学特性与铬版和乳胶版不同，在观察光源波长下是透明的，而在曝光光源波长下是不透明的。由于氧化铁掩膜对可见光透明而阻挡紫外线通过，因而允许在光刻时通过掩膜直接观察片子上的图形。氧化铁掩膜的反射率较低，与正性胶(如 205 号正胶)配合能获得 $0.5\sim1$ μm 的线宽，因此制得的氧化铁掩膜版具有比铬版更高的分辨率。另外由于氧化铁版吸收(而不是反射)不需要的光，因而克服了光晕效应，加强了对反射性衬底的对比度，有利于精细线条的光刻。氧化铁的结构致密且是无定形的，同时针孔少，这是因为：一方面是由于 Fe_2O_3 与玻璃衬底结构较类似，黏附性较好；另一方面是由于 Fe_2O_3 流体会在最后反应前散在玻璃上。经过简单的光学检查与抗蚀剂腐蚀实验并放大针孔表明，Fe_2O_3 膜的针孔低于 0.5 cm^{-2}。与铬膜不同，Fe_2O_3 膜用高电平超声清洗时也不产生针孔。

氧化铁版的制备方法主要有化学气相沉积(CVD)法、涂敷法及反应溅射法 3 种，其中反应溅射法是最通常的溅射技术。反应溅射法是指在 $CO+CO_2$、$Ar+CO_2$ 或 $Ar+O_2$ 气氛中，通过热压制的氧化铁或冷轧钢构成的电极用射频或直流溅射法制备氧化铁版。该法无毒，但铁版质量不如 CVD 法，国内很少采用。从目前来看，以聚乙烯二茂铁材料制备的氧化铁彩色版最有前途，它为用 CAD 设计及数控电子束扫描进行自动化制版的实现提供了切实可行的途径。

下面以作为微细化、高集成化先导的 MOS(金属氧化物半导体)和 DRAM(动态随机存取存储器)为例进行介绍。随着集成电路跨入 ULSI 时代，1GB DRAM 可集成大约 10 亿个元件，为了把这么多元件高密度地集成在 ULSI 的芯片上，要求元件和电路的最小尺寸极其细微，在 16 MB DRAM 中是 $0.5 \sim 0.6 \mu m$，在 64 MB DRAM 中是 $0.35 \sim 0.5 \mu m$。今后集成电路将沿着微细、高集成化的方向发展。这种微细化、高集成化的原动力就是在硅衬底上形成元件和电路微细图形的光刻制版技术。

集成电路的光刻制版技术按所使用光源的不同可分为光刻刻蚀(制版)技术、X 射线刻蚀技术、电子束刻蚀技术和离子束投影刻蚀技术等。

40 多年来，光学光刻技术一直是推动集成电路工业迅速发展的重要技术。目前，193 nm 和 157 nm 光学光源技术基本成熟，透镜数值孔径 NA 在增大，193 nm 和 157 nm 光学光刻胶性能在提高，光学移相掩膜(Phase-Shift Mask)技术在发展，光学临近效应校正(Optical Proximity Correction，OPC)的精度在提高。这一切，保证了光学光刻技术能够使光学光刻系统曝光出来的线条尺寸比曝光波长还要短。尽管光学光刻技术的竞争对手包括接近式 X 射线光刻、多通道高速电子束直写光刻、离子束投影光刻、电子束投影光刻、极端远紫外投影光刻等也在不断发展，但是光学光刻仍然具有强大的生命力，而且它还很有可能应用于 $0.13 \mu m$ 甚至 $0.1 \mu m$ 的 IC 生产中去。AMD 公司(Advanced Micro Devices Inc)购买的 PAS5500/900 型 193 nm 光学光刻机应用于下一代 CPU 生产就是一个例证。有些光学光刻技术工作者甚至预言 157 nm 光学光刻技术的极限分辨率可以达到 50 nm，到时候光学光刻掩膜的制造难度和制造成本也许会成为一个不可逾越的障碍。通过改进光源和采用分辨率增加技术，目前主流光学光刻技术已接近 $0.13 \mu m$ 的光学极限。

投影式光学光刻的掩膜尺寸与实际曝光出来的光刻胶尺寸之比一般是 4：1，光学光刻掩膜制造商总能跟得上光学光刻快速前进的步伐。但是，当光学光刻进入 193 nm 时代，光学光刻掩膜制造误差已经成为光刻线宽控制误差和套刻对准误差的主要来源，由此 IC 工业对光学光刻掩膜提出的要求越来严格。如何提高精度与成品率以及降低成本和缩短制造周期，成为摆在光学光刻制造者面前的重要课题。随着光学光刻的极限分辨率的不断提高，当代光学掩膜制造技术将面临着越来越严格的挑战。

6.4　曝光系统的影响因素

随着集成电路应用范围越来越广，晶圆直径更大，特征图形尺寸减小到纳米范围，芯片的缺陷率和缺陷密度要求越来越高，对芯片制造厂挖掘各种传统工艺的潜能和开发新的工艺技术提出了挑战，特别是基本光刻工艺，在 $2 \sim 3 \mu m$ 技术时代显现出它的局限性，并在亚微米工艺时代变成关键问题。光刻技术主要问题包括光学曝光设备的物理限制、光刻胶分辨率的限制和许多与晶圆表面有关的问题，如晶圆表面的反射现象和多层形貌。

曝光系统部件之间有一个关系式，即

$$\sigma = k_1 \frac{\lambda}{NA}$$

其中：σ 为最小特征尺寸；k_1 为仅与光刻系统相关的系数，有时称为瑞利常数；λ 为曝光光源的波长；NA 为透镜的数值孔径。

k_1是与整个光学系统的分辨临近图形能力相关的常数，由于光的衍射作用，当两个图形接近到一定程度时，即使是最理想的透镜也会分辨不清。

从公式可以看出，通过减小波长和增加数值孔径，可以得到更小尺寸的图形。不同曝光光源的波长如表 6-3 所示。

表 6-3　曝光光源波长

技术代	波长 λ/nm	曝光源
深紫外 DUV G 线	436	汞（Hg）
深紫外 DUV H 线	405	汞（Hg）
深紫外 DUV I 线	365	汞（Hg）
受激准分子激光	248	KrF
受激准分子激光	193	ArF
受激准分子激光	157	F_2
极紫外 EUV	13.5	锡蒸气

曝光光源的选择要和光刻胶的光谱响应范围和所需达到的特征图形尺寸相匹配。在实际生产中，要想制作出比曝光光源波长还小的图形是很难的。曝光光源波长越短，所能实现的分辨率越高。这让 EUV 光刻机能够承担高精度芯片的生产任务。为尽可能保证 EUV 光源能量不被损失，反射透镜对光学精度的要求极高，并且反射透镜表面还要镀有采用 Mo/Si 的多层膜结构。EUV 光刻机镜头制造难度很大，目前，ASML 的 EUV 光刻机的光学模组需要依赖于德国蔡司公司，其他供应商难以担起此重任。另外，EUV 光刻机的光源极易被介质吸收，只有真空环境才能最大程度保证光源能量不被损失。

镜头的数值孔径 NA 表示透镜聚集光线的能力。减小波长、增大 NA 可以得到更小的图形，但是 NA 的增加有一定的限制，要和景深（或焦深）DoF 参数折中考虑。学过摄影的人都知道，当前景清晰而背景不清晰或者刚好相反，这就是景深（或焦深）的问题。另一个需要考虑的因素是视场问题，即放大倍数越大，视场越小，小视场需要更多时间来完成整片晶圆的曝光。光源和透视因子的关系如表 6-4 所示。

表 6-4　光源和透视因子的关系

透镜采样波长	NA	k_1	分辨率/μm	DoF/μm
I 线	0.62	0.48	0.28	0.95
KrF	0.82	0.36	0.11	0.37
ArF	0.92	0.31	0.065	0.23
F_2	0.85	0.31	0.057	0.22

当更多的信息需要制作在同一块芯片中时，所有技术问题就变得更复杂了。随着特征尺寸进一步缩小，芯片尺寸不断加大和器件堆叠，要想让晶圆表面最高处和最低处都能达到分辨率的要求和正确的尺寸，必须对系统进行进一步的改进，如使用可变数值孔径的镜头、环形光源、离轴照明、相移掩膜版等这些新技术可有效降低 k_1 值。

复习思考题

1. 光刻工艺的目的是什么?

2. 比较正性光刻胶和负性光刻胶的优缺点。

3. 选择光刻胶时需要考虑哪些影响因素?

4. 画图说明光刻基本工艺流程。

5. 光学光刻为何需要掩膜版? 制版的目的是什么?

6. 列出至少 5 种影响图形尺寸的因素。

7. 完成第一次图形转移需要哪些步骤?

8. 为什么需要前烘和后烘? 它们的作用有何不同?

9. 后烘的温度过高会出现什么问题? 过低又会有什么问题?

10. 干法刻蚀有何优点?

11. 叙述各种干法腐蚀工艺的特点。

12. 画出 5 层掩膜版硅栅晶体管的分层图和复合图。

13. 常见的光刻方法有哪几种? 接触与接近式光学曝光技术各有什么优缺点?

14. 正性胶(光致分解)和负性胶(光致聚合)各有什么特点? 在 VLSI 工艺中通常使用哪种光刻胶?

15. 说明图形刻蚀技术的种类与作用。

16. 说明光刻三要素的含义。

17. 为什么说光刻(含刻蚀)是加工集成电路微图形结构的关键工艺技术?

18. 影响显影质量的因素是什么?

19. 说明图形刻蚀技术的种类与作用。

20. 叙述铬版制作主要工艺流程。

第7章 掺 杂

7.1 概 述

掺杂就是用人为的方法将所需要的杂质以一定的方式掺入到半导体基片规定的区域内，并达到规定的数量和符合要求的分布。通过掺杂可以改变半导体基片或薄膜中局部或整体的导电性能，或者通过调节器件或薄膜的参数以改善半导体基片或薄膜的性能，形成具有一定功能的器件结构。

掺杂技术能起到改变某些区域中的导电性能等作用，是实现半导体器件和集成电路纵向结构的重要手段，它与光刻技术相结合，能获得满足各种需要的横向和纵向结构图形。半导体工业利用这种技术制作 PN 结、集成电路中的电阻器、互连线等。

常用的掺杂方法有热扩散法和离子注入法，此外还有一种方法称为合金法。合金法是一种较为古老的掺杂方法，但至今还在某些器件生产中使用。下面我们逐一进行介绍，着重介绍热扩散和离子注入方法。

7.2 合 金 法

合金法制作 PN 结是利用合金过程中溶解度随温度变化的可逆性，通过再结晶的方法，使再结晶层具有相反的导电类型，从而在再结晶层与衬底交界面处形成所要求的 PN 结，如铝硅合金。合金法示意图如图 7-1 所示。

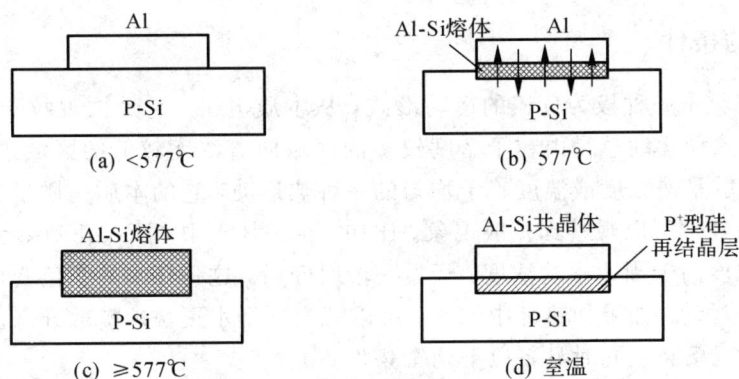

图 7-1　合金法示意图

　　根据合金理论，当合金温度低于共晶温度时，铝和硅不发生作用（铝硅合金的共晶温度为 577℃），都保持原来各自的固体状态不变。当温度升高到 577℃时，交界面上的铝原子和硅原子相互扩散，在交界面处形成组成约为 88.7%铝原子和 11.3%硅原子的熔体。随着温度的提高和时间的增加，铝硅熔体迅速增多，最后整个铝层都变为熔体。如果再提高温度，硅在合金熔体中的溶解度增加，因而熔体和固体硅的界面向硅片内延伸。

　　在达到规定温度并恒温一段时间后，缓慢降低系统温度，硅原子在熔体中的溶解度下降，多余的硅原子逐渐从熔体中析出，以未熔化的硅单晶衬底作为结晶的核心，形成硅原子的再结晶层。再结晶层中所带入的铝原子的数目由它们在硅中的固溶度所决定。如果带入的铝原子多到足以使其浓度大于其中的 N 型杂质浓度，则在再结晶层的前沿就形成 PN结。当温度降到铝-硅共晶温度时，熔体全部凝固成铝硅共晶体。此后，温度继续降低时，合金体系保持不变。合金系统的最终状态是由 P 型硅再结晶层和铝硅共晶体组成的。显然，这样形成的 PN 结其杂质浓度的变化是突变的，所以合金结是一种突变结。

　　合金法也常用来制作欧姆接触电极。例如：在硅功率整流器等元件中，常采用铝硅合金法制作欧姆接触；在硅平面功率晶体管的集电极欧姆接触中，常采用金锑合金片与硅晶片的合金烧结法来制作高电导欧姆接触；等等。

　　硅器件电极引线金属的合金化虽然也是一种合金过程，但合金温度必须低于共晶温度。例如：铝-硅系统的合金温度一般为 500℃～570℃；对于浅结温度要低一些，只有400℃～500℃（但恒温时间长一些）。这是为了避免铝膜收缩"球化"，或因活泼的铝与薄SiO_2膜反应，造成铝引线与 SiO_2层下面的元件短路。在低于共晶温度下进行合金，是通过铝-硅界面附近两种原子的互相扩散，即所谓"固相合金"来实现"合金化"的，从而达到良好的欧姆接触特性和铝-硅接触的机械强度，而且有利于热压或制作超声键合引线。但此时合金时间不可太短，否则因铝-硅界面附近的原子未能充分地互相扩散，将造成铝硅接触不良，影响器件的成品率和性能。

　　如果衬底片是锗片或其他半导体晶片，其原理和结果也是一样的，只是采用的合金材料、成分和合金温度不一样。

7.3 热 扩 散

7.3.1 扩散的条件

　　扩散是微观粒子一种极为普遍的运动形式，从本质上讲，它是微观粒子做无规则热运动的统计结果。这种运动总是由粒子密度较多的区域向着浓度较低的区域进行，所以从另一意义上讲，扩散是使浓度或温度趋于均匀的一种热运动，它的本质是质量或能量的迁移。

　　日常生活中经常可以观察到扩散现象。比如，在一杯水中，滴入几滴墨水，一开始，滴入墨水的地方浓度高于周边水的浓度，经过一段时间后，这一杯水的颜色变得均匀一致了，表明发生了扩散运动。如果加热杯中的水，可以观察到墨水更快地扩散开来。

　　可见，扩散现象必须同时具备以下两个条件：

　　(1) 扩散的粒子存在浓度梯度。一种材料的浓度必须要高于另外一种材料的浓度。

　　(2) 一定的温度。系统内部必须有足够的能量使高浓度的材料进入或通过另一种材料。

掺杂工艺中的热扩散方法是一种化学过程，是在 1000℃左右的高温下发生的化学反应。晶圆暴露在一定掺杂元素气态下，气态下的掺杂原子通过扩散迁移到暴露的晶圆表面，形成一层薄膜。在芯片应用中，因为晶圆材料是固态的，所示热扩散又被称为固态扩散。

7.3.2　典型的扩散形式

半导体中的原子是按一定规则周期排列的。杂质原子（或离子）在半导体材料中典型的扩散形式有间隙式扩散和替位式扩散两种。

1. 间隙式扩散

杂质原子从一个原子间隙运动到相邻的另一个原子间隙，依靠间隙运动方式而逐步跳跃前进的扩散机制，称为间隙式扩散。

晶体中的间隙原子由一个间隙运动到相邻的另一间隙，必须挤过一个较窄的缝隙，从能量来看，就是必须越过一个势能较高的区域。根据玻尔兹曼统计结果可知，间隙原子的运动与温度密切相关，用以表征这一特性的重要参数是扩散系数 D（单位 cm^2/s），D 的物理意义在于它反映了在扩散方向上净的运动粒子总数和每个粒子的运动速率。影响扩散系数 D 的相关因素除了扩散粒子本身的性质以外，还包括扩散时受到的阻力大小、势垒高低、扩散方式和材料性质。D 数值越大，表示扩散得越快，在相同时间内，在晶体中扩散得越深。

2. 替位式扩散

替位式扩散是指替位式杂质原子从一个替位位置运动到相邻另一个替位位置。

只有当相邻格点处有一个空位时，替位杂质原子才有可能进入邻近格点而填充这个空位。因此，替位原子的运动必须以其近邻处有空位存在为前提。也就是说，首先取决于每一格点出现空位的概率；其次，替位式原子从一个格点位置运动到另一个格点位置，也像间隙原子一样，必须越过一个势垒。因此，替位式杂质原子跳跃到相邻位置的概率应为近邻出现空位的概率乘以替位杂质原子跳入该空位的概率。因此，替位式杂质原子的扩散要比间隙原子扩散慢得多，并且扩散系数随温度变化很迅速，温度越高，扩散系数数值越大，杂质在硅中扩散进行得越快。在通常的温度下，扩散是极其缓慢的，这说明，要获得一定的扩散速度，必须在较高的温度下进行。

扩散系数 D 除与温度有关以外，还与基片材料的取向、晶格的完整性、基片材料的本体杂质浓度以及扩散杂质的表面浓度等因素有关。

对于具体的掺杂杂质而言，究竟属于哪一种扩散方式，取决于杂质本身的性质。例如，对硅而言，Au、Ag、Cu、Fe、Ni 等半径较小的重金属杂质原子一般按间隙式进行扩散，而 P、As、Sb、B、Al、Ga 等Ⅱ、Ⅲ半径较大的杂质原子则按替位式扩散，前者比后者扩散速度一般要大得多。

7.3.3　扩散工艺步骤

在半导体晶圆中应用固态扩散工艺形成结需要两个步骤，第一步称为预淀积，第二步称为再分布。两步都是在水平或垂直炉管中进行的，所用设备和前面描述的氧化设备相同。

1. 预淀积

预淀积是指采用恒定表面源扩散的方式，在硅片表面淀积一定数量的杂质原子。

所谓恒定表面源扩散，是指在较低温度下，杂质原子从掺杂源蒸汽转送到硅片表面，在硅片表面淀积一层杂质原子，并扩散到硅体内。在整个扩散过程中，掺杂源蒸气始终保持恒定的表面源浓度。由于扩散温度较低，扩散时间较短，杂质原子在硅片表面的扩散深度极浅，就如同淀积在硅表面一样。在扩散过程中，硅片表面的杂质浓度 N_S 始终保持不变，如基区、发射区的预淀积和一般箱法扩散均属于这种情况。

预淀积的工艺步骤分为预清洗和刻蚀、炉管淀积、去釉和评估 4 步。

2. 再分布

经预淀积的硅片放入另一扩散炉内加热，使杂质向硅片内部扩散，重新分布，达到所要求的表面浓度和扩散深度(结深)，此时没有外来杂质进行补充，只有由预淀积在硅片表面的杂质总量向硅片内部扩散，这种扩散称为有限表面源扩散。在这种扩散过程中，杂质源只限定于扩散前淀积在硅片表面薄层内的杂质总量，既不补充也不减少，依靠这些有限的杂质向硅片内进行扩散。在平面工艺中的基区扩散和隔离扩散都属于这一类扩散。

7.3.4 扩散层质量参数

在器件生产研制过程中，对扩散工艺本身来说，主要目的就是获得合乎要求、质量良好的扩散层。具体来说，主要有以下几个参数。

1. 结深(X_j)

扩散时，若扩散杂质与衬底杂质型号不同，则扩散后在衬底中将形成 PN 结。这个 PN 结的几何位置与扩散层表面的距离称为结深，一般用 X_j 表示。结深是扩散工艺中要着重控制和检验的参数之一。

由高斯分布的结深表达式可知。

$$X_j \propto \sqrt{Dt} \tag{7-1}$$

式中为 D 扩散系数，t 为时间。

在扩散温度范围内，用实验确定扩散系数 D 的常用表达式为

$$D = D_0 \exp\left[-\frac{E}{KT}\right] \tag{7-2}$$

其中：D_0($\mathrm{cm^2/s}$)是频率因子；E(eV)是激活能；T 是绝对温度；K(eV/k)是波尔兹曼常数。由式(7-2)可知，影响结深的因素包括扩散时间和扩散温度。此外，在同时进行氧化的工艺中，结深还受到氧化生长速率的影响。

结深的测量通常分为两个步骤，即先磨斜面和染色，后用干涉显微镜进行测量。常用的方法是用 49% HF 和几滴 HNO_3 的混合液滴在 $1° \sim 5°$ 角斜面的样品上进行化学染色(有时可先用 HF 滴在斜面上，后用强光照射 $1 \sim 2$ min 染色)，使 P 型区比 N 型区更黑。用 Tolansky 的干涉条纹技术可精确地测量 $0.5 \sim 100\ \mu m$ 的结深。对于深度较大的 PN 结(例如大功率器件中的结)，可直接瓣开硅片，经显结后在显微镜下测量；对于较浅的 PN 结，要在硅片侧面直接测出数据很困难，必须将测量面扩大，或采用其他方法测量。

2. 方块电阻($R_\square$ 或 R_s)

方块电阻是标志扩散层质量的另一个重要参数，一般用 $R_\square$ 或 R_s 表示，单位为 $\Omega/\square$。如果扩散薄层为一正方形，其边长都等于 l，厚度就是扩散薄层的结深 X_j，那么，在这一单位方块中，电流从一侧面流向另一侧面所呈现的电阻值就称为方块电阻，又称薄层电阻。

方块电阻的概念可以这样来理解：如果扩散层其他参数相同，那么，只要是方块，其电

阻就是相同的。如图 7-2 所示，假定左边小方块的电阻是 1 kΩ，根据电阻串并联知识可知，右边大方块的电阻同样是 1 kΩ。这样，薄层电阻就可以表示为 $= \rho \cdot \dfrac{l}{l \cdot X_j} = \dfrac{\rho}{X_j}$，式中，$l$ 为正方形的边长，ρ 为电阻率。薄层电阻与薄层电阻率成正比，与薄层厚度（结深）成反比，而与正方形边长无关。$\dfrac{\rho}{X_j}$ 所代表的只是一个方块的电阻，故称为方块电阻，符号"□"只不过是为了强调这是一个方块的电阻而已。由于扩散层存在杂质浓度分布梯度，因此电阻率 ρ 指的是平均电阻率。方块电阻主要取决于扩散到硅片内的杂质总量，杂质总量越多，$R_□$ 越小。

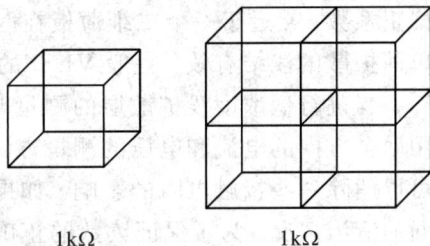

1kΩ   1kΩ

图 7-2 方块电阻示意图

通过逐层测量方块电阻可以求得扩散层中杂质浓度的分布。方块电阻的测量目前多用四探针法，其表达式为

$$R_s = \frac{V}{I}F$$

其中：R_s（单位为 Ω/□）是扩散层的方块电阻；V（单位为 V）是横跨电压探测器的直流测量电压；I（单位为 A）是通过电流探测器的恒定直流电流；F 是修正系数，即样品几何形状和探针间距的函数。如表 7-1 所示给出了简单的圆形、矩形、正方形样品的修正系数。

表 7-1 圆形、矩形、正方形样品的修正系数

d/s	圆形 d/s	正方形 $a/d=1$	矩形		
			$a/d=2$	$a/d=3$	$a/d \geqslant 4$
1.00	—	—	—	0.9988	0.9994
1.25	—	—	—	1.2467	1.2248
1.50	—	—	1.4788	1.4893	1.4893
1.75	—	—	1.7196	1.7238	1.7238
2.00	—	—	1.9475	1.9475	1.9475
2.50	—	—	2.3532	2.3541	2.3541
3.00	2.2662	2.4575	2.7000	2.7005	2.7005
4.00	2.9289	3.1137	3.2246	3.2248	3.2248
5.00	3.3625	3.5098	3.5749	3.5750	3.5750
7.50	3.9273	4.0095	4.0361	4.0362	4.0362
10.0	4.1716	4.2209	4.2357	4.2357	4.2357
15.0	4.3646	4.3882	4.3947	4.3947	4.3947
20.0	4.4364	4.4516	4.4553	4.4553	4.4553
40.0	4.5076	4.5120	4.5129	4.5129	4.5129
∞	4.5324	4.5324	4.5325	4.5325	4.5324

表中 d 为直径，a 为探针平行的一边，b 为探针垂直的一边，s 为探针间距。对大的 d/s 修正系数，接近于一个二维薄板在两个方向伸展到无穷远处，即 $F=4.5324$。修正系数仅对单面扩散的浅结有效，一般 VLSI 的扩散都是单面浅结扩散。

当进行低浓度浅扩散层的测量时，要达到无噪声的测量结果是有困难的，因此，有时用两个方向的电流和电压的测量方法来克服这个问题，然后取两次读数的平均值，这样就可以消除一些接触电阻的影响。如果测量时电压的差别大，就应该首先检查探针和样品表面的清洁情况。为了保证读数的正确性，可测量 2~3 个电流强度时的方块电阻，再来进行平均。测量结果表明：在测量电流的范围内，方块电阻是一个常数。对于高电阻率的硅样品，在 150℃ 的 N_2 中退火几分钟后，可以提高测量读数的精度。在测量时，我们应尽可能使用较小的电流，以避免因过热发生穿通而影响测量结果的准确度。

对于离子注入的样品，扩散层电阻的测量是在样品退火或扩散后采用检验电活性的方法来测量。

3. 表面浓度(N_S)

表面浓度是经常要用到的又一个重要参数。根据前面章节的理论分析可知：表面浓度不同，杂质分布可以有很大的差异，从而对器件特性带来影响。根据方块电阻与杂质总量的关系，以及杂质总量和结深的表达式，可以知道，在本体杂质浓度不变的情况下，$R_\square$、N_S 和 X_j 三者之间存在对应的关系，已知其中的两个，第三个就被唯一地确定，从而具有确定的杂质分布。反之，对于一定的分布形式，只要其中的任意两个参数给定，杂质分布唯一确定，第三个参数也自然就被确定。可见，表面浓度 N_S、结深 X_j 和方块电阻 $R_\square$ 都是描述杂质分布的常用参数。

在这三个参数中，结深和方块电阻能方便地测得，而表面浓度的直接测量比较困难，必须采用放射性示踪技术或其他较麻烦的手段。因此在生产中，常由测量 $R_\square$ 和 X_j 来了解扩散层的杂质分布情况，并通过调节扩散条件来控制 $R_\square$ 和 X_j 的大小，从而达到控制扩散杂质分布的目的。

表面浓度的大小一般由扩散形式、扩散杂质源、扩散温度和时间所决定。但恒定表面源扩散表面浓度的数值基本上就是扩散温度下杂质在硅中的固溶度。也就是说，对于给定杂质源，表面浓度由扩散温度控制。对有限表面源扩散(如两步扩散中的再分布)，表面浓度则由预淀积的杂质总量和扩散时的温度与时间所决定。但扩散温度和时间由结深的要求所决定，所以此时的表面浓度主要由预淀积的杂质总量来控制。在结深相同的情况下，预淀积的杂质总量越多，再分布后的表面浓度就越大。在实际生产中，发现基区硼预淀积杂质总量 Q 太大(也即 R_S 偏低)时，再分布时应缩短第一次通干氧的时间(即湿氧时间提前)，造成较多的杂质聚集到 SiO_2 层中，使再分布后基区的表面浓度 N_S 符合原定的要求。

表面浓度的实际大小还与氧化温度和时间有关。氧化温度愈高，杂质扩散愈快，就愈能减弱杂质在表面附近的堆积。氧化时间愈长，再分布所影响到的深度就愈大。因此，杂质再分布影响到的深度和最终杂质浓度的分布与氧化温度和时间有很大的关系。这当然也包括了对表面浓度的影响。

4. 击穿电压和反向漏电流

PN 结的击穿电压和反向漏电流既是扩散层质量的重要参数，也是晶体管的重要直流参数。对该参数的要求是反向击穿特性曲线平直，有明显的拐点，且漏电流小。

5.　β 值

β 是共发射极电流放大系数，它既是检验晶体管经过硼磷扩散所形成的两个扩散结质量优劣的重要标志，也是晶体管一个重要的电学参数。影响 β 值的因素很多，可以通过扩散工艺提高 β 值。比如减小基区宽度、减少复合、减小发射区薄层电阻 R_{se} 与基区薄层电阻 R_{sb} 的比值都可以提高发射极的注入效率。

7.3.5　扩散条件的选择

扩散层质量参数与扩散条件密切相关，扩散条件合适，才可能获得合乎质量要求的扩散层。扩散条件包括扩散方法、扩散杂质源和扩散温度和时间。

1.　扩散方法的选择

扩散方法分为气-固扩散、液-固扩散和固-固扩散。其中常用的气-固扩散又可分为闭管扩散、箱法扩散和气体携带法扩散。

闭管扩散的特点是把杂质源和将要扩进杂质的衬底片密封于同一石英管内，因而扩散的均匀性和重复性较好，扩散时受外界影响小。在大面积深结扩散时常采用这种方法。由于扩散时密封能避免杂质蒸发，所以对扩散温度下挥发剧烈的材料是适用的（如 GaAs 扩散）。闭管扩散的缺点是工艺操作烦琐，每次扩散后都需敲碎石英管，石英管耗费大，另外，每次扩散都要重新配源。

箱法扩散是将杂质源和衬底片（如硅片）同置于石英管内。这种方法只要箱体本身结构好，杂质源蒸气泄漏率恒定，仍然具有闭管扩散的优点，常用于集成电路中的埋层锑扩散。但它比闭管扩散技术先进一些，不用每次都敲碎石英管。

气体携带法扩散又包括气态源扩散、液态源扩散和固态源扩散 3 种。气态源扩散的气态源（如 AsH_3、B_2H_6）可通过压力阀精确控制，使用时间长，但稳定性较差毒性大。液态源扩散不用配源，一次装源后可用较长时间，且系统简单，操作方便，但受外界因素影响较大。固态源扩散（如氮化硼片、磷钙玻璃片扩散法等）源片和硅片交替平行排列，有较好的重复性、均匀性，适用于大面积扩散，但片源易吸潮变质，在扩散温度较高时还容易变形。

扩散方法多种多样，各种方法都有自己的优点和问题，应根据实际情况选择合适的扩散方法。

2.　扩散杂质源的选择

对扩散源的要求为：

（1）所选择的杂质源对 SiO_2 膜能有效地掩蔽扩散。

（2）在硅中的固溶度大于所需要的表面浓度。

（3）扩散系数大小适当，不同杂质的扩散系数大小应搭配合理，例如基区扩散杂质硼，发射区扩散杂质磷。

（4）纯度高。

（5）杂质电离能小。

（6）使用方便安全。

例如，磷扩散的时间比较短（约 10 min），难以控制，重复性差，用磷来实现浅结高浓度扩散很困难。如果采用砷杂质，由于在相同温度和相同杂质浓度下，砷在硅中的扩散系数比磷要小一个数量级左右，因此可在较高温度下进行较长时间的扩散，这样易于实现浅结高浓度扩散。另外，由于砷原子的四面体半径与硅相接近，砷扩散到硅中后，一般不易产生失配位错，从而不会产生高浓度磷扩散所引起的"发射区陷落效应"，可使基区宽度做到小于 $0.1~\mu m$，有利于提高微波晶体管的性能。因此，在微波晶体管中通常用砷代替磷作为施主杂质。

　　已经掺入的杂质在后续的热处理过程中要求杂质分布变化小。例如，硅集成电路的埋层杂质源为了不致在以后的长时间隔离扩散时使埋层向外延层推移太多，要求埋层扩散杂质源的扩散系数尽可能小。锑和砷的扩散系数都比较小，可以用于埋层的杂质源。从埋层扩散对杂质扩散系数要求来看，采用砷比锑更理想，而且固溶度大。但砷有毒，蒸气压又高，在工艺操作上有一定的困难，因此一般不采用砷而采用锑。

　　可见，实际选用什么杂质较合适，要根据不同扩散对杂质源的要求来选择。

3. 扩散温度和扩散时间的确定

　　选定扩散方法和扩散源后，可以根据给出的结构参数来估计所需要的扩散温度和扩散时间。

　　扩散温度要求为：所选定的温度必须使扩散杂质源所对应的固溶度大于所要求的表面浓度，由于 B、P、Sb 等在硅中的固溶度在 900℃～1200℃ 范围内变化不大，因此，预淀积的温度最低可选取为 900℃；要易于控制，具体地说，就是温度不可太高，以免扩散时间太短，难于控制，影响扩散的重复性和均匀性；在所选定的温度范围附近，杂质的扩散系数、固溶度、化合物源的分解速率等方面随温度的变化要小，以便使温度的偏离对扩散结果的影响较小。根据上述要求，对于硅中硼基区预淀积的温度一般选取为 900℃～980℃。如果要求较大的扩散结深和较高的表面浓度，为缩短扩散时间，扩散温度也可以选得高一些，如隔离硼预淀积和埋层锑扩散等。

　　再分布考虑的主要问题是要获得一定的结深，因此扩散温度和时间必须统筹考虑。一般来说，要求扩散时间不要太长，温度也不宜太高，以免影响器件的性能。对于表面浓度较高和扩散结深较大的慢扩散杂质，在不影响 PN 结性能及表面不出现合金点的前提下，可适当提高温度，以缩短扩散时间。对于结深较浅的扩散，温度选择不宜太高，以免扩散时间太短，结深不易控制，无法满足器件设计的要求，即达不到一定的结深和表面浓度。

　　方块电阻的大小主要靠调节预淀积的温度和时间特别是调节温度来实现。通过调节预淀积和再分布的温度与时间以及 SiO_2 层的厚度就可以调整和控制扩散层的方块电阻。但必须指出，由于再分布的温度和时间决定着器件所要求的结深，一般不应变动，因此调节 $R_\square$ 的余地很小。调节再分布时通干氧和湿氧的时间比例也可以调节 $R_\square$，但往往对 SiO_2 层的厚度有一定的要求，所以调节的幅度也是有限的。

7.4　离子注入

　　离子注入是一个物理反应过程，即晶圆被放在离子注入机的一端，气态掺杂离子源在另一端，掺杂离子被电场加到超高速，穿过晶圆表层，就好像一粒子弹从枪内射入墙中。

　　注入离子在靶片中分布的情况与注入离子的能量、性质和靶片的具体情况等因素有关。对于非晶靶，离子进入靶时，将与靶中的原子核和电子不断发生碰撞。在碰撞过程中，离子的运动方向将不断发生偏折，能量不断减少，最终在某一点停下来。离子从进入靶起到最终停止下来的点之间所经过路径的总距离称为入射离子的射程。入射离子进入靶时，每个离子的射程是无规则的，但大量以相同能量入射的离子仍然存在一定的统计规律，即在一定条件下，其射程具有确定的统计平均值。为了确定注入离子的浓度（或射程）分布，首先应了解入射离子与靶片中的原子核和电子发生相互作用的过程。有人认为，在离子进入靶的过程中，离子与靶原子核和电子发生碰撞而损失能量时，这两种碰撞机构的情况是不同的。当离子与靶原子核碰撞时，由于两者的质量一般属于同一数量级，散射角较大，经过碰撞，离子运动方向将发生较大的偏折；同时，在每次碰撞中，离子传递给靶原子核的能量也较大；当离子与靶原子碰撞时传递的能量大于晶格中原子的结合能时，靶原子将从其格点位置上脱出，同时留下一个空位，这些空位将形成晶格缺陷。而入射离子与靶电子碰撞时，由于电子质量比离子质量小几个数量级，故在一次碰撞中离子损失的能量要小得多，而且碰撞时离子的散射角也很小，可以忽略不计，即可以认为离子与靶中电子碰撞时其运动方向不变，所以，可以把入射离子能量的损失分为两个彼此独立的过程（入射离子与原子核的碰撞过程和束缚电子与自由电子的碰撞过程，即核阻挡过程和电子阻挡过程）。

7.4.1 离子注入法的特点

和热扩散工艺相比，离子注入法有如下几个突出的优点：

（1）可在较低温度下（低于 750℃）将各种杂质掺入到不同半导体中，避免由于高温产生的不利影响。

（2）能精确控制基片内杂质的浓度、分布和注入浓度，对浅结器件的研制有利。

（3）所掺杂质是通过分析器单一地分选出来后注入到半导体基片中去的，可避免混入其他杂质。

（4）能在较大面积上形成薄而均匀的掺杂层。

（5）获得高浓度扩散层不受固浓度限制。

但是同时离子注入法也有以下几个明显的缺点：

（1）在晶体内产生的晶格缺陷不能全部消除。

（2）离子束的产生、加速、分离、集束等设备价格昂贵。

（3）制作深结比较困难等。

7.4.2 离子注入设备

离子注入设备示意图如图 7-3 所示。

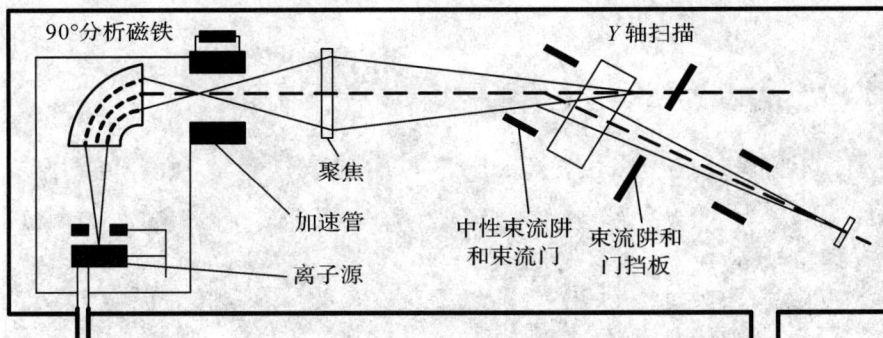

图 7-3 离子注入设备示意图

它包括以下几个主要部件：

（1）离子源。离子源是产生注入离子的发生器。常用的离子源有高频离子源、电子振荡型离子源和溅射型离子源等。把引入离子源中的杂质经离化作用可电离成离子。用于离化的物质可以是气体也可以是固体，相对应的就有气体离子源和固体离子源。为了便于使用和控制，偏向于使用气态源。但气态源大多有毒且易燃易爆，使用时必须注意安全。

（2）分析器。从离子源引出的离子束一般包含有几种离子，而需要注入的只是其中的某一种，因此需要通过分析器将所需要的离子分选出来。分析器有磁分析器和正交电磁场分析器，其中磁分析器用得较多。分析器的末端是一个只能让一种离子通过的狭缝，通过调整磁场强度大小可获得所需离子。

（3）加速器。离化物质失去电子变成离子后，还必须利用一强电场来吸引离子，使离子获得很大的速度，以足够的能量注入靶片内。

（4）扫描器。通常，离子束截面比较小，约为平方毫米数量级，且中间密度大，四周密度小，这样的离子束流注入靶片，注入面积小且不均匀，根本不能用。扫描就是使离子在整个靶片上均匀注入而采取的一种措施。

扫描方式有：靶片静止，离子束在 X、Y 两个方向上进行电扫描；离子束在 Y 方向上进行电扫描，靶片沿 X 方向进行机械运动；离子束不扫描，完全由靶片的机械运动实现全机械扫描。

（5）偏束板。离子束在快速行进过程中，有可能与系统中的残留中性气体原子或分子相碰撞，进行电荷交换，使中性气体分子或原子成为正离子，而使束流电子成为中性原子，并保持原来的速度和方向，与离子束一同前进成为中性束。中性束不受静电场作用，直线前进而注入靶片的某一点，因而严重影响注入层的均匀性。为此，在系统中设有静电偏转电极，使离子束流偏转 5°左右再到达靶室，中性束因直线前进不能到达靶室，从而解决了中性束对注入均匀性的影响。

（6）靶室。靶室也称工作室，室内有安装靶片的样品架，可以根据需要进行相应的机械运动。

（7）其他设备。其他设备主要包括真空排气系统和电子控制设备等。

如图 7-4 所示为一款非常复杂的离子注入机。

图 7-4　离子注入机

7.4.3 晶体损伤和退火

注入离子在靶片中的分布情况与注入离子的能量、性质和靶片的具体情况等因素有关，可以把整个过程看成是核阻挡过程（离子和原子核的碰撞）和电子阻挡过程（束缚电子和自由电子碰撞）两个过程共同作用的结果。

对于非晶靶，射程分布决定于入射离子的能量、质量和原子序数，靶原子的质量、原子序数和原子密度，注入离子的总剂量和注入期间靶的温度。对于单晶靶，射程分布还依赖于晶体取向。离子沿沟道前进时，来自靶原子的阻止作用要小得多，因此射程也大得多，这种现象称为"沟道效应"，如图 7-5 所示。

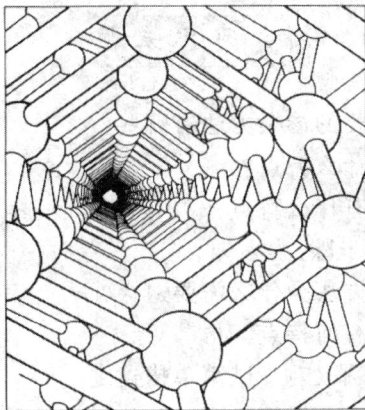

图 7-5 沟道效应

在利用离子注入技术制备半导体器件的 PN 结时，为了精确控制结深，应使离子注入方向相对于晶片的晶轴方向偏离 8°。

杂质离子注入到半导体样品的过程中，要与靶原子发生多次猛烈的碰撞。如果入射离子与靶原子在碰撞时传递给靶原子的能量较大时，则靶原子会从晶格的平衡位置脱出，成为移位原子，同时在晶格中留下一个空位，而移位原子和注入离子则停留在间隙或替位位置上。因此，离子注入在固体内形成了空位、间隙原子、间隙杂质原子和替位杂质原子等缺陷。这些缺陷相互作用还会形成大量的复合缺陷。我们把晶体损伤分为晶格损伤、损伤群簇和空位间隙等几种情况。

修复晶体损伤和注入杂质的电激活可以通过加热的方法来实现，称为退火。退火的温度低于扩散掺杂时的温度，以防止横向扩散。通常炉管中的退火在 600℃～1000℃ 之间的氢环境中进行。退火分为热退火、激光退火和电子束退火等。

对于热退火，因为离子注入形成的稳定缺陷群在热处理时分解成点缺陷和结构简单的缺陷，在热处理温度下，能以较高的迁移率在晶体中移动，逐渐消灭，或被原来晶体中的位错、杂质或表面所吸收，因而使损伤消除，晶格完整性得以恢复。一般来说，按这种方式恢复晶格时，需要的退火温度较低，通常只需要在 600℃～650℃ 下退火 20 min 即可。但如果注入剂量不大，则退火温度要求较高，需要 850℃ 以上。为了使注入层的损伤得到充分消除，也有把退火温度提高到 950℃ 或 1000℃ 以上，退火时间增加到数小时的。

热退火能够满足一般的要求，但也存在较大的缺点：一是热退火消除缺陷不完全，实验发现，即使将退火温度提高到 1100℃，仍然能观察到大量的残余缺陷；二是许多注入杂质的电激活率不够高。

激光退火是用功率密度很高的激光束照射半导体表面，使离子注入层在极短时间内达到很高的温度，从而实现消除损伤的目的。激光退火时整个加热过程进行得非常快速，加热仅仅限于表面层，因而能减少某些副作用。激光退火目前有脉冲激光退火和连续激光退火两种。

电子束退火是用电子束照射半导体表面，其退火机理认为与脉冲激光退火一样，也是液相外延再生长过程。它与激光退火相比，束斑均匀性较好，能量转换效率可达 50%，比激光退火能量转换效率的 1% 还高得多。

复习思考题

1. 掺杂的定义是什么？主要的掺杂方法有哪些？
2. 什么是热扩散方法？有什么特点？
3. 什么是离子注入方法？有什么特点？
4. 简述热扩散工艺的两个步骤。
5. 什么叫退火？离子注入方法为什么需要退火？
6. 退火有哪几种方法？各有何特点？
7. 扩散层质量参数主要有哪几项？试简单描述之。
8. 什么是替位式扩散？哪些杂质扩散属于替位式扩散？
9. 什么是间隙式扩散？哪些杂质扩散属于间隙式扩散？
10. 热扩散与离子注入工艺各有什么优缺点？
11. 解释沟道效应的成因及对策。

第8章 CMP、清洗和烘干

8.1 化学机械抛光

化学机械抛光(Chemical Mechanical Polishing，CMP)是集成电路制造过程中实现晶圆表面平坦化的关键工艺。CMP 最早于 1983 年由 IBM 公司发明，1994 年台湾的半导体生产厂第一次开始应用于生产中。与传统的纯机械或纯化学的抛光方法不同，CMP 工艺是通过表面化学作用和机械研磨的技术结合来实现晶圆表面微米/纳米级不同材料的去除，从而达到晶圆表面纳米级平坦化，使下一步的光刻工艺得以进行。

CMP 的主要工作原理(如图 8-1 所示)是：在一定压力及抛光液的存在下，将需要抛光的晶圆(Wafer)对抛光垫做相对运动，借助纳米磨料的机械研磨作用与各类化学试剂的化学作用之间的高度有机结合，使要抛光的晶圆表面达到高度平坦化、低表面粗糙度和低缺陷的要求。

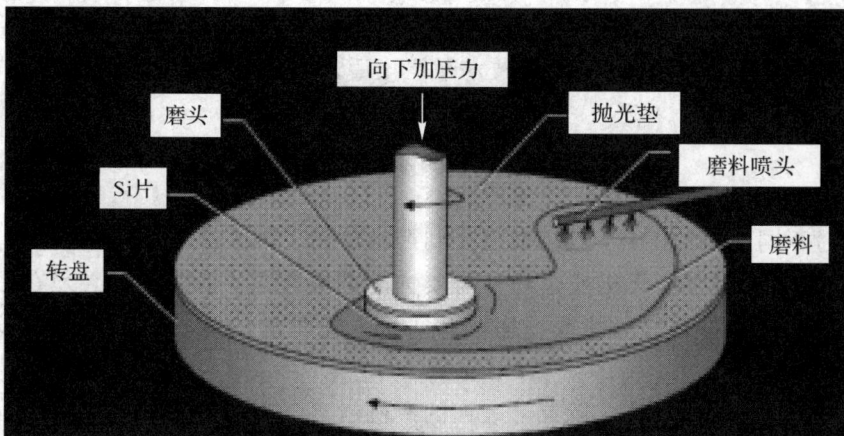

图 8-1 CMP 原理示意图

简单来说，CMP 是利用 Wafer 和抛光头之间的运动来平坦化的，通过比去除低处图形快的速度来去除高处图形以获得平坦的表面。抛光头与 Wafer 之间有磨料，利用加压使得磨料与 Wafer 表面相互作用达到平坦化的效果。为了加强效果，增加速度，常采用带多个磨头的 CMP 设备，如图 8-2 所示。

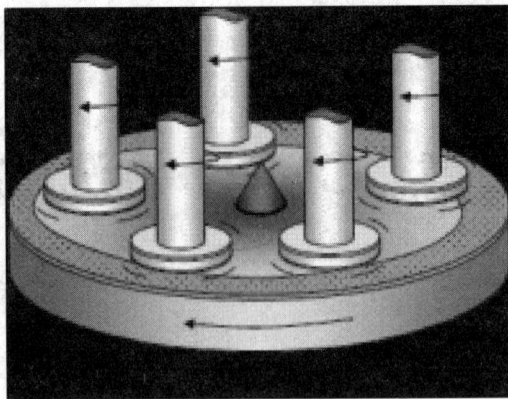

图 8-2 带多个磨头的 CMP 设备

CMP 抛光液是均匀分散胶粒的乳白色胶体，其作用包括抛光、润滑、冷却等。CMP 抛光液由研磨料、PH 值调节剂、氧化剂、分散剂和表面活性剂组成，介质复杂度很高。高品质抛光液的功能关键在于能够控制磨料的硬度、粒径、形状等特征，同时使各成分达到合适的质量浓度，以达到最好的抛光效果。

CMP 抛光垫是一种疏松多孔的材料，具有一定的弹性，用于存储和传输抛光液，对硅片提供一定的压力，并对其表面进行机械摩擦。CMP 抛光垫在抛光的过程中会不断消耗，因而其使用寿命成为衡量抛光垫质量的重要技术指标。CMP 抛物垫的寿命越长越有利于晶圆厂维持稳定生产。此外，缺陷率对于抛光垫也同样重要，这一指标在纳米制程的晶圆生产中尤为重要。抛光垫的性质直接影响晶片的表面质量，是关系到平坦化效果的直接因素之一。

用 CMP 技术实现全局平坦化有许多优点，即可以在不使用危险气体的情况下，平坦不同材料，减少表面起伏，改善台阶覆盖，去除表面缺陷。CMP 的抛光精度比较高，是目前使用最广泛的平坦化技术。利用 CMP 技术平坦化后，台阶高度可控制到 50Å 左右。

8.2　晶圆表面清洗

晶片经过不同工序加工后，其表面已受到严重沾污。晶片表面有 4 大常见类型的污染，它们是颗粒、有机残余物、无机残余物和需要去除的氧化层。清洗工艺必须在去除晶片表面全部污染物的同时，不会刻蚀或损害晶片表面。同时清洗液的生产配置是安全的、经济的。

清洗的一般方法是：首先去除晶片表面的有机沾污，因为有机物会遮盖部分晶片表面，从而使氧化膜和与之相关的沾污难以去除；然后溶解氧化膜，因为氧化层是"沾污陷阱"，也会引入外延缺陷；最后再去除颗粒、金属等沾污，同时使晶片表面钝化。

清洗工艺采用一系列的步骤将大小不一的颗粒同时除去。最常见的颗粒去除工艺是使用手持氮气枪吹除颗粒。氮气枪配置有离子化器，以去除氮气流中的静电。洁净等级很高的洁净室中不使用喷枪，而是运用物理的方法，采用机械擦洗或超声波清洗技术来去除粒径大于等于 $0.4\ \mu m$ 的颗粒，利用兆声波可去除大于等于 $0.2\ \mu m$ 的颗粒。有机杂质沾污可通过有机试剂的溶解作用结合超声波清洗技术来去除。金属离子沾污必须采用化学的方法才能清洗掉。

常见的化学清洗采用硫酸清洗、硫酸和过氧化氢混合清洗、臭氧通过硫酸溶液清洗等来有效清洗无机残余物及有机残余物和颗粒。

氧化层的去除采用 RCA 清洗。RCA 标准清洗法是 1965 年由 Kern 和 Puotinen 等人在 N. J. Princeton 大学的 RCA 实验室首创的，并由此而得名。RCA 清洗是一种典型的、普遍使用的湿式化学清洗法，利用过氧化氢与酸或碱同时使用，通过两步清洗工艺以去除晶片表面的有机和无机残留物。RCA 清洗是去除硅片表面各类沾污的有效方法，所用清洗装置大多是多槽处理式清洗系统。该清洗系统使用的药液主要包括以下几种：

（1）SPM：H_2SO_4/H_2O_2（120℃～150℃）。

SPM 具有很高的氧化能力，可将金属氧化后溶于清洗液中，并把有机物氧化生成CO_2和H_2O。用 SPM 清洗晶片可去除晶片表面的重有机沾污和部分金属，但是当有机物沾污特别严重时会使有机物碳化而难以去除。

（2）HF(DHF)：(HF(DHF)(20℃～25℃)。

DHF 可以去除晶片表面的自然氧化膜，因此，附着在自然氧化膜上的金属将被溶解到清洗液中，同时 DHF 抑制了氧化膜的形成。因此可以很容易地去除晶片表面的 Al，Fe，Zn，Ni 等金属，DHF 也可以去除附着在自然氧化膜上的金属氢氧化物。用 DHF 清洗时，在自然氧化膜被腐蚀掉时，晶片表面的硅几乎不被腐蚀。

（3）APM（SC-1）：$NH_4OH/H_2O_2/H_2O$ 配比为 1∶1∶5 到 1∶2∶7（30℃～80℃）。

SC-1 适用于有机物和金属的去除。由于H_2O_2的作用，硅片表面有一层自然氧化膜（SiO_2），呈亲水性，硅片表面和粒子之间可被清洗液浸透。由于硅片表面的自然氧化层与硅片表面的 Si 被NH_4OH腐蚀，因此附着在硅片表面的颗粒便落入清洗液中，从而达到去除粒子的目的。在NH_4OH腐蚀硅片表面的同时，H_2O_2又在氧化硅片表面形成新的氧化膜。

（4）HPM（SC-2）：$HCl/H_2O_2/H_2O$ 配比 1∶1∶6 到 1∶2∶8（65℃～85℃）。

SC-2 适用于碱金属（钠、铁、镁等）和氢氧化物的去除。在室温下 HPM 就能除去 Fe 和 Zn。

每一步湿法清洗工艺的后面都要用去离子水对晶片进行冲洗。清水冲洗具有从表面去除化学清洗液和终止氧化物刻蚀反应的双重功效。将晶片承载在一个旋转的真空吸盘上，在去离子水直接冲洗晶片表面的同时，晶片刷洗器用一个旋转的刷子近距离地接触旋转的晶片，在晶片表面产生了高能量的清洗动作，使液体进入晶片表面和刷子末端之间极小的空间，从而达到很高的速度，以辅助清洗。

湿法清洗不可避免地会产生一些新的颗粒和化学废物，干燥也很麻烦，加上使用超纯化学品带来成本压力，而且和先进制程工艺也不相容，因此现在发展出来了一种干法清洗工艺。干法清洗工艺是一种低温气相化学方法，利用等离子体、粒子束等激活能量，氧化并化学分离晶片上的污染物，以清洁晶片表面，避免了对晶片的损伤。常用的干法清洗方法有 HF/H_2O 气相清洗、紫外-臭氧清洗（UVOC）法、H_2/Ar 等离子清洗和热清洗等。

8.3　烘干技术

清水冲洗后，必须将晶圆圆片烘干，否则，表面的水可能对后续工序产生影响。常用的烘干方法有旋转淋洗烘干(SRD)法、异丙醇蒸汽烘干法和表面张力/麦兰烘干法。

旋转淋洗烘干法通过高速旋转把水从晶片表面甩掉，并用热氮气去除紧附在其上的小水珠。

异丙醇蒸汽烘干法是将晶片悬置于异丙醇储液罐上方，烘干时，晶片上的水被异丙醇取代达到烘干效果。

表面张力/麦兰烘干法利用液体的张力使晶片变干，用异丙醇或 N_2 产生表面张力梯度从而加强芯片去水的效果。

复习思考题

1. 解释什么是 CMP，并描述 CMP 基本原理。
2. 描述晶圆制造过程中表面平坦和无损伤的益处。
3. 晶圆表面清洗的要求是什么？
4. 描述典型的 RCA 清洗工艺。
5. 常用的晶圆烘干技术有哪些？并简单描述。

第9章 封装技术

微电子技术的封装史从晶体管出现就开始了。20 世纪 50 年代以三根引线的 TO(Transistor Outline——晶体管外壳)型金属-玻璃外壳封装为主,后来又发展出金属封装、塑料封装、陶瓷封装和表面安装技术(SMT)等。随着每块集成电路芯片上器件数目的增多和器件性能要求的提高,封装设计面临更大的挑战。

9.1 封装的功能与基本工艺流程

9.1.1 封装概述

集成电路产业主体主要由设计、制造、封装、测试 4 个环节组成。封装是利用某种材料将芯片保护起来并与外界环境隔离的一种加工技术。大多数情况下,完成晶圆上的芯片制造并将其封装以后才能应用于电子电路或电子产品中。

狭义的封装是指将芯片在框架或基板上布局、粘贴固定及连接,引出接线端子并通过封装固定,构成整体立体结构的工艺。封装一般是指塑封,另外还有金属封装和陶瓷封装(应用于军工或其他特殊应用场合)。

广义的封装是指封装工程,即将封装体与基板连接固定,装配成完整的系统或电子设备,并确保整个系统综合性能的工程。电子封装技术资料上通常将封装分为零级封装(裸芯片)、一级封装(集成电路模块)、二级封装(板或卡)、三级封装(系统)。这是指狭义的封装概念。集成电路的封装技术一般指狭义的封装概念。

9.1.2 封装的功能

芯片通过封装,使管芯有一个合适的外引线结构,可以提高散热和电磁屏蔽能力,同时也可提高管芯的机械强度和抗外界冲击能力等。封装的主要功能有以下 4 种:

(1)分配电源和电信号。电路需要电源才能工作,不同的电路所需电源也是不同的。微电子封装首先要能接通电源,使芯片能流通电流;其次,微电子封装要将不同部位的电源分配恰当,以减少电源的不必要损耗,在多层布线基板上尤为重要。当然还要考虑地线的分配问题。

布线时应尽可能使信号线与芯片的互连路径及引出路径最短,以保证电信号延迟尽可能小。对于高频信号,还应考虑信号间的串扰问题。

(2)提供散热通道。不同的封装结构和材料具有不同的散热效果,芯片封装要考虑器件、部件长期工作时热量散出的问题。对于功耗大的集成电路，使用中还应考虑附加热沉或使用强制风冷、水冷方式散热，以保证系统能正常工作。

（3）提供机械支撑。通过封装将芯片与电路板或电子产品直接相连接，也可为芯片和其他部件提供牢固可靠的机械支撑，防止芯片破碎，并能适应各种工作环境和条件的变化。

（4）提供环境保护。环境保护分为两个方面：首先，半导体芯片在没有封装之前，始终处于周围环境的威胁之中，有的环境条件极为恶劣，因此必须将芯片严密封装，使芯片免受微粒的污染和外界损伤，特别是免受化学品、潮气或其他干扰气体的影响；其次，半导体器件和电路的许多参数，以及器件的稳定性、可靠性都直接与半导体表面的状态密切相关，因此封装对芯片的保护作用显得尤为重要。

9.1.3　封装的基本工艺流程

集成电路封装基本工艺流程包括：底部准备→划片→取片→镜检→粘片→内引线键合→表面涂敷→封装前检查→封装→电镀→切筋成型→外部打磨→封装体印字→最终测试。

1. 底部准备

底部准备包括硅片底部减薄和去除底部的受损部分及污染物，某些芯片底部还要求镀一层金（利用蒸发或溅射工艺完成），也称为蒸金。

芯片制造过程中晶圆圆片不宜过薄，厚度一般为 $55\sim65$ 丝（1 丝＝10 微米）左右。这么厚的硅片对后期加工不便，需要底部磨薄。同时，底部磨薄还可以减少串联电阻，且有利于散热。磨薄时必须将晶片正面保护起来，方法是在正面涂一层薄光刻胶或粘一层和晶片大小尺寸相同的聚合膜（蓝膜），借助真空吸力来吸住硅片。将圆片的正面粘贴在片盘上后，用金刚砂加水进行研磨，一般磨掉 $20\sim30$ 丝。减薄后应去除掉正面的保护膜。

蒸金可以减少串联电阻，使接触良好，同时也便于焊接。蒸金方法与蒸铝类似，仅是蒸发源不同而已。

2. 划片

划片是指利用划片锯或划线-剥离技术将晶片分离成单个芯片。划片有划片分离或锯片分离两种方法。

1）划片分离

将晶片精确定位在精密工作台上，用尖端镶着钻石的划片器从划线的中心划过，于是划片器在晶片表面划出一条浅痕，通过加压的圆柱滚轴后晶片得以分离。当滚轴滚过晶片表面时，晶片将沿划痕分离开。分裂是沿着晶片的晶体结构进行的，会在芯片上产生一个直角的边缘。

因为半导体材料具有各向异性的特性，因此在划片时，一般在平行于〈111〉晶向的表面上力求刀痕比较平坦、连续，这样才能使晶片沿划痕断裂。一旦划片偏离此晶向，晶片就会沿着解理面而裂开，不能获得完整的芯片。因此，对于划片分离要调整好晶向，不能随意划片。划片时要求刀痕深而细，而且要一次定刀，这样碎片少，残留的内部应力小。因此，刀尖要求极细且锋利，安装刀具时必须注意刀刃方向，要求严格与划线方向一致。

划片分离具体操作步骤如下：

（1）把硅片放在划片机载板上，用吸气泵吸住，调节金刚刀压力，用显微镜观察刀刃的走向是否偏离划片中心定位并适当调整。

（2）用刀刃沿锯切线划线。先沿一个方向划线，然后再转 90°划另一个方向。有些划片机安装有自动步进设备和自动调压装置，以提高划片精度和质量。

（3）取下硅片，放在塑料网格中，浸入丙酮进行超声波清洗，去除表面残屑，最后烘干。

（4）把硅片放在橡皮垫板上，用玻璃棒在硅片背面轻轻辗过，硅片就裂成单个独立的芯片。

划片时应注意：硅片固定在载板上一定要牢固，不能对硅片表面带入任何损伤，金刚刀要经常修磨，保持刀尖锋利，严格对准划片槽进行划片。

金刚刀划片虽然工艺简单，但是，随着芯片集成度越来越高，线条越来越细，常用激光划片代替金刚刀划片。

激光划片是用高能量的激光束在晶片背面沿划片槽打出小孔（类似邮票孔），然后用上述同样方法裂成小管芯。由于激光束小于 10 μm（金刚刀刀痕约 20～25 μm，划片时两边的损伤及裂缝有 20～30 μm），因此，大大减少了划线的损伤区，而且作用时间很短，不至于影响器件的性能，对提高器件的可靠性大有好处。激光划片用红外显微镜进行对准，从背面进行打点。

2）锯片分离

对于厚晶片，常采用锯片分离法划片。锯片机由可旋转的晶片转台、自动或手动的划痕定位影像系统和一个镶有钻石的圆形锯片组成。用钻石锯片从芯片划过，锯片降低到晶片的表面划出一条深 1/3 晶片厚度的线槽，然后用圆柱滚轴加压法将芯片分离成单个芯片，也有直接用锯片将晶片完全锯开的。锯片分离法划出的芯片边缘较好，裂纹和崩角也较少，所以在划片工艺中锯片法是首选方法。

3. 取片

取片是指划片后从分离出的芯片中挑选出合格的芯片（非墨点芯片）。划片时将芯片黏结在一层塑料薄膜上，加热使薄膜受热膨胀向四周拉伸，粘在薄膜上的芯片随之分割开来，称为绷片技术。常用这种方法辅助取片工艺。

手动模式中需要人工用真空吸笔将一个个非墨点芯片取出后放入到一个区分托盘中。

自动模式中，真空吸笔会自动拣出合格品芯片并将其置入下一工序的分区托盘里。

4. 镜检

在划片与取片之后，还要对那些合格的芯片进行镜检。所谓镜检就是经过光学仪器（如显微镜）的目检来确定边缘是否完整、有无污染物及表面缺陷，剔除不合格芯片，提高器件的可靠性。

镜检工作十分单调而简单，但对于质量从严把关和质量反馈以及开展全面质量管理（TQC）工作是很重要的一个环节。

5. 粘片

粘片是指将芯片和封装体牢固地连接在一起。同时还能把芯片上产生的热量传导到封装体上。

粘片要求永久性地结合，使芯片不会在流水作业中松动或变坏以及在使用中松动或失效。尤其对应用于很强的物理作用下的器件，例如火箭中的器件，此要求显得格外重要。

粘片剂的选用标准应为不含污染物，加热时不释放气体，高产能，经济实惠。最主要的粘片技术有低熔点融合法和银浆粘贴法两种。

1) 低熔点融合法

金的熔点为 1063℃，硅的熔点为 1415℃，而金和硅混合，在 380℃时就可以熔融成合金。低熔点融合法的步骤为：首先在粘片区域沉积或镀上一层金和硅的合金膜，然后对封装体加热，使合金熔化成液体；接着把芯片安放在粘片区，经研磨将芯片与封装体表面挤压在一起；最后冷却整个系统，就完成了芯片与封装体的物理性与电性的连接。

2) 银浆粘贴法

银浆粘贴法采用渗入金属(如金或银)粉的树脂作为粘合剂。银浆粘贴法的步骤为：首先用针形的点浆器或表面贴印法在粘片区沉积上一层树脂粘片剂；然后由一个真空吸笔将芯片吸入粘片区的中心，向下挤压芯片使下面的树脂形成一层平整的薄膜，后进行烘干；最后将来料放入烤炉内，加热至特定温度时完成对树脂粘贴点的固化。

树脂粘贴法的优点是经济实惠，易于操作，容易实现工艺自动化；缺点是在高温时树脂容易分解，粘贴点的结合力不如金-硅合金牢靠。

成功的粘片包括以下 3 个方面：

(1) 芯片在粘片区摆放位置正确、平整。

(2) 在与芯片接触的整个区域形成牢固、平整、没有空洞的粘片膜。

(3) 在粘片区域内没有碎片或碎块。

6. 内引线键合

将半导体器件芯片上的电极引线与底座外引线连接起来的过程就是内引线键合，又称打线工艺(如图 9-1 所示)。这道工艺是封装流程中最重要的一步。

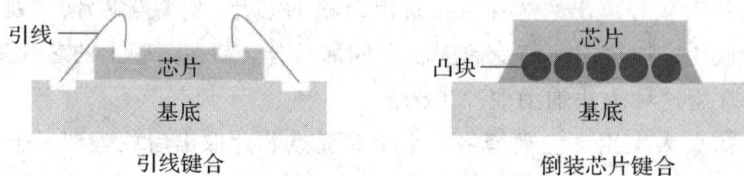

图 9-1　内引线键合

随着半导体器件和工艺的不断发展，内引线焊接工艺也从早期的烧结镍丝(合金管)和拉丝(合金扩散管)逐步发展到热压焊接和超声键合。尤其是随着集成电路的迅速发展，焊接工艺又发展到线压焊(WB)和载带自动焊(TAB)。

1) 线压焊(Wire Bonding，WB)

线压焊(WB)芯片互连通常采用一条直径约为 0.7~1.0 mil(mil 中文名为密耳，是长度单位，代表千分之一英寸)的细线先压焊在芯片的压焊点上，然后延伸至封装框架的内部引脚上，再将线压焊至内部引脚上，最后剪断线，如图 9-2 所示。然后在下一个压焊点重复整个过程。

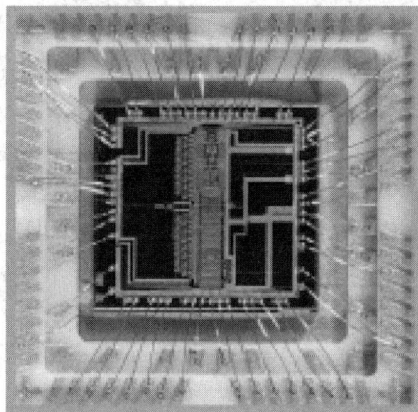

图 9-2　WB 芯片互连

线压焊概念上虽然很简单，但定位精确度要求高，线头压焊点电性连接要好，对延伸跨度的连线要求保持一定的弧度且不能扭结，线与线间要保持一定的安全距离。理想的引线材料应具备下列特点：① 能够与半导体材料形成低阻接触；② 电阻率低，有良好的导电性能；③ 与半导体材料之间结合力强；④ 化学性能稳定，不会形成有害的金属间化合物；⑤ 可塑性好，容易焊接；⑥ 在键合过程中能保持一定的几何形状等。

线压焊材料通常选用金线或铝线，这两种材料的延展性强、导电性好，牢固可靠，能经受住压焊过程中产生的变形。

（1）金线压焊法。

金的化学稳定性、延展性、抗拉性好，同时又容易加工成细丝，是迄今为止公认的常温下最好的导体，导热性也极好，又能抗氧化和腐蚀，因此，常把金丝作为首选引线材料。不过，金丝容易与蒸发铝电极在高温（200℃）时相互作用形成金属化合物"紫斑"。"紫斑"能使引线导电性能降低，也易造成碎裂而脱键。因而，使用金丝时应尽量避免金铝系统。在多层结构电极中，导电层大多采用金，因而可采用金-金结合。

金线压焊有热挤压法和超声波法两种方法。

热挤压法又称 TC 压焊法，如图 9-3 所示。具体步骤为：先将封装体定位在卡盘上，然后将封装体连同芯片加热到 300℃～350℃，并将芯片经过粘片工艺固定在框架上，将被压焊的金线穿过毛细管；接着用瞬间的电火花或很小的氢气火焰将金线的线头熔化成一个小球，将带着线的毛细管定位在第一个压焊点的上方；其次将毛细管往下移动，迫使熔化了的金球压焊在压焊点的中心，则在两种材料之间形成一个牢固的合金结（这种压焊法通常称为球压焊法）；芯片上的球压焊结束后，将毛细管移到相应的内部引脚处，同时引出更多的金线；同样，在内部引脚处，毛细管向下移动，金线在热和压力的作用下熔化到镀有金层的内部引脚上；最后用电火花或氢气焰对金线头进行加工，为下一个压焊点制作出金球；持续反复进行整个步骤，直至完成所有的压焊点和其对应的内部引脚的连接。

超声波法与热挤压法具有同样的步骤，不同的是工作温度可以更低。通过毛细管传到金线上的脉冲超声波能量足以产生足够的热量和摩擦力来形成一个牢固的合金焊点。

大多数金线压焊的生产是用自动化设备来完成的，这些设备使用复杂的技术来定位压焊点和把线引出至内部引脚。最快的打线机可在一小时内压焊上千个点。

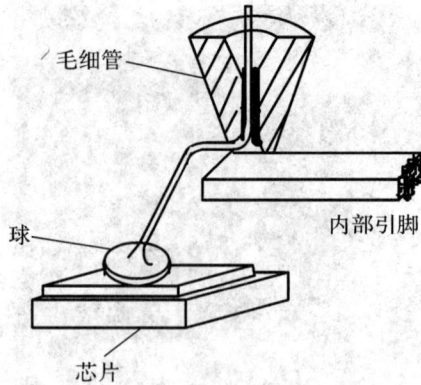

图 9-3 热挤压法

（2）铝线压焊法。

尽管铝线没有像金线那样好的传导性和抗腐蚀性，但仍然是一种重要的压线材料。铝的优点是低成本，且其与压焊点属同一种金属材料，不容易受腐蚀，压焊温度较低，与使用树脂粘片剂粘片的工艺更兼容。

铝线压焊的主要步骤与金线压焊大致相同，不同的是形成压焊结的方式。其具体步骤为：当铝线定位至压焊点上方时，会有一个楔子向下将铝线压到压焊点上，同时有一个超声波脉冲能量通过楔子传递来形成焊结（如图 9-4 所示）；焊结形成后，铝线移到相应的内部引脚上，形成另一个超声波辅助的楔压焊结（这种形式的压焊通常称为楔压焊）；压焊结束后，剪断线即可。在金线压焊过程中，在封装体处于固定位置的条件下，毛细管可以自由地在压焊点与内部引脚之间移动。而在铝线压焊过程中，每次单个的压焊步骤完成后，封装体必须被重新定位，且压焊点与内部引脚之间的对正要与楔子和铝线的移动方向一致。现在大多数铝线压焊的生产仍是由高速的机器来完成的。

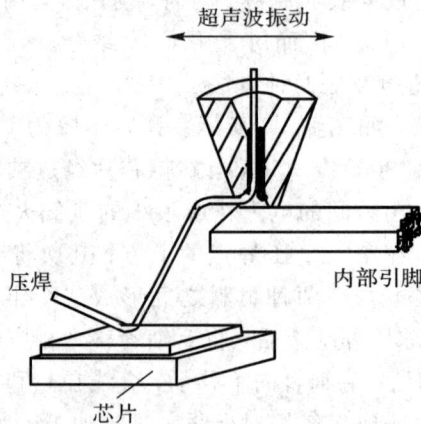

图 9-4 铝线压焊

2）载带自动焊（Tape Automated Bonding，TAB）

TAB 的焊接技术包括载带内引线与芯片凸点间的内引线焊接和载带外引线与外壳或基板焊区之间的外引线焊接两大部分，另外还包括内引线焊接后的芯片焊点保护及筛选和测试等，如图 9-5 所示。

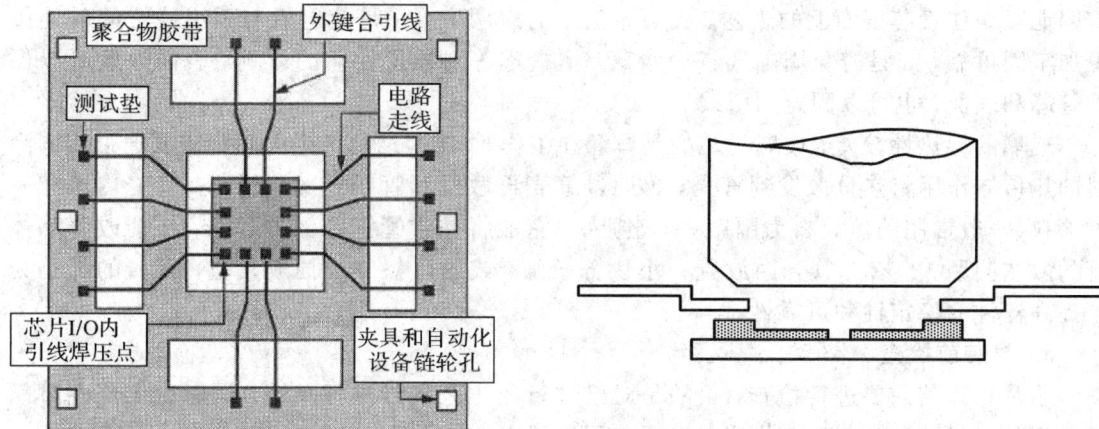

图 9-5 载带自动焊

载带自动焊的操作步骤为：首先系统将所要使用的金属通过喷溅法或蒸发法沉积到载带上，使用机械压模方法制造一条连续的带有许多单独引脚系统的载带；然后将芯片定位在卡盘上，由链轮齿的转动来带动载带的运动，直至精确定位在芯片的上方；最后进行压焊。

TAB方法有两种键合方式：一种是利用热压将镀金的铜箔针与键合点键合，另一种是利用低共熔焊接将镀锡的铜箔针与镀金的键合点键合。铜箔带上有定位孔，计算机控制机械定位装置将铜箔引线针与芯片或基座键合点对准，然后键合。

TAB的优点是速度快，能一次性完成所有引脚的焊接，同时载带和链齿轮的自动控制系统易于操作。

3）倒装芯片焊（Flip Chip Bonding，FCB）

倒装芯片焊也称为反面球压焊。因为线压焊（WB）每一个连接点处均有电阻，如果线与线靠得太近，可能会造成短路。另外，每个线压焊要求有两个焊点，并且一个接着一个，这限制了线压焊的发展。为解决这个问题，人们用沉积在每个压焊点上的金属突起物来替代金属线，把芯片翻转过来后对金属物的焊接就可实现了封装体的电路连接（如图9-6所示）。这种方法就称为反面球压焊。每个金属突起物对应封装器件内部的一个引脚。封装体可以做得更小，电阻可以降到最低，连线也可以做到最短。

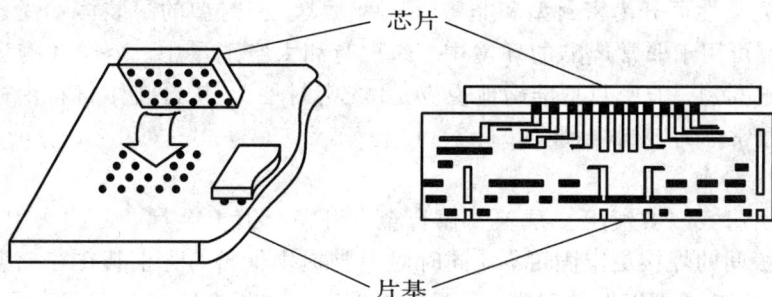

图 9-6 反面球压焊

7. 表面涂敷

表面涂敷工艺是指管芯经压焊后在其表面覆盖一层黏度适中的保护胶，经热固化后，牢固地紧贴在管芯表面上的工艺。表面涂敷目的有两个：一是使电极与引出线之间的连接更加牢固可靠，二是避免周围气氛中水蒸汽、盐雾等对器件性能的影响。表面涂敷可以保护管芯和表面，也可以固定内引线。

玻璃的导热性较差，玻璃封装的晶体管在工作时，PN 结处产生的热量需要通过周围涂料的热传导作用将热量散发到管壳，再通过管壳再散发到管子外部。通常在管壳内填充一种涂料（一般常用的填充料为国产 295 硅脂），它能将晶体管管芯保护起来，还能改善晶体管的散热问题。也有在管壳内放置一小块分子筛，或通以氯气或抽成真空，其目的都是为了提高器件的稳定性和可靠性。

8. 封装前检查

芯片在封装前要进行检查，目的是对已进行的工艺质量进行反馈，同时挑出那些可靠性不高的待封装芯片，避免芯片在以后使用过程中失效。

检查分商用级标准和军用级标准，检查内容包括芯片的粘片质量，芯片上压焊点和内部引线上打线的位置准确度，压焊球和楔压结的形状、质量，以及芯片表面完好度、有无污染和划痕等。

9. 封装

封装体的电子部分包括粘片区、压焊线、内部引脚及外部引脚，除此之外的其他部分称为封装外壳或封装体。封装体提供散热或保护功能，示意图如图 9-7 所示。

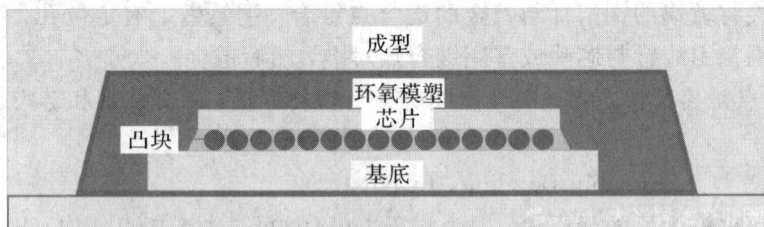

图 9-7 封装体示意图

封装是指完成半导体芯片的连接后，需要利用成型工艺给芯片外部加一个包装，以保护半导体集成电路不受温度和湿度等外部条件影响。根据需要制成封装模具后，我们要将半导体芯片和环氧模塑料（EMC）都放入模具中并进行密封。密封之后的芯片就是最终形态了。

封装按照完整性可分为密封型和非密封型两大类。密封型的封装体不受外界湿气和其他气体的影响，可用于非常严酷的环境中，如火箭和太空卫星中。金属和陶瓷是制造密封型封装体的首选材料。非密封型准确地说应是"弱密封性"，其封装体材料由树脂或聚酰亚胺材料组成，通常称为"塑料封装体"。

10. 电镀

封装体的引脚大多被镀上一层铅—锡合金。引脚电镀上金属，可改善引脚的可焊性，使器件与电路板间的焊接更牢固可靠，同时对引脚提供保护，防止其在存储期内不被氧化或腐蚀。另外，电镀还可以保护引脚，免受在封装和电路板安装工艺期间腐蚀剂的侵蚀。常用的电镀方法有电解电镀（镀金和锡）和铅-锡焊接层加工两种方法。

电解电镀工艺使封装体被固定在支架上，每个引脚都连接到一个电势体上，然后将支架浸入一个盛有电镀液的电解池中，在电解池中的封装体和电极上通以小电流，电流使得电解液中的特定金属电镀到引脚上。

铅–锡焊接层加工又有两种方法：一种是将封装体浸入到盛有熔化的金属液的容器中得到焊层；另一种是使用助波焊接技术，这种方法能很好地控制镀层的厚度并且缩短封装体暴露在熔化焊料金属中的时间。

11．切筋成型

切筋成型是指将芯片引脚和引脚之间多余的连筋去除掉，并且引脚也被切成同样的长度。如果此封装体是表面安装型，引脚会被弯曲成所需的形状。

12．外部打磨

塑料封装器件需要将塑料外壳上的多余毛刺打磨掉，外部打磨可以先用化学品腐蚀打磨，再用清水冲洗，也可以直接使用物理的方法用塑料打磨粒打磨。

13．封装体印字

封装体加工完毕后，必须对其加注重要的识别信息，诸如产品类别、器件规格、生产日期、生产批号和产地。主要的印字手段有墨印法和激光印字法。

墨印法适用于所有封装材料，而且附着性好。具体方法为：先用平板印字机印字，然后将字烘干，烘干采用烤干炉、常温下风干或采用紫外线烘干完成。

激光印字法特别适用于塑料封装体。其优点是信息可永久地刻入在封装体的表面，对于深色材料的封装体又能提供较好的对比度。另外，激光印字速度快、无污染，这是因为封装体表面不需要外来材料加工也不需要烘干工序。缺点是印错了字或器件状况改变了就很难更正。

14．最终测试

封装工序结束后，器件要经过一系列测试，包括环境测试、电性测试、老化性测试。当然，有些产品只是抽检其中一项或两项而已，这要视封装器件的使用情况和客户的要求而定。

9.2　封装的形式

封装形式大致经历了三次大的变革，即直插式、表面贴装式和芯片尺寸封装，同时封装的面积也越来越小。经粗略估算，双列直插式封装（DIP）的裸芯片面积与封装面积之比为1∶80，表面贴装技术（SMT）中的 QFP 为1∶7，芯片尺寸封装（CSP）小于1∶1.2。封装技术的快速发展也带动了电子信息产品不断变轻，变薄，变小。

下面对常见的微电子封装形式进行简单介绍。

1．玻璃封装

小功率二极管大多采用玻璃封装。玻璃封装既可保护管芯不受外界环境影响，又可对管芯表面起钝化作用。封装时先将玻璃粉加水调成糊状，然后涂敷在管芯及两侧的圆杆状引线上，送入链式炉，经 650～700℃高温烧结 10 min 左右即可。若将玻璃钝化工艺与塑封技术相结合，既可实现玻璃封装的高稳定性、可靠性，又可大大降低成本。这种新的封装形式正逐步代替玻璃封装。

2. 金属管壳封装

金属管壳坚固耐用，抗机械损伤能力强，导热性能良好，还有电磁屏蔽作用，可防止外界干扰。

3. 塑料封装

塑料封装是指利用某些树脂和特殊塑料来封装集成电路的方法。塑料封装的特点是价格低廉、体积小、重量轻。用于塑料封装的主要是有机硅和环氧类。有机硅酮树脂的优点是固化后有优良的介电性能和化学稳定性，高温、潮湿环境下介电常数变化不大，可在 $200\sim250\,℃$ 温度条件下长期工作，短期可耐 $300\sim400\,℃$ 温度，具有一定抗辐射能力；缺点是与金属、非金属材料黏结不好。环氧类物质具有较高的黏结性，介电损耗低，绝缘性、耐化学腐蚀性及机械强度比较好，成型后收缩性小，有一定的抗辐射、抗潮湿能力，耐温到 $150\,℃$ 左右，但高频性能及抗湿性能不佳。

4. 陶瓷封装

陶瓷封装是指利用陶瓷管壳进行器件密封。特点是体积小、重量轻，能适合电子计算机和印制电路组装的要求，而且管壳对电路的开关速度和高频性能影响很小，封装工艺也比金属封装简便得多。由于陶瓷绝缘性、气密性、导热性都比较好，但成本较高，因此只对于那些可靠性要求特别高的 IC 或芯片本身成本较高的器件才用陶瓷封装。陶瓷封装有扁平结构和双列直插结构两种形式。

5. 表面安装技术(SMT)

表面安装技术(SMT)包括元器件的安装、连接和封装等各种技术，是高可靠、低成率、小面积的一种封装或组装技术。它利用钎焊等焊接技术将微型引线或无引线元器件直接焊接在印制板表面。元器件贴装形式有单面贴装和双面贴装两种。在高可靠电子系统中常采用陶瓷基板。

20 世纪 90 年代，日本开发了一种接近于芯片尺寸的超小型封装，这种封装被称为 Chip Size Package(CSP)，将美国风行一时的 BGA 推向 CSP，逐渐成为高密度电子封装技术的主流趋势。

9.2.1　直插式

直插式封装(如图 9-8 所示)也称为通孔插装技术(Through Hole Technology)，简称 THT，是指把元器件插到电路板上，然后用焊锡焊牢。THT 适用于直插式元器件，常见的三极管的直插式封装是 TO 封装，集成电路的直插式封装是 DIP(Dual In-line Package)双列直插封装、SIP(Single In-line Package)单列直插封装和 PGA(Pin Grid Array)阵列引脚封装。

TO-92　　　　　　TO-220　　　　　　TO-3

DIP   SIP   PGA

图 9-8　直插式封装

9.2.2　表面贴装式

表面贴装技术(Surface Mounting Technology)简称 SMT,是目前电子组装行业里最流行的一种技术和工艺。它是一种将无引脚或短引线或球栅阵列封装的表面组装元器件(简称 SMC/SMD,中文称片状元器件)安装在印制电路板(Printed Circuit Board,PCB)的表面或其他基板的表面上,通过回流焊或浸焊等方法加以焊接组装的电路装连技术。

表面贴装式封装的二极管、三极管及小规模集成电路简称 SO(Small Outline,小外形)封装。二极管、三极管封装一般采用 SOT 封装(如图 9-9 所示)。根据元件尺寸不同,SOT封装又细分为 SOT23 封装、SOT89 封装等。由于采用这种外形封装的二极管很容易与三极管混淆,因此必须查阅元件标签。小外形集成电路,也称 SOP(如图 9-10 所示),由 DIP封装演变而来,芯片两边有引脚(有两种不同的引脚形式:SOL 和 SOJ)。

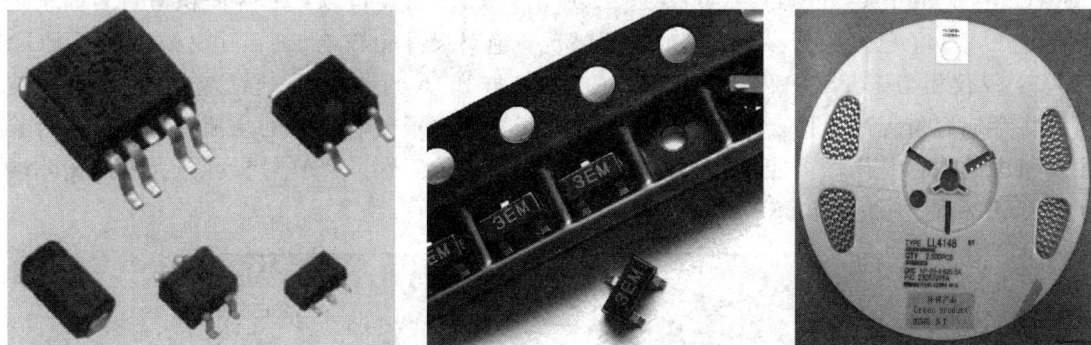

图 9-9　SOT 封装

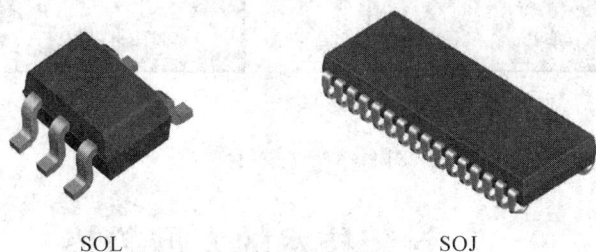

SOL   SOJ

图 9-10　SOP 封装

随着集成电路的集成度越来越高,封装的引脚数越来越多,出现了方形扁平式封装技术,即芯片四边有引脚的小外形封装。引脚为"鸥翼"形的,简称为 QFP(Quad Flat Package)封装;引脚为 J 型的,简称为 PLCC(Plastics leaded chip carrier)封装。从 20 世纪

90 年代以来，随着集成电路技术的进步、设备的改进和深亚微米技术的应用，LSI、VLSI、ULSI 相继出现，硅单芯片集成度不断提高，对集成电路封装要求更加严格，I/O 引脚数急剧增加，功耗也随之增大。为满足发展的需要，在原有封装种类基础上，又增添了新的品种——球栅阵列封装，简称 BGA(Ball Grid Array Package)封装。大规模集成电路的几种封装形式如图 9-11 所示。

QFP   PLCC   BGA

图 9-11　大规模集成电路的几种封装形式

9.2.3　芯片尺寸封装

20 世纪 90 年代，日本开发了一种接近于芯片尺寸的超小型封装，这种封装被称为 CSP(Chip Scale Package)封装(如图 9-12 所示)。CSP 封装可以让芯片面积与封装面积之比超过 1∶1.14，已经相当接近 1∶1 的理想情况，绝对尺寸也仅有 32 mm^2，约为普通 BGA 的 1/3，仅仅相当于 TSOP 内存芯片面积的 1/6。与 BGA 封装相比，同等空间下 CSP 封装可以将存储容量提高 3 倍。CSP 封装因此成为高密度电子封装技术的主流趋势。CSP 封装主要考虑的问题是用尽可能少的封装材料解决电极保护问题。CSP 封装可分为平面栅阵端子型 CSP 和周边端子型 CSP 两类。

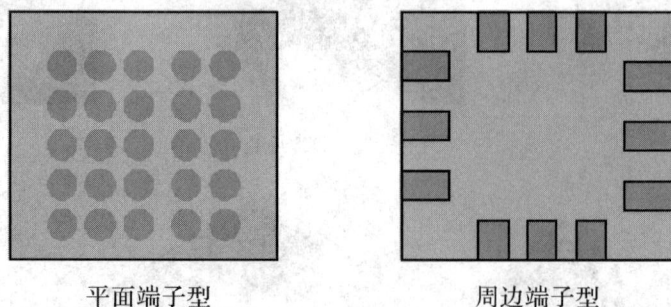

平面端子型   周边端子型

图 9-12　CSP 封装

9.3　封装技术的发展趋势

随着芯片体积的减少和性能要求的提升，封装在过去数年间已经历了多次技术革新。面向未来的一些封装技术和方案包括将沉积用于传统后道工艺，例如晶圆级封装(WLP)、凸块工艺和重布线层(RDL)技术，以及用于前道晶圆制造的刻蚀和清洁技术，广泛应用于实际生产中。

　　传统封装需要将每个芯片都从晶圆中切割出来并放入模具中，而晶圆级封装（WLP）则是先进封装技术的一种，是指直接封装仍在晶圆上的芯片。WLP 的流程是先进行封装测试，然后一次性地将所有已成型的芯片从晶圆上分离出来。与传统封装相比，WLP 的优势在于更低的生产成本。不同封装流程比较示意图如图 9-13 所示。

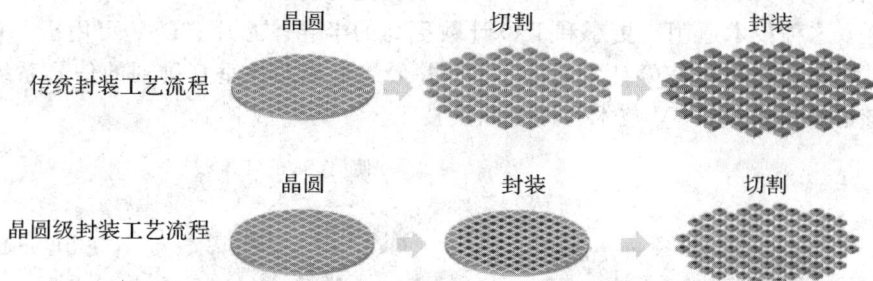

图 9-13　不同封装流程

　　先进技术的封装可划分为 2D 封装、2.5D 封装和 3D 封装。封装工艺的主要用途是将半导体芯片的信号发送到外部，而在晶圆上形成的凸块就是发送输入/输出信号的接触点。这些凸块分为扇入（Fan-in）型和扇出（Fan-out）型两种（如图 9-14 所示），前者的扇形在芯片内部，后者的扇形则要超出芯片范围。我们将输入/输出信号称为 I/O（输入/输出），输入/输出数量称为 I/O 计数。I/O 计数是确定封装方法的重要依据。如果 I/O 计数低就采用扇入封装工艺。由于扇入封装后芯片尺寸变化不大，因此这种过程又被称为芯片级封装（CSP）或晶圆级芯片尺寸封装（WLCSP）。如果 I/O 计数较高，则通常要采用扇出型封装工艺，且除凸块外还需要重布线层（RDL）才能实现信号发送。这种封装就是扇出型晶圆级封装（FOWLP）。

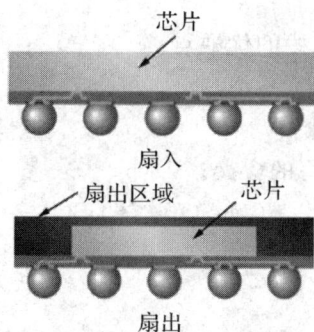

图 9-14　扇入扇出

　　2.5D 封装技术（如图 9-15 所示）可以将两种或更多类型的芯片放入单个封装，同时让信号横向传送，这样可以提升封装的尺寸和性能。最广泛使用的 2.5D 封装方法是通过硅中介层将内存和逻辑芯片放入单个封装。2.5D 封装需要的核心技术包括硅通孔（TSV）技术、微型凸块技术和小间距 RDL 技术等。

2.5D封装的硅中介层

图 9-15 2.5D 封装技术

3D 封装技术(如图 9-16 所示)可以将两种或更多类型的芯片放入单个封装，同时让信号纵向传送。这种技术适用于更小和 I/O 计数更高的半导体芯片。TSV 可用于 I/O 计数高的芯片，引线键合可用于 I/O 计数低的芯片，并最终形成芯片垂直排列的信号系统。3D 封装需要的核心技术包括 TSV 技术和微型凸块技术。

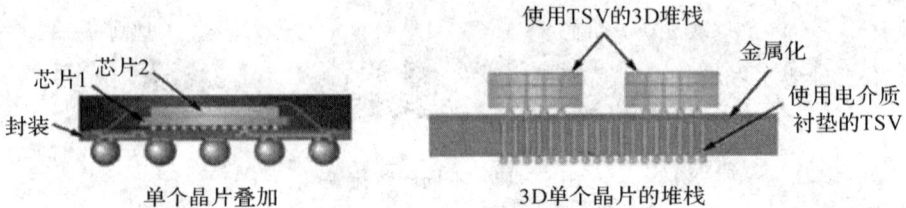

图 9-16 3D 封装技术

复习思考题

1. 封装有什么功能？
2. 简述微电子封装基本工艺流程。
3. 什么是划片？划片工艺需要注意什么？
4. 为什么封装工艺需要镜检？如何镜检？
5. 内引线键合主要有哪几种方法？
6. 粘片工艺如何完成？
7. 试比较线压焊中金线和铝线的优缺点。
8. 封装体印字方法有哪几种？
9. IC 的后工序包括哪些步骤？
10. 说明下列英文单词或缩写的含义。

(1) DIP；(2) PGA；(3) BGA；(4) SOP；(5) SOJ；(6) QFP；(7) PLCC；(8) SMT。

第10章 测试技术

10.1 概 述

集成电路核心产业链主要包括 IC 设计、IC 制造和 IC 测试等领域,其中 IC 测试是保证产品良品率和成本管理的重要环节。不仅可以在晶圆、芯片和模组阶段进行测试,帮助甄别良品和劣品,还可以在 IC 设计阶段产品出样后通过测试结果帮助优化 IC 设计。

随着半导体制造工艺要求的提升,测试环节在半导体制造过程中的地位不断提升,并逐步在专业化过程中发展和壮大,成为一个独立的第三方测试行业。集成电路测试的能力和水平是保证集成电路性能、质量的关键手段之一,在集成电路产业中占据重要位置。随着数字芯片的大规模应用和半导体工艺复杂程度的增加,半导体测试的重要性和价值也与日俱增。

集成电路专业代工模式的出现造就了产业链的专业分工,专业测试在集成电路产业链中起着成本控制和保证品质的关键作用。根据台湾工研院的统计,集成电路测试成本约占到 IC 设计营收的 6%~8%,2025 年中国集成电路设计业销售额有望达到 1 万亿元人民币,据此推算,集成电路测试行业的市场容量将达到 1000 亿元以上;2025 年国内进口芯片有望达到 5000 亿美元,据此推算,集成电路测试服务金额为 2800 亿元人民币。因此集成电器测试在全球市场具有广阔空间。

国内专业集成电路测试未来的市场空间取决于 3 个方面:上游 IC 设计和晶圆代工产能扩张带来的增量市场;国内测试技术逐渐成熟后国内测试厂商替代境外测试厂商;国内半导体产业分工明细后更多设计、制造、封装厂选择第三方测试。IC 专业测试与 IC 设计企业息息相关,根据台湾工研院的统计,国内 2017 年 IC 专业测试的潜在市场规模在 160 亿元左右,至 2021 年达到 400 亿元,年复合增速达 20% 以上。

集成电路测试的目的主要有两个方面:一是利用专业化仪器仪表或者自动测试设备(Automatic Test Equipment,ATE)确认被测芯片可以正常工作的边界条件,即对芯片进行特性化分析,通过测试结果帮助优化 IC 设计;二是确认被测芯片是否符合产品手册上的定义规范。

每一颗芯片都需要测试,以确保都符合产品规范。集成电路制造过程中的测试称为WAT(Wafer Acceptance Test),它对专门的测试图形进行测试,通过电参数来监控各个工艺是否正常和稳定。芯片制造完成以后,需进行量产测试。这种量产测试通常分为两类:一是针对晶圆上的芯片进行的探针测试(Chip Probing,CP),二是针对封装好的成品进行测试(Final Test，FT)。CP 和 FT 的测试原理都是通过自动测试设备连接 IC 中集成的测试点，然后运行自动测试软件进行测试，所不同的是所连接的测试设备和连接方式不同。

10.2　晶　圆　测　试

晶圆测试(CP)是针对整个晶圆(Wafer)进行测试，目标是把坏的芯片(Die)挑选出来，可以减少后续封装和测试的成本。从 CP 的结果可以直接了解 Wafer 的良品率，从而直接反映制造厂(Fab)的工艺水平。

CP 通常测试一些基本器件参数，如阈值电压(Vt)、导通电阻(Rdson)、源漏击穿电压(BVdss)、栅源漏电流(Igss)等，一般测试机/台的电压和功率不会太高。

CP 测试需要制作探针卡，利用探针台完成测试工作。通过制作探针卡，按照测试要求和测试程序，将探针卡扎到晶圆的芯片管脚上对芯片进行性能及功能测试。CP 对集成电路晶圆上的每一个管芯进行功能和性能方面的检测，通过对输出响应和预期进行比较，以判断是否合格。对各项参数的测试完成后，将晶圆上不合格的管芯找出，并打上标记，通常称为打点。在晶圆测试过程中可以边测试边联机打点，直到整个晶圆测试完成。打完点的晶圆如图 10-1 所示。

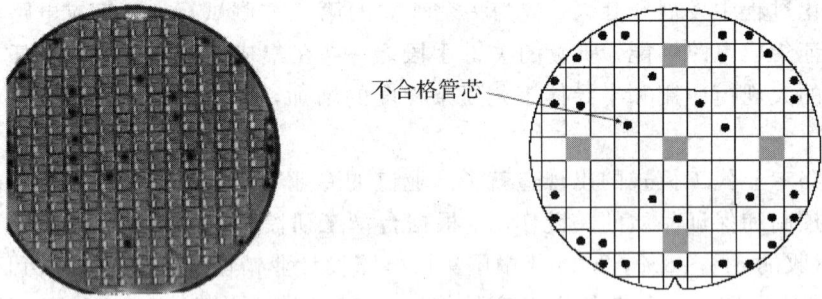

图 10-1　打完点的晶圆

在晶圆测试过程中还可以边测试边将不合格管芯的位置记录在一个被称为 MAP 图的文件中(如图 10-2 所示)，直到整个晶圆测试完成，然后再进行打点。

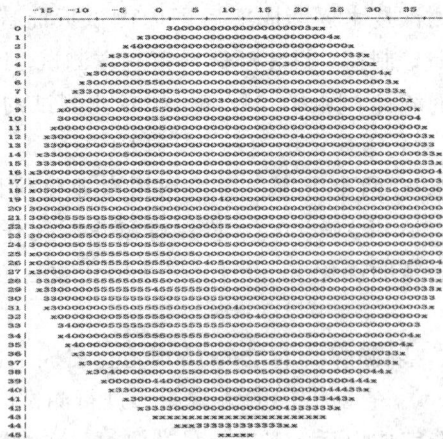

图 10-2　MAP 图例

一般来说，CP 测试的项目比较多，比较全。CP 比较难的是探针卡的制作和并行测试的干扰问题。探针台和探针卡分别如图 10 - 3 和图 10 - 4 所示。

图 10 - 3　Probe 探针台

图 10 - 4　Probe 针卡

10.3　成 品 测 试

成品测试(FT)是对封装好的芯片(Chip)进行测试，目的是把坏的 Chip 挑出来，以检验封装的良品率。FT 主要用于检查封装厂商的工艺水平。

FT 按照产品测试要求和测试程序，对集成电路成品进行功能和性能方面的检测，通过对输出响应和预期进行比较，以判断产品是否合格，重点是针对集成电路晶圆测试中无法测试的内容进行测试。根据成品测试结果可以挑选出合格的产品，也可以根据实际测试得到的性能参数对产品进行分级。另外在成品测试过程中可以统计各级电路数量及其相应的性能参数。

有些测试项在 CP 时会进行测试，在 FT 时就不用再次进行测试了，节省了 FT 时间，但是有些测试项必须在 FT 时才进行测试(不同的设计公司会有不同的要求)。FT 的项目比较少，但都是关键项目，要求严格。但也有很多公司只做 FT 不做 CP，因为如果 FT 和封装良品率(Yield)高的话，CP 就失去意义了。和 CP 相比，FT 相对来说简单一点。

集成电路的 FT 项目主要有直流(DC)参数测试、交流(AC)参数测试和功能测试 3 类。

直流(DC)参数测试包括输入特性、输出特性、输入输出传输特性以及功率消耗。输入特性测试是指分别给输入端加高电平"1"和低电平"0"，然后测定其输入电流，并进一步通过在大范围内加电压求出击穿电压，测定相对于规定输入的余量。输出特性测试是指给输出端加电压，然后测定输出电流，即在输出端 HiZ(三态)状态下，给输出端加高电平"1"和低电平"0"，测定其漏电流。输入输出电压传输特性测试是指一边进行功能测试一边改变输入电压，然后测定输入输出响应特性。消耗电流测试是指测定集成电路实际工作时电源的平均电流。

交流(AC)参数测试是指测定输入输出的开关特性，即对于规定的输入波形，测定输出波形达到规定的电压值时的延迟时间。这时在输出端要连接指标规定的负载进行测试。

功能测试是指确认集成电路是否具有所规定功能的测试。通过给输入端加测试图形，将输出响应与设计值进行比较,从而判定是否满足功能要求。

成品测试设备包括测试机(如图 10-5 所示)、分选机(Hander)(如 10-6 所示)等,有些设计公司芯片测试数量不多,也会采用手动测试架进行测试。

图 10-5　测试机

图 10-6　分选机

复习思考题

1. 集成电路测试的目的是什么?
2. 集成电路的 CP 测试项目主要有哪些?
3. 集成电路的 FT 测试项目主要有哪些?
4. 探针卡主要起什么作用?
5. 分选机主要起什么作用?
6. 查阅资料,列举主要的晶圆测试项目。

第11章 污染控制

在这一章里，我们将介绍芯片生产区域存在的污染类型和主要的污染源，以及主要的污染控制方法，解释污染对器件工艺、器件性能及器件可靠性的影响，同时，也将讨论对洁净室的规划要求。

11.1　主要污染物及其引起的问题

半导体工业污染控制技术起步于由航空工业发展而来的洁净室技术。大规模集成电路的生产，不仅需要洁净室技术，还需要能够提供洁净室专用化学品和材料的供应商，以及具备建造洁净室的承包商。通过不断解决在各个芯片技术时代所存在的污染问题，使洁净室技术与芯片的设计及线宽技术同步发展。如今，大规模的、复杂的洁净室辅助工业已经形成，并不断发展。

污染问题是芯片生产工业必须慎重对待并且要花大力气解决的首要问题。污染不仅仅来源于大规模集成电路生产过程，还包括提供的洁净室专用化学品和材料，甚至也包括建造洁净室的建筑材料和建造手段引入的污染。

11.1.1　主要污染物

半导体器件极易受到多种污染物的损害，这些污染物大致可归纳为以下4类，分别是微粒、金属离子、化学物质和细菌。

1. 微粒

微粒包括空气中所含的颗粒、人员产生的微粒、设备和工艺操作过程中使用的化学品产生的颗粒等。在任何晶片上都存在大量的微粒。有些位于器件不太敏感的区域，不会造成器件缺陷，而有些则属于致命性的。晶圆表面沾污示意图如图 11-1 所示。根据经验得出的微粒法则是：微粒的大小要小于器件上最小的特征图形尺寸的 1/10，否则，就会形成缺陷。例如，1994 年，半导体工业协会将 0.18 μm 设计的光刻工艺中的缺陷密度定为每平方厘米、每层尺寸为 0.06 μm 以下的微粒应少于 135 个。

图 11-1　晶圆表面沾污示意图

随着集成电路特征图形尺寸的减小和膜层越来越薄，微粒对集成电路器件的影响越来越显得严重。落于器件的关键部位并毁坏了器件功能的微粒被称为致命缺陷。当然，致命缺陷还包括晶体缺陷和其他由于工艺过程引入带来的缺陷。由于特征图形尺寸越来越小，膜层越来越薄，所允许存在的微粒尺寸也必须被控制在更小尺度上。微粒的相对尺寸如图 11-2 所示。

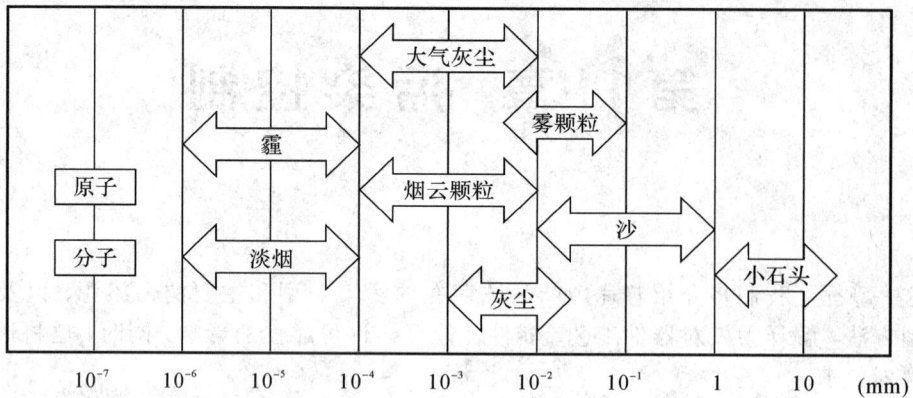

图 11-2　微粒的相对尺寸

2. 金属离子

在半导体材料中，以离子形态存在的金属离子污染物，我们称之为可移动离子污染物（MIC），也可简称为金属离子。这些金属离子在半导体材料中具有很强的可移动性，即使器件通过了电性能测试并且从生产厂运送出去了，金属离子仍可在器件中移动从而造成器件失效。遗憾的是，绝大部分化学物质中都有能够引起器件失效的金属离子。

最常见的可移动离子污染物是钠离子，钠离子同时也是在硅中移动性最强的物质。因此，对钠离子的控制成为硅片生产的首要目标。

MIC 的问题对 MOS 器件的影响更为严重。有必要采取措施研制开发 MOS 级或低钠级的化学品。这也是半导体业的化学品生产商努力的方向。

3. 化学物质

这里的化学物质是指半导体工艺中不需要的化学物质。这些物质的存在将导致晶片表面受到不需要的刻蚀和在器件上生成无法除去的化合物，或者引起不均匀的工艺过程。最常见的这种化学物质是氯（Cl）。在工艺过程用到的化学品中，氯的含量受到严格的控制。

4. 细菌

细菌是指在工艺过程中水系统中或在需要不定期清洗的表面生成的有机物污染。细菌一旦在器件上生成，就会成为颗粒状污染物或给器件表面引入不希望见到的金属离子。

11.1.2　污染物引起的问题

污染物引起的问题有下面几方面。

1. 器件工艺良品率下降

在一个污染环境中制成的器件会引起许多问题。生产过程中需要一系列特殊的质量检验来检测器件被污染的情况。污染可改变器件的尺寸，使表面洁净度和平整度下降，导致成品率下降，成本上升，器件工艺良品率下降。

2. 器件性能下降

污染物引起的更为严重的问题是工艺过程中漏检的小污染，因为晶片表面看起来是干净的，但其中未能检测出的颗粒和不需要的化学物质、高浓度的可移动的离子污染物都可能会改变器件的性能。而这个问题往往要等到芯片切割和进行电测试时才显现出来。

3. 器件可靠性降低

小剂量的污染物可能会在工艺过程中混入晶片，如果未被通常的器件测试或检验出来，这些污染物就会在器件内部移动，最终停留在电性能敏感区域，引起器件失效。如果该器件用于航空工业或国防工业，将会带来无法预料的损失。

11.2　主要污染源及其控制方法

这里所说的污染源是指任何影响产品生产和性能的事物。由于半导体器件要求较高，半导体工业的洁净度要求远远高于其他工业。生产期间任何和产品相接触的物质都是潜在污染源。

主要污染源包括空气、厂务设备、洁净室工作人员、工艺使用水、工艺化学溶液、工艺化学气体和静电。

污染控制技术伴随半导体工业的发展如今已成为一门学科，而且是制造固态器件必须掌握的关键技术之一。

下面我们逐一介绍这些污染源及其控制方法。

11.2.1　空气

普通的空气中含有大量微粒或浮尘等颗粒污染物，必须经过处理后才能进入洁净室。洁净室的洁净度就是由空气中微粒大小和微粒的含量来决定的。

按照美国联邦标准 209E 规定，空气质量由区域中空气级别数来表示。评价空气级别主要包括两方面的内容：颗粒大小和颗粒密度。区域中空气级别数是指在一立方英尺（约合 $0.0283\ \mathrm{m^3}$）中所含直径为 $0.5\ \mu\mathrm{m}$ 或更大颗粒的总数，如每立方英尺含 1 万个颗粒，则为 1 万级，一般城市的空气中大约有 500 万个颗粒，则为 500 万级。随着芯片加工精度越来越高，特征图形尺寸越来越小，对污染物颗粒大小和颗粒密度的限制也将越来越苛刻。

净化空气的方法主要有洁净工作台法、隧道型设计法、完全洁净室法和微局部环境法 4 种。

1. 洁净工作台法

航空航天工业为保证生产环境的空气清洁，首创了许多基本污染控制理念，包括人员的服装、洁净室建造材料的选择。他们建造带有过滤天花板夹层和过滤墙体的车间以保证空气清洁。早期半导体工业把带有过滤天花板夹层和过滤墙体的方法改进为洁净工作台法，即使用无脱落的物质把过滤器装在单个工作台上。在工作台以外，晶圆被装在密封的盒子中储存和运输。在大型车间中，按顺序排列的工作罩组成加工区，使晶圆依工艺次序经过而不暴露于空气中以避免污染。

洁净工作罩中的过滤器是一种高效颗粒搜集过滤器，称 HEPA 过滤器，它含有高密度小孔和大面积过滤层，可使大量的空气低速流过。

洁净工作台可根据空气流的方向命名。HEPA 过滤器一般装在洁净工作台顶部，空气由风扇吸入，先通过前置过滤器，再通过 HEPA 过滤器，并以均匀平行的方式流出，最后气流在工作台表面改变方向，流出工作台。通常这种方式称为空气层流立式(VLF)工作台。有些工作台把 HEPA 过滤器装于工作台后部，称为空气层流平行式(HLF)工作台。

VLF 工作台和 HLF 工作台一方面完成工作台内的空气净化，另一方面在净化过程中在工作台内产生空气正压。空气正压可防止由操作员或走廊产生的污染物进入工作台，从而保持晶圆清洁。

因为化学溶液蒸汽存在人身安全及污染的危险，如果工艺需要使用化学溶液，必须对VLF 式工作台进行特殊设计，即这种工作台必须接有空气排风设备以吸收化学溶液蒸汽。在这种设计下，必须平衡 VLF 工作台与排风设备中的空气流来维持工作台的洁净级别数，而且晶片需存放在工作台中相对较洁净的前部。净化工作台法还应用在现代晶圆加工设备中，在每台设备上安装 VLF 或 HLF 工作台来保持晶圆在装卸过程中的洁净度。

2. 隧道型设计法

车间众多工作人员的移动而产生的污染可以用隧道加工车间来解决，即 VLF 型过滤器装在车间天花板上，而不是在单独的工作台中。这种方法可保持流入的空气持续洁净，缺点是费用较高，不便于工艺改动。

3. 完全洁净室法

完全洁净室法是指通过洁净室天花板上的 HEPA 过滤器来实现空气过滤，并从地板上回收空气，保持持续的洁净空气流。工作台顶部带有贯通穿孔，可使空气无阻碍地流过。一级洁净车间中，洁净室的空气再循环要求每 6 s 循环一次。净化车间如图 11-3 所示。

图 11-3 净化车间

VLF 洁净罩隔离了晶圆与室内空气，隧道型设计法则隔离了晶圆和大量的流动人员。加工车间面积的增大和设备增多增加了潜在的污染源，因此设备与厂务系统的设计趋势就是要隔离晶圆与污染源，这使得洁净室的建造费用高达几十亿美元。

4. 微局部环境法

由于建造完全洁净室花费巨大，因此新的发展方向则是把晶圆密封在尽量小的空间内。这项技术已应用于曝光机和其他的工艺之中，为晶圆的装卸提供了洁净的微局部环境。

在 20 世纪 80 年代中期, 惠普公司发明了一种重要的连接装置——标准机械接口装置 (SMIF)。该装置包含 3 个部分: 传输晶圆的晶圆盒(POD)、设备中的封闭局部环境和装卸晶圆的机械部件。其中 POD 为与工艺设备的微局部环境相连的机械接口。在工艺设备的晶圆系统中, 特制的机械手把晶圆从 POD 中取出和装入, 或者利用机械手把晶片从 POD 中取出送入工艺设备的晶圆处理系统中。利用 SMIF, 封闭的晶圆加工系统代替了传统的运输盒, 系统中利用干净空气或氮气加压以保持清洁。微局部环境可提供更适度的温度和控制。为了使晶圆不暴露在空气中, 需要把一系列的微局部环境连在一起。

随着大尺寸晶圆的出现, 增加 POD 的重量, 也就增加了机械手的建造费用和复杂性。同时, 设计、规划微局部环境还要考虑等待加工的晶圆的存储问题。

除了控制颗粒, 空气中温度、湿度和烟雾的含量也需要规定和控制。

温度控制对工作人员的工作环境的舒适性和工艺控制是很重要的, 特别是在利用化学溶剂作为刻蚀和清洗的工艺时, 化学反应会随温度的变化而不同。

相对湿度也是一个非常重要的工艺参数, 尤其在光刻工艺中。如果湿度过大, 则晶圆表面太潮湿, 会影响聚合物的结合; 如果湿度过低, 则晶圆表面会产生静电, 这些静电会在空气中吸附微粒。一般相对湿度应保持在 15%～50% 之间。

烟雾同样对光刻工艺影响最大。烟雾中的主要成分是臭氧, 臭氧易影响曝光, 通常在进入空气的管道中装上碳素过滤器以吸附臭氧。

11.2.2 厂务设备

传统的洁净室设计是舞厅式的设计, 即各个工艺隧道向中央走廊敞开, 布局示意图如图 11-4 所示。现代洁净室设计由主要工艺区域或一些小型局部洁净车间围绕一个中心地区组成, 由中心地区提供物料和人员。

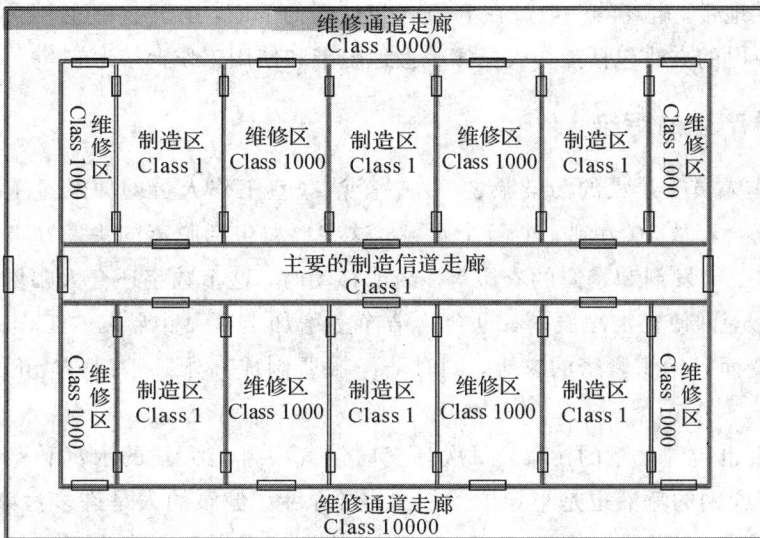

图 11-4 洁净室布局示意图

洁净室设计的首要问题是净化空气方法的选择。洁净室的要求为: 需要建造一个封闭的房间，用无污染的材料建造，包括墙壁、工艺加工设备材料和地板都由不易脱落的材料制成；所有的管道、孔要密封，连灯丝也要封罩；洁净室能提供洁净的空气，还要能有效防止由外界或操作人员带入的意外污染；制造工作台应使用不锈钢材料。

在每个洁净室入口放置一块带有黏性的地板垫，可以粘住鞋底脏污。一般地板垫有很多层，方便随时撕掉脏了的一层。

洁净室的更衣区是洁净室与厂区的过渡区域，此区域利用长凳分为两个部分。工作人员在长凳一侧穿洁净服，而在长凳另一侧穿戴鞋套，这样可以使长凳和洁净室都保持干净。更衣区通常通过天花板中的 HEPA 过滤器提供空气。洁净室和厂区的门不能同时打开，保护洁净室不会暴露在厂区的污染环境中。有些生产厂商还在走廊上提供更衣柜。洁净室衣物和物品也要妥善管理。

严格的防止空气污染的厂房设计方案要求平衡洁净室、更衣间和厂区的空气压力，使洁净室的空气压力最高，更衣间次之，而厂区和走廊最低。洁净室相对的高压可防止空气中的灰尘进入。

洁净室和更衣间之间建有风淋室，工作人员进入风淋室，高速流动的空气可以吹掉洁净服外面的颗粒。风淋室装有互锁系统，防止前后门同时打开。

洁净室周围是维修区，一般要求它的洁净级别数高于洁净室（通常要求 1000 级或 10000 级）。工作人员可在洁净室外维护设备，而不必进入洁净室。

用净鞋器去除鞋套和鞋侧的灰尘。用手套清洗器清洗手套并烘干。

晶圆、存储盒、工作台表面与设备上可产生静电，会吸附空气和工作服中的尘埃，有时静电电压高达 50 kV，对晶圆性能产生严重影响。静电吸附到晶圆表面的较小微粒也容易影响晶圆上高密度的集成电路的制造和性能。静电控制包括防止静电堆积和防止放电两个方面：防止静电堆积可以使用防静电服、防静电周转箱和防静电存储盒；防止放电方法包括使用电离器和使用静电接地带，电离器一般放在 HEPA 过滤器的下面，用于中和过滤器上堆积的静电。另外防止静电放电的方法包括操作人员佩戴接地腕带和使用工作台接地垫等。

11.2.3　人员产生的污染

洁净室工作人员是最大的污染源之一。一个洁净室工作人员即使经过了风淋，当他坐着时，每分钟仍会释放 10 万到 100 万个颗粒。这些颗粒包括脱落的头发和坏死的皮肤，还有发胶、化妆品、染发剂和暴露的衣服等。当他移动时，这个数字还会大幅增加。

普通的衣服，即使在洁净服内，也会给洁净室增加上百万个颗粒。工作人员只能穿用无脱落材料制造而且编织紧密的衣服，同时洁净服要制成高领长袖口。禁止穿用毛线和棉线编织的服装。

人类的呼吸也包含大量的污染，每次呼气向空气中排出大量的水汽和微粒，吸烟者更甚。此外，还有含钠的唾液也是半导体器件的主要杀手。健康的人是许多污染物的污染源，病人就更加严重了，特别是皮肤病患者和呼吸道传染病患者还会产生额外的污染物，因此有些制造厂对相关岗位制定了相应的人员体检标准。

防止工作人员产生污染的解决办法就是把人员完全包裹起来，如图 11-5 所示。

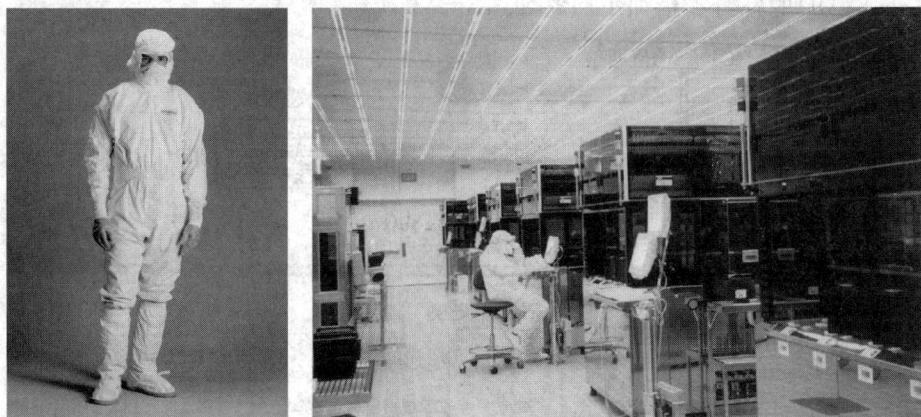

图 11 - 5　洁净室工作人员服装

洁净服应选用无脱落材料，且含有导电纤维以释放静电，在满足过滤能力的情况下考虑穿着的舒适度。穿洁净服时，身体的每一个部分都要被罩住，即头用内帽罩住头发，外面再套一层外罩，外罩带披肩，用工作服压住披肩和头罩；面部用面罩罩住；眼睛用带侧翼的安全眼镜罩住。另外，洁净服可接有过滤带、吹风机和真空系统，新鲜空气由真空泵提供，过滤器保证人员呼出的气体的污染物不被吹进洁净室。

例如穿完全罩住身体的巴尼服时，要罩住腿、胳膊和脖子，要把拉链也盖住，而且衣服外面应没有口袋，脚也要用鞋套盖住，通常还要佩戴连到小腿的护腿；至少要戴上一副手套，并且手套应盖住袖口，防止手臂上的污染物进入洁净室。皮肤涂上特制的润肤品可进一步防止皮肤脱落，润肤品不得含有盐分和氯化物。另外，在对静电敏感的区域，还要佩戴静电带以释放静电电压。

穿衣的顺序应该从头向下穿，使上一部位产生的污染物用下一部位的服饰盖住，最后戴上手套。

11.2.4　工艺用水

半导体器件容易受到污染，所有工艺用水必须经过处理以达到非常严格的洁净度要求。

普通水中含有的污染物包括溶解的矿物质、颗粒、细菌、有机物、溶解氯和二氧化碳等。

普通水中的矿物质来自盐分，盐分在水中分解为离子。每个离子都是半导体器件与电路的污染物。反渗透和离子交换系统可去除离子，把水从导电介质变成高阻抗的去离子水。制造工艺中通过监测工艺用水的电阻（25℃时 $15\sim18$ MΩ）来决定是否要重新净化工艺用水。

颗粒通过沙石过滤器、泥土过滤器和次微米级薄膜从水中去除。

细菌和真菌由消毒器去除。这种消毒器使用紫外线杀菌，并通过水流中的过滤器滤除细菌和真菌。

有机物通过碳类过滤器去除。溶解氧与二氧化碳可用碳酸去除剂和真空消毒剂去除。

制备好的去离子水存储时需用氮气覆盖以防止二氧化碳溶于水中。

去离子水(DI)的补给和精加工回路如图 11-6 所示。

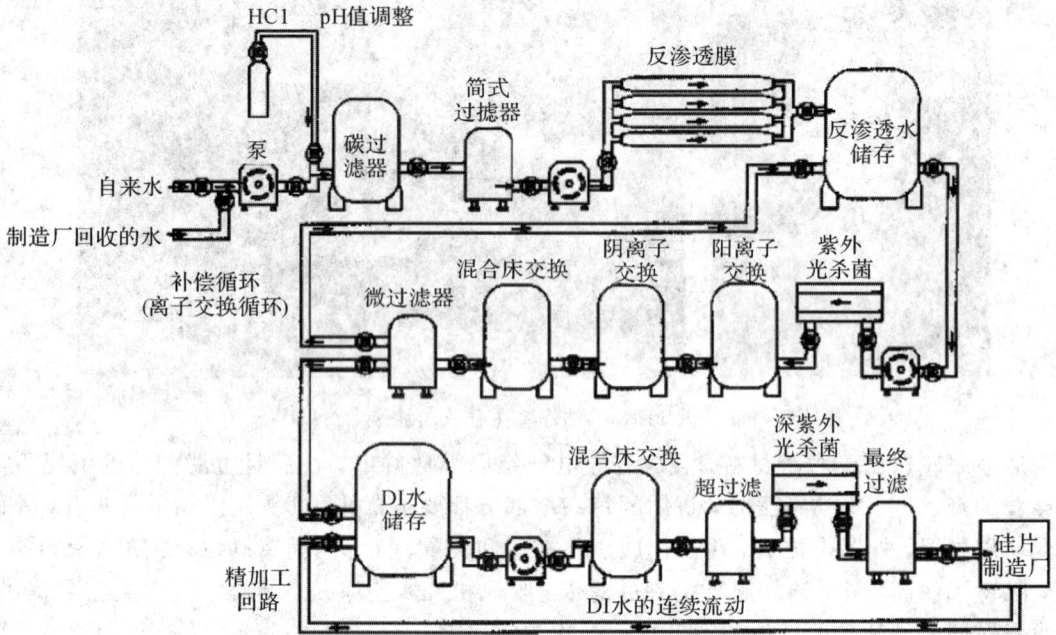

图 11-6 去离子水(DI)的补给和精加工回路

11.2.5 工艺化学品

制造工厂刻蚀和清洗晶圆与设备的酸、碱、溶剂必须是最高纯度的，涉及的污染物有金属离子和其他化学品。工业化学品分不同级别，分别为一般溶剂、化学溶剂、电子级和半导体级 4 种，前两种对半导体工业而言洁净度不够，电子级和半导体级相对洁净些。

化学品的纯度由成分数表示，成分数是指容器内所含化学品的百分数，如 99.9% 的硫酸表示此种硫酸含 99.9% 的纯硫酸和 0.1% 的其他溶液。

化学品的运输要求是保持化学品的洁净和容器内表面的清洁，且容器的材质不易溶解以及标示牌不产生微粒等，并在运输前把化学品瓶放置于化学品袋中，注意定期清洗管道和运输瓶。每一种化学品瓶应专用，防止交互污染。

11.2.6 化学气体

和化学品一样，化学气体也必须洁净地传输至工艺工作台与设备中。衡量气体质量的指标有纯度、水汽含量、微粒、金属离子。

气体的纯度取决于气体本身和该气体在工艺中的用途。纯度由小数点右边 9 的个数表示，范围一般由 99.99%～99.999999%。气体在传输过程中要防止泄漏和散气。

水汽的控制也很重要。水汽会参与不需要的反应，这时相当于污染气体。在加工晶圆时，当有氧气或水分存在时，硅很容易被氧化。控制不需要的水汽对阻止硅表面的氧化是非常重要的，一般水汽的上限量是 3～5 ppm。

气体中的微粒或金属离子会产生与化学溶剂污染相同的影响。气体中微粒最终会过滤至 0.2 μm 级，金属离子也要被控制在百万分之一以下。

11.2.7 其他方面

大量石英器的使用使石英中的许多重金属离子进入扩散工艺和氧化工艺气流中，特别是在高温反应中石英器也是一种非常大的污染源。

随着对空气、化学品和工作人员污染的控制设备越来越先进，使设备变为污染控制的焦点。一般来讲，每片晶圆每次通过设备后增加的颗粒个数（ppp）是有详细规定的，并使用每片晶圆每次通过的颗粒增加数（pwp）这一术语进行定量监控。

洁净室的物质和供给必须满足洁净度要求，定期维护的器具和人员也要保持规定洁净度等级，等等。

复习思考题

1. 污染有哪些危害？为什么半导体企业对污染控制要求极高？
2. 主要污染物有哪几种？
3. 主要的污染源有哪些？简单描述如何控制这些污染源。
4. 空气净化的方法有哪些？各有什么优缺点？
5. 防止人员污染的措施是什么？
6. 去离子水的规范要求是什么？
7. 你认为静电防护措施有哪些？

第12章 整体工艺良品率

12.1 维持高良品率的重要性

良品率又称为良率（Yield），是指达到额定技术要求的器件或电路占生产出的器件或电路总数量的百分比。半导体制造工艺异常复杂，制造步骤数量庞大，使工艺良品率受到高度关注，维持和提高工艺良品率至关重要。当然，良品率不高的制约因素除了工艺异常复杂和制造步骤数量庞大以外，还有一个重要原因就是半导体元器件制造过程中产生的绝大部分缺陷无法修复。这一点和电子产品整机真是有天壤之别！此外，巨额的资金与设备投入、高昂的运营维护费用、大量的高薪酬技术人员以及激烈的市场竞争造成的利润空间压缩，导致芯片成本高昂。如果没有较高水平的良品率支持，企业的发展则岌岌可危。生产性能可靠的芯片并保持高良品率是半导体厂商持续获得高收益的保证。这也是半导体工业不断地执著追求高良品率的原因所在。

遗憾的是，尽管大部分原材料和设备供应商与半导体厂商工艺部门都把维持和提高良品率作为重要的工作内容，但由于以上提到的种种因素，通常只有 20%～80% 的芯片能经历生产全过程，成为成品而出货。听上去这样的结论令人沮丧，但是想象一下，我们在极其苛刻的环境中，要将数百万微米量级的元器件构造成立体图形，真是一件了不起的事情。

晶圆制造成本大致可分为固定成本和非固定成本。固定成本是不管芯片是否生产或者售出都需要花费的成本，比如设备设施成本和各种维护、管理费用、设计研究费用；非固定成本是指随着产品的产量上下波动的成本，包括直接材料和间接材料、直接劳动力和间接劳动力、良品率等。

芯片成本是晶圆尺寸、芯片尺寸和晶圆分拣良品率的函数。例如一片拥有 300 个芯片的晶圆，如果制造成本为 3000 美元，当不考虑芯片良品率时，每个芯片成本为 10 美元；如果考虑芯片良品率，当良率为 50% 时，成本上升到每个芯片为 20 美元；当良品率提高到 90%，芯片成本下降到每个芯片为 11.11 美元。

良品率提高的效果折算成美元看起来更显著。如果每月生产 10000 片晶圆，每片拥有 300 个芯片，每个芯片售价 5 美元，总体良品率每上升 1%，则增加的收入为

10000(晶圆/月)×300(芯片/晶圆)×1%×5(美元/芯片)＝150000(美元/月)

高良品率意味着更低的生产成本和更高的利润，在百万级的集成电路世界中，每个晶体管的成本正成为一个重要的指标参数。随着晶圆越来越大，芯片器件尺寸越来越小，设

备、材料、工艺的投入也越来越巨大，于是产品周期价格波动和技术更新极快，使集成电路每比特价格下降惊人。1954 年，即集成电路发明的 5 年前，一个晶体管的平均销售价格为 5.52 美元；50 年后，即 2004 年，已下降到十亿分之一美元，而 2005 年，仅一年之后，每位动态随机存储器（DRAM）的成本是惊人的十亿分之一美元。市场竞争的巨大压力要求集成电路企业不断提高良品率。

12.2　整体工艺良品率的三个测量点

半导体工艺的出货芯片数相对最初投入到晶圆上完整芯片数的百分比，称为整体工艺良品率。它是对整个工艺流程的综合评测。因为整体工艺良品率的重要性，半导体厂商必须加强各环节的监控和检测，通过优化工艺手段和工艺过程保证每个步骤的良品率水平。

整体工艺良品率主要分为三个部分，我们常常称其为整体工艺良品率的三个测量点，它们分别是累积晶圆生产良品率、晶圆电测良品率和封装良品率。整体工艺良品率的计算以这三个主要良品率的乘积结果来表示，用百分比可表示为

整体良品率＝（累积晶圆生产良品率）×（晶圆电测良品率）×（封装良品率）

下面我们对三个良品率测量点进行逐一讲解。

12.2.1　累积晶圆生产良品率

累积晶圆生产良品率又称 FAB 良品率、CUM 良品率、生产线良品率或累积晶圆厂良品率。

计算公式为

$$累积晶圆生产良品率 = \frac{晶圆产出数}{晶圆投入数}$$

由于大部分晶圆生产线同时生产多种不同类型的电路，因此不同类型的电路拥有不同的特征工艺尺寸和密度参数。每一种产品又都有其各自不同数量的工艺步骤和难度水平，因此简单地用投入与产出的晶圆数很难反映每一种类型电路的真实良品率。通常的计算方法是计算各道工艺过程良品率，即以离开这一工艺过程的晶圆数比进入该工艺过程的晶圆数，再将计算得到的良品率依次相乘就可以得到累积晶圆生产良品率，即

累积晶圆生产良品率＝良品率 1×良品率 2×……×良品率 n

当然，对同一种产品，这样计算出来的累积晶圆生产良品率与简单方法计算出来的结果应该是相等的。

典型的 FAB 良品率在 $50\% \sim 95\%$ 之间。计算出来的 FAB 良品率可用于指导生产，或作为工艺有效性的一个指标。

累积晶圆生产良品率的制约要素主要包括下面几个方面。

1. 工艺操作步骤的数量

商用半导体厂商 FAB 良品率至少要保证 75% 以上，自动化生产线更要达到 90% 以上，这样方能获利。

根据累积晶圆生产良品率的计算公式不难看出，电路越复杂，工艺步骤越多，预期的FAB良品率就会越低。反过来说，如果要求保持较高的FAB良品率，就必须保证每一个步骤的良品率必须很高。比如，要想在一个50个步骤的工艺流程上获得75%的累积晶圆生产良品率，每一单个步骤的良品率必须达到99.4%。我们称之为数量专治。因为数量专治，因此FAB良品率绝不会超过各单个步骤的最低良品率。如果其中一个工艺步骤只能达到60%的良品率，则整体的FAB良品率不会超过60%。

2．晶圆破碎和弯曲

在芯片生产制造过程中，晶圆本身会经过很多次的手工和自动操作。每一次操作都存在将这些易碎的晶圆打破的可能性。同时，对晶圆多次的热处理，增加了晶圆破碎的机会。破碎的晶圆只有通过手动工艺还有机会进行后续生产。但对于自动化的生产设备，无论晶圆破碎程度如何，整片晶圆将被丢弃。相比较而言，硅晶圆的弹性优于砷化镓晶圆。

晶圆在反应管中的快速加热或冷却容易造成晶圆表面弯曲，使投射到晶圆表面的图像扭曲变形，并且图像尺寸会超出工艺标准。这也是影响良品率的一个重要因素。

3．工艺制造条件的变异

在晶圆生产过程中，每一步都有严格的物理特性和洁净度要求，但是，即使最成熟的工艺也会存在不同晶圆、不同工艺、不同时间、工作人员不同工作状态等条件的变化。偶尔某个工艺环节超出它的允许范围，则就会生产出不符合工艺标准的晶圆。因此，工艺工程和工艺控制程序的目标不仅仅是保持每一个工艺操作在控制范围内，更重要的是要维持相应的工艺参数分布（通常是正态分布）稳定不变。但如果每一个环节数据点都落在规定的范围内，但是大部分的数据都偏移至某一端，表面上看这个工艺还是符合工艺范围，但是工艺数据分布已经改变了，很可能会导致最终形成的电路在性能上发生变化，达不到标准要求。所以生产中必须采取措施保证各道工艺数据分布的稳定性。为减小工艺制程变异，常用工艺制程自动化将变异减至最小。

4．工艺制程缺陷

晶圆表面受到污染或存在不规则的孤立区域（或点），称为工艺制程缺陷（或点缺陷）。如果点缺陷造成整个器件失效，则称为致命缺陷。

光刻工艺中很容易产生这些缺陷。不同液体、气体、人员、工艺设备等产生的微粒和其他细小的污染物寄留在晶圆内部或者表面，都会造成光刻胶层的空洞或破裂，形成细小的针孔，造成晶圆表面受到污染。

5．光刻掩膜版缺陷

光刻掩膜版缺陷会导致晶圆缺陷或电路图形变形。造成光刻掩膜版缺陷的因素有：

（1）污染物。光刻时，掩膜版透明部分上的灰尘或损伤会挡住光线，像图案中不透明部分一样在晶圆表面留下本不该有的影像。

（2）石英板基中的裂痕。它们不仅会挡住光刻光线，甚至会散射光线，导致错误的图像和扭曲的图像。

（3）在掩膜版制作过程中发生的图案变形。包括针孔、铬点、图案扩展、图案缺失、图案断裂或相邻图案桥接。

芯片尺寸越大，密度越高，器件或电路的尺寸越小，控制由掩膜版产生的缺陷就越重要。

12.2.2　晶圆电测良品率

晶圆电测是指完成芯片生产过程后对芯片进行电学测试。每个电路将会接受多达数百项的电子测试。

晶圆电测良品率计算公式为

$$晶圆电测良品率 = \frac{合格芯片数}{通过最终测试的封装器件数}$$

晶圆电测是非常复杂的测试，很多因素会对良品率有影响。

1.　晶圆直径

由于晶圆是圆的，而芯片是矩形的，因此晶圆表面必然存在边缘芯片，这些芯片是不能工作的。如果其他条件相同，较小直径的晶圆不完整的芯片所占比例较高而良品率较低，较大尺寸的晶圆凭借其上有更多数量和更大比例的完整芯片将拥有较高的良品率。

2.　芯片尺寸

增加芯片尺寸而不增加晶圆直径会导致晶圆表面完整芯片比例缩小，需用增大晶圆直径的办法来维持良品率。

3.　工艺制程步骤的数量

工艺制程步骤越多，打碎晶圆或误操作的可能性越大，晶圆电测良品率就越低。

4.　电路密度

随着特征图形尺寸减小，器件密度增加，电路集成度升高，缺陷落在电路活性区域的可能性增加，使晶圆电测良品率降低。

5.　晶体缺陷和缺陷密度

晶圆经受的工艺步骤或热处理越多，晶体位错的数量就越多，长度就越长，受影响的芯片数量也越多。对这一问题的解决方案是增加晶圆直径，使得晶圆中心能有更多未受影响的芯片。

另外，对于给定的缺陷密度，芯片尺寸越大，电测良品率就越低。

12.2.3　封装良品率

封装良品率的计算公式为

$$封装良品率 = \frac{晶圆上的芯片数}{投入封装线的芯片数}$$

完成晶圆电测后，进入封装工艺。晶圆被切割成单个芯片后被封装于保护性外壳中，整个过程需要进行很多测试。封装合格的芯片不仅仅是指完成封装工艺的合格芯片，更是指最终通过严格的物理、环境和电性测试的合格芯片。

复习思考题

1. 列出影响制造成本的主要因素。

2. 半导体生产工艺中的良品率测量点是什么？通常影响整体良品率最主要的测量点是哪个？

3. 列出至少三种提高晶圆电测良品率的措施。

4. 假设晶圆生产良品率为 90%，晶圆电测良品率为 70%，晶圆封装测试良品率为 92%，计算晶圆整体良品率。

5. 假设一个 60 个步骤方能完成的工艺，要求晶圆整体良品率不低于 75%，则每个步骤的良品率至少要达到多少？

附录A 洁净室及洁净区选用的空气悬浮粒子洁净度等级
（ISO 14644－1：2015 标准）

ISO 等级序数（N）	大于或等于表中被考虑的粒径的最大浓度限值/（颗粒/平方米，pc/m³）					
	0.1μm	0.2μm	0.3μm	0.5μm	1μm	5μm
Class 1	10	2	—	—	—	—
Class 2	100	24	10	4	—	—
Class 3	1 000	237	102	35	8	—
Class 4	10 000	2 370	1 020	352	83	—
Class 5	100 000	23 700	10 200	3 520	832	29
Class 6	1 000 000	237 000	102 000	35 200	8 320	293
Class 7	—	—	—	352 000	83 200	2 930
Class 8	—	—	—	3 520 000	832 000	29 300
Class 9	—	—	—	35 200 000	8 320 000	293 000

附录 B 芯片制造常用专业词汇表

A

Acceptor 受主

Acceptor atom 受主原子

Active region 有源区

Active component 有源元件

Active device 有源器件

Aluminum – oxide 铝氧化物

Aluminum passivation 铝钝化

Ambipolar 双极的

Amorphous 无定形的，非晶体的

Angstrom 埃

Anisotropic 各向异性的

Arsenic (AS)砷

Avalanche 雪崩

Avalanche breakdown 雪崩击穿

Avalanche excitation 雪崩激发

B

Ball bond 球形键合

Band gap 能带间隙

Barrier layer 势垒层

Barrier width 势垒宽度

Base contact 基区接触

Binary compound semiconductor 二元化合物半导体

Bipolar Junction Transistor (BJT)双极晶体管

Body-centered 体心立方

Body-centred cubic structure 体心立方结构

Bond 键、键合

Bonding electron 价电子

Bonding pad 键合点

Boundary condition 边界条件

Bound electron 束缚电子

Break down 击穿

Bulk recombination 体复合

Buried diffusion region 隐埋扩散区

C

Capacitance 电容

Capture carrier 俘获载流子

Cathode 阴极

Ceramic 陶瓷（的）

Channel breakdown 沟道击穿

Channel current 沟道电流

Channel doping 沟道掺杂

Charge-compensation effects 电荷补偿效应

Charge drive/exchange/sharing/transfer/storage 电荷驱动 / 交换 / 共享 / 转移 / 存储

Chemmical etching 化学腐蚀法

Chemically-Polish 化学抛光

Chemmically-Mechanically Polish（CMP）化学机械抛光

Chip yield 芯片良品率

Clamped 箝位

Clamping diode 箝位二极管

Compensated OP-AMP 补偿运放

Common-base/collector/emitter connection 共基极 / 集电极 / 发射极连接

Common-gate/drain/source connection 共栅 / 漏 / 源连接

Compensated impurities 补偿杂质

Compensated semiconductor 补偿半导体

Complementary Darlington circuit 互补达林顿电路

Complementary Metal-Oxide-Semiconductor Field-Effect-Transistor(CMOS)
互补金属氧化物半导体场效应晶体管

Compound Semiconductor 化合物半导体

Conduction band（edge）导带（底）

Contact hole 接触孔

Contact potential 接触电势

Contra doping 反掺杂

Controlled 受控的

Copper interconnection system 铜互连系统

Couping 耦合

Crossover 跨交

Crucible 坩埚

Crystal defect/face/orientation/lattice 晶体缺陷 / 晶面 / 晶向 / 晶格

Current density 电流密度

Current drift/dirve/sharing 电流漂移 / 驱动 / 共享

Custom integrated circuit 定制集成电路

Czochralshicrystal 直拉单晶

Czochralski technique 切克劳斯基技术（CZ 法直拉晶体）

D

Diffusion 扩散

Dynamic 动态的

Dark current 暗电流

Dead time 空载时间

Deep impurity level 深度杂质能级

Deep trap 深陷阱

Defeat 缺陷

Degradation 退化

Delay 延迟

Density of states 态密度

Depletion 耗尽

Depletion contact 耗尽接触

Depletion effect 耗尽效应

Depletion layer 耗尽层

Depletion region 耗尽区

Deposited film 淀积薄膜

Deposition process 淀积工艺

Dielectric isolation 介质隔离

Diffused junction 扩散结

Diffusivity 扩散率

Diffusion capacitance/barrier/current/furnace 扩散电容 / 势垒 / 电流 / 炉

Direct-coupling 直接耦合

Discrete component 分立元件

Dissipation 耗散

Distributed capacitance 分布电容

Dislocation 位错

Donor 施主

Donor exhaustion 施主耗尽

Dopant 掺杂剂

Doped semiconductor 掺杂半导体

Doping concentration 掺杂浓度

Double-diffusive MOS(DMOS) 双扩散 MOS

Drift field 漂移电场

Drift mobility 迁移率

Dry etching 干法腐蚀

Dry/wet oxidation 干 / 湿法氧化

Dual-in-line package(DIP) 双列直插式封装

E

Electron-beam photo-resist exposure 光致抗蚀剂的电子束曝光

Electron trapping center 电子俘获中心

Electron Volt (eV)电子伏特

Electrostatic 静电的

Emitter 发射极

Emitter-coupled logic 发射极耦合逻辑

Empty band 空带

Enhancement mode 增强型模式

Enhancement MOS 增强性

Environmental test 环境测试

Epitaxial layer 外延层

Epitaxial slice 外延片

Equilibrium majority/minority carriers 平衡多数 / 少数载流子

Etch 刻蚀

Etchant 刻蚀剂

Etching mask 抗蚀剂掩模

Extrinsic 非本征的

Extrinsic semiconductor 杂质半导体

F

Face-centered 面心立方

Field effect transistor 场效应晶体管

Field oxide 场氧化层

Film 薄膜

Flat package 扁平封装

Flip-flop toggle 触发器翻转

Floating gate 浮栅

Fluoride etch 氟化氢刻蚀

Forbidden band 禁带

Forward bias 正向偏置

Forward blocking /conducting 正向阻断 / 导通

G

Gain 增益

Gamy ray r 射线

Gate oxide 栅氧化层

Gaussian distribution profile 高斯掺杂分布

Generation-recombination 产生–复合

Germanium(Ge)锗

Graded (gradual) channel 缓变沟道

Graded junction 缓变结

Grain 晶粒

Gradient 梯度

Grown junction 生长结

H

Heat sink 散热器、热沉

Heavy/light hole band 重/轻空穴带

Heavy saturation 重掺杂

Heterojunction structure 异质结结构

Heterojunction Bipolar Transistor(HBT)异质结双极型晶体

Horizontal epitaxial reactor 卧式外延反应器

Hot carrier 热载流子

Hybrid integration 混合集成

I

Impact ionization 碰撞电离

Implantation dose 注入剂量

Implanted ion 注入离子

Impurity scattering 杂质散射

In-contact mask 接触式掩模

Induced channel 感应沟道

Injection 注入

Interconnection 互连

Interconnection time delay 互连延时

Interdigitated structure 交互式结构

Intrinsic 本征的

Intrinsic semiconductor 本征半导体

Inverter 倒相器

Ion beam 离子束

Ion etching 离子刻蚀

Ion implantation 离子注入

Ionization 电离

Ionization energy 电离能

Isolation land 隔离岛

Isotropic 各向同性

J

Junction FET(JFET)结型场效应管

Junction isolation 结隔离

Junction spacing 结间距

Junction side-wall 结侧壁

K

Key wrapping 密钥包装

L

Layout 版图

Lattice binding/cell/constant/defect/distortion 晶格结合力 / 晶胞 / 晶格 / 晶格常数 / 晶格缺陷 / 晶格畸变

Leakage current(泄)漏电流

linearity 线性度

Linked bond 共价键

Liquid Nitrogen 液氮

Liquid-phase epitaxial growth technique 液相外延生长技术

Lithography 光刻

Light Emitting Diode(LED)发光二极管

Load line or Variable 负载线

Locating and Wiring 布局布线

M

Majority carrier 多数载流子

Mask 掩膜版，光刻版

Metallization 金属化

Microelectronic technique 微电子技术

Microelectronics 微电子学

Minority carrier 少数载流子

Molecular crystal 分子晶体

Monolithic IC 单片 IC

MOSFET 金属氧化物半导体场效应晶体管

Multi-chip module(MCM)多芯片模块

Multiplication coefficient 倍增因子

N

Naked chip 未封装的芯片（裸片）

Nesting 套刻

O

Optical-coupled isolator 光耦合隔离器

Organic semiconductor 有机半导体

Orientation 晶向、定向

Out-of-contact mask 非接触式掩膜

Oxide passivation 氧化层钝化

P

Package 封装

Pad 压焊点

Passination 钝化

Passive component 无源元件

Passive device 无源器件

Passive surface 钝化界面

Parasitic transistor 寄生晶体管

Permeable-base 可渗透基区

Phase-lock loop 锁相环

Photo diode 光电二极管

Photolithographic process 光刻工艺

(Photo) resist (光敏)抗腐蚀剂

Planar transistor 平面晶体管

Plasma 等离子体

Plezoelectric effect 压电效应

Point contact 点接触

Polycrystal 多晶

Polymer semiconductor 聚合物半导体

Poly-silicon 多晶硅

Potential barrier 势垒

Potential well 势阱

Power dissipation 功耗

Power transistor 功率晶体管

Preamplifier 前置放大器

Print-circuit board(PCB)印制电路板

Probe 探针

Propagation delay 传输延时

Q

Quality factor 品质因子

Quartz 石英

R

Radiation conductivity 辐射电导率

Radiative-recombination 辐照复合

Radioactive 放射性

Reach through 穿通

Reactive sputtering source 反应溅射源

Recombination 复合

Recovery time 恢复时间

Reference 基准点 基准 参考点

Resonant frequency 共射频率

Response time 响应时间

Reverse bias 反向偏置
S
Sampling circuit 取样电路
Saturated current range 电流饱和区
Schottky barrier 肖特基势垒
Scribing grid 划片格
Seed crystal 籽晶
Self aligned 自对准的
Self diffusion 自扩散
Semiconductor 半导体
Semiconductor-controlled rectifier 可控硅
Shield 屏蔽
Silica glass 石英玻璃
Silicon dioxide（SiO_2）二氧化硅
Silicon Nitride（Si_3N_4）氮化硅
Silicon On Insulator 绝缘硅
Simple cubic 简立方
Single crystal 单晶
Solid circuit 固体电路
Source 源极
Space charge 空间电荷
Specific heat(PT)热
Spherical 球面的
Split 分裂
Sputter 溅射
Stimulated emission 受激发射
Stimulated recombination 受激复合
Substrate 衬底
Substitutional 替位式的
T
Thermal activation 热激发
Thermal Oxidation 热氧化
Thick-film technique 厚膜技术
Thin-film hybrid IC 薄膜混合集成电路
Thin-Film Transistor(TFT)薄膜晶体
Thyistor 晶闸管
Transition probability 跃迁概率
Transition region 过渡区
Transverse 横向的

Trapped charge 陷阱电荷
Trigger 触发
Tolerahce 容差
Tunnel current 隧道电流
U
Unijunction 单结的
Unipolar 单极的
Unit cell 元胞
Vacancy 空位
Valence(value) band 价带
Valence bond 价键
W
Wafer 晶片
Wire routing 布线
Y
Yield 成品率
Z
Zener breakdown 齐纳击穿
Zone melting 区熔法

参 考 文 献

[1]　VAN ZANT P.芯片制造：半导体工艺制程实用教程[M].6 版.韩郑生,译.北京：电子工业出版社,2020.

[2]　施敏,梅凯瑞.半导体制造工艺基础[M].吴秀龙,彭春雨,陈军宁,译.合肥：安徽大学出版社,2020.

[3]　张渊.半导体制造工艺[M].北京：机械工业出版社,2011.

[4]　姚玉,周文成.芯片先进封装制造[M].广州：暨南大学出版社,2019.

[5]　唐和明,赖逸少,[美]汪正平.先进倒装芯片封装技术[M].秦飞,别晓锐,安彤,译.北京：化学工业出版社,2017.

[6]　岩田穆,角南英夫.超大规模集成电路：基础·设计·制造工艺[M].彭军,译.北京：科学出版社,2008.

[7]　陶元,甯德雄.现代 VLSI 器件基础[M].黄如,等译.北京：电子工业出版社,2020.

[8]　雷绍充,邵志标,梁峰.超大规模集成电路测试[M].北京：电子工业出版社,2008.

[9]　田民波.图解芯片技术[M].北京：化学工业出版社,2019.

[10]　殷卫真.基于 FPGA 的电子系统设计[M].西安：西安交通大学出版社,2016.

[11]　唐龙谷.半导体工艺和器件仿真软件 Silvaco TCAD 实用教程[M].北京：清华大学出版社,2014.

[12]　MAY G S,施敏.半导体制造基础[M].代永平,译.北京：人民邮电出版社,2007.

[13]　陆晓东.功率半导体器件及其仿真技术[M].北京：冶金工业出版社,2016.

[14]　曾云,杨红官.微电子器件[M].北京：机械工业出版社,2016.

[15]　郭业才.微电子器件基础教程[M].北京：清华大学出版社,2020.

[16]　刘文楷,张静,王文武.微电子物理基础[M].西安：西安电子科技大学出版社,2018.

[17]　BALIGA B J.先进的高压大功率器件：原理、特性和应用[M].于坤山,等译.北京：机械工业出版社,2015.

[18]　蔡理,王森,冯朝文.纳电子器件及其应用[M].2 版.北京：电子工业出版社,2015.

[19]　贾扬·巴利加.IGBT 器件：物理、设计与应用[M].韩雁,丁扣宝,张世峰,译.北京：机械工业出版社,2018.

[20]　李国良,刘帆.微电子器件封装与测试技术[M].北京：清华大学出版社,2018.

[21]　SMITH M J S.专用集成电路[M].虞惠华,等译.北京：电子工业出版社,2015.

[22]　斯蒂芬·林德.功率半导体器件与应用[M].肖曦,李虹,等译.北京：机械工业出版社,2016.

[23]　余华,师建英.集成电路版图设计[M].北京：清华大学出版社,2016.

[24]　陆学斌.集成电路版图设计[M].2 版.北京：北京大学出版社,2018.

[25]　谢德英,陈晖,黄展云,等.半导体工艺与测试实验[M].北京：科学出版社,2015.

[26]　施罗德.半导体材料与器件表征[M].徐友龙,等译.西安：西安交通大学出版社,2017.

[27] KONONCHUK O，NGUYEN B-Y，等.绝缘体上硅(SOI)技术：制造及应用[M].刘忠立，宁瑾，赵凯，译.北京：国防工业出版社，2018.

[28] RAMM P，LU J J-Q，TAKLO M M V.晶圆键合手册[M].安兵，杨兵，译.北京：国防工业出版社，2016.

[29] INIEWSKI K. Nano-Semiconductors：Devices and Technology[M].刘明，吕杭炳，译.北京：国防工业出版社，2013.

[30] 梁宗存，沈辉，史珺.多晶硅与硅片生产技术[M].北京：化学工业出版社，2014.

[31] 陈全胜，罗纳德·J.古特曼，L.拉斐尔·赖夫.晶圆级 3D IC 工艺技术[M].单光宝，吴龙胜，刘松，译.北京：中国宇航出版社，2016.

[32] 陈文元，张卫平，陈迪.非硅 MEMS 技术及其应用[M].上海：上海交通大学出版社，2015.

[33] 施敏，李明逵.半导体器件物理与工艺[M].王明湘，赵鹤鸣，译.苏州：苏州大学出版社，2014.

[34] 薛增泉.碳电子学基础[M].北京：科学出版社，2012.

[35] 约翰·D.克雷斯勒.硅星球：微电子学与纳米技术革命[M].张溶冰，张晨博，译.上海：上海科技教育出版社，2012.

[36] 沙帕拉·K·普拉萨德.复杂的引线键合互联工艺[M].刘亚强，译.北京：中国宇航出版社，2015.

[37] 李钟灵，刘南平.电子元器件的检测与选用[M].北京：科学出版社，2009.

[38] 王芳，徐振.集成电路芯片测试[M].杭州：浙江大学出版社，2014.

[39] 韩雁，丁扣宝.半导体器件 TCAD 设计与应用[M].北京：电子工业出版社，2013.

[40] 王志功，陈莹梅.集成电路设计[M].3 版.北京：电子工业出版社，2013.

[41] 叶志镇，吕建国，吕斌，等.半导体薄膜技术与物理[M].2 版.杭州：浙江大学出版社，2014.

[42] 李可为.集成电路芯片封装技术[M].2 版.北京：电子工业出版社，2013.

[43] GARY S M，COSTAS J S.半导体制造与过程控制基础[M].李虹，肖春虹，马俊婷，译.北京：机械工业出版社，2009.

[44] XIAO H.半导体制造技术导论[M].杨银堂，段宝兴，译.北京：电子工业出版社，2013.

[45] LU D，WONG C P.先进封装材料[M].陈明祥，尚金堂，译.北京：机械工业出版社，2012.

[46] 钱纲.芯片改变世界[M].北京：机械工业出版社，2020.

[47] 陆晓东.功率半导体器件及其仿真技术[M].北京：冶金工业出版社，2016.

[48] 肖国玲.微电子制造工艺技术[M].西安：西安电子科技大学出版社，2008.

[49] 肖国玲，钱冬杰，张彦芳.半导体基础与应用[M].北京：机械工业出版社，2014.

[50] 黄庆安，周再发，宋竞.微米纳米器件设计[M].北京：国防工业出版社，2014.

[51] 胡靖.可逆逻辑电路综合及可测性设计技术[M].哈尔滨：黑龙江大学出版社，2014.

[52] 邬刚，王瑞金，包军林.集成电路测试指南[M].北京：机械工业出版社，2021.